网络信息安全与云计算

宋志峰 聂 磊 罗洁晴 著

北京工业大学出版社

图书在版编目（CIP）数据

网络信息安全与云计算 / 宋志峰，聂磊，罗洁晴著
. — 北京 ： 北京工业大学出版社，2021.4
ISBN 978-7-5639-7916-5

Ⅰ.①网… Ⅱ.①宋… ②聂… ③罗… Ⅲ.①计算机
网络—信息安全—研究②云计算—研究 Ⅳ.
① TP393.08 ② TP393.027

中国版本图书馆 CIP 数据核字（2021）第 081806 号

网络信息安全与云计算
WANGLUO XINXI ANQUAN YU YUNJISUAN

著 者： 宋志峰 聂 磊 罗洁晴

责任编辑： 吴秋明

封面设计： 知更壹点

出版发行： 北京工业大学出版社

（北京市朝阳区平乐园 100 号 邮编：100124）

010-67391722（传真） bgdcbs@sina.com

经销单位： 全国各地新华书店

承印单位： 天津和萱印刷有限公司

开 本： 710 毫米 ×1000 毫米 1/16

印 张： 15

字 数： 300 千字

版 次： 2021 年 4 月第 1 版

印 次： 2022 年 1 月第 1 次印刷

标准书号： ISBN 978-7-5639-7916-5

定 价： 80.00 元

作者简介

宋志峰，山西文水人，军事学硕士，现为国防大学联合作战学院工程师，从事信息安全保密、网络安全研究工作 14 年，主要负责学院保密管理工作。近年来参与制定军级单位信息安全、网络安全、保密管理等方面规定 10 余项，与他人合著军事学教材 1 部，在军队核心期刊发表论文多篇。

聂磊，河北衡水人，工程硕士，现为国防大学联合作战学院工程师，主要负责信息资源和网络安全建设，参与编写《信息资源管理概论》《网络信息安全》2 本专著，参与编写"十三五"教材一部，多次获得学院科技进步奖，累计发表论文 10 余篇。

罗洁晴，广西桂林人，大学本科学历，现为空降兵训练基地政治工作教研室讲师，近年来参与军事课题 2 项，参与编写教材《军队政治工作理论与实践》1 本，在各类期刊发表论文 20 余篇。

前　言

　　计算机网络是信息社会的基础，影响着经济、文化、军事和社会生活的方方面面。网络本身是具有一定的开放性、无主管以及无法律约束特性的。虽然网络给我们的日常生产、生活以及工作带来了巨大的便利，但也带来了一系列严峻的考验。其中，网络信息安全越来越受到人们的重视。针对网络信息安全，世界各国都出台了相关法律法规，并且研发了各种各样的技术来抵抗网络信息安全威胁，维护网络信息安全，而这恰恰是我国亟待加强的技术领域。

　　全书共九章。第一章为绪论，主要阐述网络信息安全概况、网络信息安全的目标与功能、网络信息安全的发展趋势等内容；第二章为云计算的发展历程，主要阐述云计算概述、云计算的发展现状、云计算的商业模式、云计算面临的技术挑战等内容；第三章为网络攻击原理与方法，主要阐述网络攻击的一般过程、网络攻击的常用方法等内容；第四章为数据库与数据安全技术，主要阐述数据库的安全问题、数据库的安全特性、数据库的安全保护技术等内容；第五章为防火墙与入侵检测技术，主要阐述防火墙技术和入侵检测技术等内容；第六章为云计算平台及关键技术，主要阐述主要云计算平台、云安全架构体系、云服务域安全、云终端域安全、云监管域安全等内容；第七章为计算机网络病毒常用技术，主要阐述计算机网络病毒的特点与危害、计算机网络病毒的常用技术、计算机网络病毒防护典型模式等内容；第八章为云计算环境下的网络安全问题，主要阐述云计算安全研究现状、云计算面临的网络安全问题、云计算安全技术的解决方案、云计算的应用及发展展望等内容；第九章为网络信息安全与防护策略，主要阐述网络信息安全风险评估、网络信息安全分析与管理以及网络信息安全防护策略等内容。

　　为了确保研究内容的丰富性和多样性，笔者在写作过程中参考了大量理论与研究文献，在此向涉及的专家学者们表示衷心的感谢。

　　最后，限于作者水平，加之时间仓促，本书难免存在一些疏漏，在此，恳请同行专家和读者朋友批评指正！

目　录

第一章　绪论 …………………………………………………………… 1

第一节　网络信息安全概况 ……………………………………… 1

第二节　网络信息安全的目标与功能 …………………………… 7

第三节　网络信息安全的发展趋势 ……………………………… 11

第二章　云计算的发展历程 …………………………………………… 19

第一节　云计算概述 ……………………………………………… 19

第二节　云计算的发展现状 ……………………………………… 22

第三节　云计算的商业模式 ……………………………………… 24

第四节　云计算面临的技术挑战 ………………………………… 32

第三章　网络攻击原理与方法 ………………………………………… 37

第一节　网络攻击概述 …………………………………………… 37

第二节　网络攻击的一般过程 …………………………………… 38

第三节　网络攻击的常用方法 …………………………………… 39

第四章　数据库与数据安全技术 ……………………………………… 62

第一节　数据库的安全问题 ……………………………………… 62

第二节　数据库的安全特性 ……………………………………… 67

第三节　数据库的安全保护技术 ………………………………… 73

第五章　防火墙与入侵检测技术 ……………………………………… 83

第一节　防火墙技术 ……………………………………………… 83

第二节　入侵检测技术 …………………………………………… 95

第六章　云计算平台及关键技术 ……………………………………… 110

第一节　主要云计算平台 ………………………………………… 110

第二节　云安全架构体系 ………………………………………… 114

第三节　云服务域安全 ·· 117

第四节　云终端域安全 ·· 129

第五节　云监管域安全 ·· 130

第七章　计算机网络病毒防范技术 ································ 135

第一节　计算机网络病毒的特点与危害 ························ 135

第二节　计算机网络病毒的常用技术 ···························· 142

第三节　计算机网络病毒防护典型模式 ························ 145

第八章　云计算环境下的网络安全问题 ···················· 159

第一节　云计算安全研究现状 ···································· 159

第二节　云计算面临的网络安全问题 ···························· 161

第三节　云计算安全技术的解决方案 ···························· 164

第四节　云计算的应用及发展展望 ······························ 169

第九章　网络信息安全与防护策略 ·························· 189

第一节　网络信息安全风险评估 ·································· 189

第二节　网络信息安全分析与管理 ······························ 190

第三节　网络信息安全防护策略 ·································· 205

参考文献 ·· 230

第一章 绪论

当今社会，计算机网络已融入了人们生活中的方方面面，人们的日常生活已经离不开计算机的应用。但是人们在享受计算机带来的便利时，计算机网络信息的安全也随着便利来到人们生活中。本章分为网络信息安全概况、网络信息安全的目标与功能、网络信息安全的发展趋势三部分，主要包括网络信息安全的理论阐释、网络信息安全的主要特点、网络信息安全的基本目标等方面的内容。

第一节 网络信息安全概况

一、网络信息安全的理论阐释

（一）网络信息

马费成教授认为，网络信息"一般指以电子化方式存储，以网络化方式表述，依附于计算机存储设备中，并借助计算机等网络设备的形式进行传达、识别、利用的，在特定时期内可以持续获得和授权访问的，固定信息单位"。

2012 年发布的《全国人民代表大会常务委员会关于加强网络信息保护的决定》第一条指出，"国家保护能够识别公民个人身份和涉及公民个人隐私的电子信息"，将网络空间中牵涉公众个人权利的网络信息作为网络信息治理的对象。中国互联网络信息中心（CNNIC）发布的《中国互联网络发展状况统计报告》，将网络信息定义为在互联网上发送和接收的电子邮件、企业发布的商品或服务信息、政府发布的信息等。

虽然人们从不同的角度对网络信息作出了相应的解释和分类，但都指出了网络信息的记录、表达和储存形式，认为网络信息是存在于网络空间的电子信息。网络信息是指以计算机和网络技术应用为前提的，政府、社会组织和个人在网络公共空间发布的电子信息。

（二）网络信息安全

1.网络信息安全的内涵

网络信息安全是一个关系国家安全和主权、社会稳定、民族文化继承和发

1

扬的重要问题。随着信息化时代的到来，网络信息安全的重要性不言而喻。网络信息安全是一门涉及计算机科学、网络技术、通信技术、密码技术、信息安全技术、应用数学、数论、信息论等多种学科的综合性学科。网络信息安全主要指四个方面。

一是硬件安全，包括了网络硬件和存储媒体的安全。我们要保障网络信息的安全性，就要保证这些设施能够正常运行和不受到侵害。

二是软件安全，就是使计算机网络系统中的软件不受到攻击和破坏，保障软件能够不被非法操作和其功能能够有效地运行。

三是运行服务安全，其主要是能够使每一个网络信息系统能正常地运行起来，可以保障我们在网络上正常的进行信息交流。我们可以通过检测网络系统中各种设施的运行情况来规避风险，一旦发现不安全因素要及时报警。

四是数据安全，即网络中存储及流通数据的安全。我们要保护网络中的数据不被篡改、复制、解密、显示、使用等，这是保障网络安全最根本的目的。网络信息安全是技术安全和自然环境安全以及人类行为活动安全融合起来的综合性安全，体现为国家对网络信息技术、信息内容、信息活动和方式以及信息基础设施的控制力。

2. 网络信息安全的特性

（1）保密性

保密性是指信息能够不泄露给其他未经允许的人使用，是为了能够使有用的信息不被泄露给他人，从而保障网络信息的保密特点和网络信息的安全。

（2）可用性

可用性是指网络信息可以被允许的团体或个体使用，也被要求在特殊情况下能够对信息进行恢复的特征。当网络信息系统运行的过程中遭到攻击或者破坏时，即使信息遭到破坏和篡改，其信息也能够恢复和还原。

（3）不可否认性

不可否认性是指用户在网络上进行相互交流和互换资源时能够确信其本身的真实性，参与者无法抵赖其身份。网络信息的发布者和传播者也无法抵赖其是否发布过或传播过此信息。

（4）可控性

可控性是指网络信息在发布和传播的过程中能够得到一定的控制，也就是说网络中的任何信息在传播时要在一定的范围和空间内得到有效的控制。

3. 网络信息安全的外延

（1）网络信息安全是一种基础安全

随着信息技术的发展，网络信息化程度逐渐加深，国家机关、社会各机构以及个人在进行管理活动时都离不开信息，我们在从事社会生产和各种活动时与计算机网络信息的联系也越来越紧密。计算机网络信息系统已经涉及政治、经济、文化和军事等领域。政治、经济、文化和军事的发展都离不开网络信息系统，如果一个国家的网络信息系统遭到破坏或者失控，将给这个国家在政体、金融、国防和交通等方面造成严重的威胁，甚至是威胁到国家安全，造成政治动荡和社会动荡。

在当今的信息时代中，网络信息安全的重要性越发凸显，没有网络信息安全，就没有国家安全，也没有政治、经济以及军事等领域的安全。习近平总书记也把信息安全定义为国家总体安全观的内容之一，网络信息安全已经成为我们必须要保障的安全，并且成了人类社会所有安全的基础。

（2）网络信息安全是一种整体安全

网络中每一个环节、每一个节点的安全都不可或缺，因此网络信息安全也具有整体性。对网络信息安全诠释最好的就是木桶理论：木桶中最短的木板决定了木桶能够装多少水，同样的道理，网络中任何的环节和节点，其薄弱部分都代表了网络信息安全的整体水平。网络信息安全作为一种公共产品和社会资源，是国家安全的重要保障之一。在当今的时代中，网络信息安全不仅仅影响到我们的国家安全，而且还涉及各种机构和个人信息的安全。维护网络信息安全，不仅需要我们的国家和政府等主管部门的努力，而且也需要全世界、全社会乃至全人类共同的努力。

（3）网络信息安全是一种战略安全

网络信息安全问题的发生往往是发生之后才能被知道，具有一定的延时性，在我们处理网络信息安全问题过程中，其也具有一定的隐蔽性。

例如，我国网络信息安全技术的核心技术不强，对核心技术的掌握也较少。我国在网络信息安全关键基础设施和核心技术中还有一些属于外国的技术，一些相关的软件和硬件的配套服务也是使用国外的。程序都是人为设计的，难免会留有一些手段和漏洞，即使这些程序目前对我国的国家安全没有什么影响，难免在非常时期被其利用。

目前，网络信息安全观念已从传统的技术安全延伸至信息内容、信息活动和信息方式的安全，从被动的"消除威胁"发展到国家对相关方面的"控制力"和"影响力"。西方的一些国家已经把网络信息安全上升到了国家战略层面，他们通过网络信息对其他国家进行意识形态和核心价值观的渗透。

例如，美国不断对"E外交"的积极推动，特别是利用脸书（Facebook）、推特（Twitter）、YouTube等平台传递外交政策信息。具有浓厚官方背景的美国兰德公司，多年前就已经开始研究被称为"蜂拥"的非传统政权更迭技术，即针对年轻人对互联网、手机等新通信工具的偏好，通过短信、论坛、博客和大量社交网络使易受影响的年轻人联系、聚集在一起，听从其更迭政权的命令。

（4）网络信息安全是一种积极安全

随着科学技术的不断发展，网络信息技术的更新日新月异，而正是因为不断的更新和变化，使得任何安全都是暂时的和相对的。所以，网络信息安全是一种积极安全，我们只有加强核心技术的掌握和不断地进行自主创新，才能在信息技术领域立于不败之地。网络是共享、互通的，人们在网络中的活动具有很大的自由，因此也就导致了社会团体和机构以及个人都可以通过网络进行互相攻击，甚至与国家进行对抗。通过网络的这些特点，网络犯罪活动变得十分简单，成本也比较低，导致网络犯罪活动频频发生，甚至个人的网络行为都可以对一个国家或者社会造成很严重的影响，这就给我们的国家和政府提出了更高的要求，我们必须要积极地做好预防机制建设，积极地维护我国的网络信息安全。

二、网络信息安全的主要特点

（一）信息海量膨胀

对于信息量给信息安全带来的影响，可以从一个简单的比较中看出：1990年在单纯的电磁环境中识别出一个恶意电台的难度，和2016年从数十亿网民的行为中筛查出一个黑客的行为，难度是明显存几何级数的差距的。随着网络技术的发展，信息量也相应剧增，随着IPV6技术的推广，理论上地球上每一颗沙粒都可以分配到一个独立的网络地址，再辅以物联网、大数据等技术，"全球一张网"的时代已经来临，在为人类带来巨大便利的同时，也对信息安全中信息的处理和甄别带来了巨大的挑战。最典型的案例，就是大量黑客所使用的拒绝服务攻击手段，即利用网络服务难以识别正常用户和恶意用户的行为时，只能采取停止服务的方式应对，最终造成网络瘫痪。

（二）信息管控难度大

在网络自媒体时代，手机就是移动的数据采集的主要设备，而网络就是信息推广的平台。每个人都可以通过微博、微信等社交媒体，第一时间将收到的信息进行采集和传递，而在恶意行为的推动下，恶意信息的源头难以发现，加密传递难以识别，快速扩散难以控制，使整体信息环境的治理管理难度大。例如国内类似"动车出轨""PX重度污染""日本核辐射扩散到我国"等谣言，都是通过网络快速发酵，乃至催化成群体性事件。

（三）信息用户数量剧增

在20世纪90年代，网络技术未普及之前，信息的主要用户还是政府、重点行业等小众群体，但网络时代的到来，使得信息用户数量剧增。根据中国互联网络信息中心公布的数据，截至2020年12月，我国网民规模达9.89亿，较2020年3月增长8540万，互联网普及率达70.4%。如此海量的信息用户，使得信息安全的服务对象趋于复杂，对信息安全有害的行为，有来自恶意攻击者，但更多的来自普通用户的无意行为，使得信息安全的形势更加严峻。

（四）网络空间军事化势头明显

海湾战争后，信息战逐步走上前台，但当时信息战领域的对抗主要集中在敌我双方的信息化武器装备上。随着网络空间的发展，网络已经成为承载国家运行的重要平台，围绕网络空间开展的信息对抗可以直接对国家体系的运行带来影响。21世纪发生的信息战争告诉人们："新的战争没有战线、没有军队，也没有作战规则；它使军队处于战争的外围，平民成为战争对象；目标可能是任何国家机构、设施和组织。""21世纪信息将成为竞争、冲突和战争的本质及表现形式。"信息安全已经成为国家安全的新内涵。

三、网络信息安全的影响因素

（一）人为因素

人为因素是安全问题的薄弱环节。随着计算机网络在工作、生活中的应用越来越广泛，政府机关、企事业单位等，以及其他各行各业的工作人员都不同程度地依靠计算机网络开展各项工作。那么对于一个单位的工作人员的网络信息安全管理的培训就显得非常重要，但是目前行业市场中关于计算机网络信息安全的管理培训并不被重视，处于网络信息安全管理的底层。所以，使用计算机网络的人员安全管理水平低、人员技术素质差，操作失误或错误的问题比较普遍。此外，人为因素中还包括违法犯罪行为。

因此，要对用户进行必要的安全教育，选择有较高职业道德修养的人做网络管理员，制定出具体措施，提高其安全意识。随着网络技术的普及与不断发展，网络意识形态相关理论的研究逐渐成熟，自1969年互联网开创至今，涌现出一大批研究著作。在这些著作中，有的学者认为互联网是一种信息技术层面的意识形态，会使一个社会的政治、经济和文化受到一定的冲击。在虚拟的互联网空间，同样需要社会契约来约束网络活动，要以一种新的形式、新的规则来应对网络时代出现的新特征、新问题。针对互联网发展过程中产生的各种社会问题，网络意识形态要随着生产力、生产关系的变化而发展。网络意识形态已逐渐成为国内外专家学者研究和探讨的热点话题。

网络意识形态安全是指国家主流意识形态能够在网络思潮中不被外部因素威胁或消解，起到引导网络舆论走向，引领社会价值取向，保持制度稳定的状态。一方面要确保意识形态传播主体的行为在网络空间要符合我国主流意识形态观念知识体系；另一方面要确保接受意识形态的客体不受非主流意识形态的干扰，有明确的辨别力和坚定的信念。不断提升核心价值观在互联网虚拟空间的吸引力，确保主流意识形态影响力历久弥新，生命力长盛不衰。因此，我们必须高度重视网络意识形态安全工作。

（二）网络结构因素

星形、总线型和环形是网络基本拓扑结构的三种类型。局域网之间所使用的网络拓扑结构不尽相同，但是为了实现单位整体内部网络的构建，使异构网络空间信息能够传输，就必须牺牲掉相当部分的网络信息安全的性能，从而实现网络开放的更高要求。

国家关键信息基础设施涵盖由各类型数据进行处理、储存和通信的软硬件组成的电子信息和通信系统以及这些系统中的信息，包括计算机信息系统、控制系统和网络。它们一旦遭到攻击将对经济和社会造成不可逆转的消极影响，国民安全也将受到巨大威胁，如金融、核能和化学工业、能源设施、交通运输和通信系统等，这一类网络设备、信息系统在发生故障、损毁之后将很难找到替代品，也就是说很难使用其他网络设备、信息系统进行更换，这类关键性的信息基础设施是具有不可替代性的；国家关键性的网络设备、信息系统中存储着海量的具有私密性的个人信息、机密的国家重要数据，一旦遭受窃取或者破坏，影响面极广，造成的损害结果不可想象。

（三）自然环境因素

自然环境也是影响网络安全的因素。自然环境因素包含多种，主要有：电磁波辐射，计算机设备本身就有电磁辐射问题，但也怕外界电磁波的辐射和干扰，特别是自身辐射带有信息，容易被别人接收，造成信息泄露；还有辅助安全保障系统，如突然中断电、水、空调系统运行；静电、灰尘，有害气体，地震、雷电，火、电、水，强磁场和电磁脉冲等危害也极易损害系统设备，有的还会破坏数据，甚至毁掉整个系统和数据。这些因素属于物理层面影响网络信息安全的因素，如果失去了基础层面的支持，再完美的信息网络都会成为空中楼阁。

（四）网络软件系统因素

所谓软件就是用计算机程序设计语言编制的计算机处理程序。网络软件系统通常包括系统软件、应用软件和数据库部分。一旦软件中的程序被修改或破坏，就会损害网络的系统功能，甚至使整个系统瘫痪。而数据库存有大量的数据，有的数据信息资料具有非常高的价值，遭破坏后的损失是难以弥补的。随着互联网的发展，协议软件攻击事件越来越多，使协议软件安全面临的形势异常严峻。

（五）硬件信息操作系统因素

在计算机应用领域，一般把不包括软件在内的其他所有电子设施配件或者设备统称为硬件。而在网络环境中，网络攻击最容易破坏或盗窃的就是硬件设备，因为，硬件设备和硬件信息操作系统的安全存取控制功能相对来说当前还处于非常薄弱的阶段。通过网络通信线路，网络信息数据在主机间或主机与终端及网络之间传输，在传输过程中就极有可能遭受到窃取或者丢失。

（六）数据输入输出的干扰因素

数据输入影响系统安全是指，数据信息通过网络硬件设备输入网络系统进行处理的过程中，容易被篡改或输入假数据。

数据输出影响系统安全是指，经处理的数据信息转换为常规网络使用环境下的书写方式后，通过各种输出设备输出，在此过程中数据信息遭到泄露或窃取。

第二节　网络信息安全的目标与功能

一、网络信息安全的基本目标

（一）技术目标

网络信息安全的技术目标就是有效地阻止破坏网络信息安全的一切攻击，主要有以下几方面。

1. 防窃听

防窃听是网络信息安全保密的重要组成部分，主要针对获取情报、秘密信息的窃听方式。防窃听技术、设备与手段随着窃听技术的改进而相应发展。防窃听的重要手段就是信息加密，防范措施主要是防有线窃听、防无线窃听和防激光窃听等。随着窃听技术的复杂化、多样化和高技术化，防窃听的技术、设备与手段将不断提高和改进。发展防窃听技术，提高防窃听能力，完善保密法规和制度，是保障网络信息安全的重要任务之一。

2. 抵御攻击

就目前发展的技术手段而言，人们无法彻底根除网络攻击。虽然如此，仍然能够通过不断地提高服务器的防御能力，来保障网络信息安全。不论是什么样严谨的操作系统都有漏洞，及时地进行更新和自动对操作系统进行更新升级，打上安全补丁，避免潜在漏洞被蓄意攻击利用，保护自身利益，是目前保证网络服务器安全的最重要的一种解决方法。防火墙安全保障技术是建立在现代通信网络信息技术的基础上的一种抵御攻击的技术，它可以保护与互联网相连通的各个用户内部网络或单独节点，具有透明度高、简单实用的特点，可以在不更改原有网络操作系统的情况下，达到一定的安全防护效果。其具有检测、阻止加密信息流通和允许加密信息流通两种管理机制，并且本身具有较强的抗攻击能力。防火墙现在更多地应用于专业网络和公用网络的互联环境中。形象地说，防火墙其实就是集分离器、限制器和分析器于一体的软件系统，它一方面通过检查、分析、过滤从内部网流出的 IP 包，尽可能地对外部网络屏蔽被保护网络或节点的信息、结构，另一方面对内屏蔽外部某些危险地址，实现对内部网络中的 IP 数据保护。防火墙的应用在很大程度上保障了网络环境的正常，起着提高网络信息安全性、强化网络信息安全策略、预防网络病毒、网络信息泄露，保障信息加密、信息储存和授权认证等重要作用，基本能够做到日常的网络安全基础维护。其实很多著名的网络安全公司，除了能够提供防火墙功能之外，还提供杀毒软件。在网络服务器上安装正版的杀毒防护软件，并且及时将杀毒软件升级，开启自己电脑的网络动态病毒更新以及病毒库应用程序等方式，可以有效控制计算机网络病毒的扩散传播，因此安装杀毒软件对有效保护电脑的网络信息安全和网络稳定是非常必要的。

此外，还应及时关闭不使用的端口服务。在安装一些服务器系统和程序时，通常会弹出另外一些不需要的额外服务，这些额外的服务不仅会占用系统资源，还会增加服务器系统的安全隐患，甚至会使用户掉入不安全的陷阱，导致网络信息受到威胁，所以在安装程序时，最好不打开这些额外服务。同时，一段时间内几乎不使用的服务器端口服务也可以删除，这样做就能防止攻击者通过这些渠道进行攻击。为防止猝不及防的服务器宕机或用户操作失误所导致的无法使用，还要对系统进行定期备份。备份的最终目的是保障网络系统的安全正常运行。随着云技术的发展，除了对服务器系统进行定期的备份外，云计算技术备份系统还设置了镜像记录，实时记录服务器的信息数据。同时定期将重要的系统文件信息数据存放在多个不同的服务器上，以防止服务器故障时（尤其是硬盘出错）丢失信息数据，并能及时进行系统修复，迅速恢复系统的正常运行。

入侵检测系统（IDS）也是组成安全信息系统的一个重要环节，具体地说就是通过安全监测（监控）手段，及时发现网络环境中存在的安全漏洞或潜在的恶意攻击。安全监测工具可以为网络环境的安全提供对网络和系统恶意攻击的实时监测，进而实现实时的动态的安全机制。IDS 是网络信息安全防护的最后一道防线，可以检测各种形式的入侵行为，是网络信息安全防御体系的重要堡垒。

病毒具有破坏性、繁殖性、潜伏性、传染性、隐蔽性、非授权可触发性，对网络信息安全危害极大。它不是自然形成的，是人为制造的，是攻击者利用计算机硬件和软件所固有的漏洞而编制的一组程序代码或计算机语言。电脑病毒的安全防范整治工作就是要努力做到层层严密设防，集中控制，以防病毒为主，防范与杀毒相结合。

首先，要健康、绿色使用网络，避免浏览可疑网站，如博彩、聊天视频或色情网站，不建议通过网络收藏夹来登录网站，这些危险操作有可能会使后台自动下载木马或其他危险程序，有使电脑中毒的潜在危险，一旦电脑中毒，网络信息安全将不能得到保障。

其次，应使用正版软件及时进行升级并更新补丁。使用正版软件能有效降低电脑病毒入侵的概率，盗版软件除了会带来版权的归属纠纷，还会因为软件的破解造成漏洞，在使用的过程中更容易遭受电脑病毒的攻击。正版软件的补丁基本都是针对软件运行过程中发现的漏洞所做的一系列的补救程序。因此发现软件有补丁一定要及时更新，以保证软件的使用安全。杀毒软件能实时发现、防御和查杀电脑病毒，是防止病毒入侵电脑，威胁网络信息安全的保护屏障。因此一定要注意定期对杀毒软件、防火墙和病毒库进行升级。

3. 防信息伪造

信息伪造即编造、捏造信息，利用虚假的信息来达到迷惑的目的，进而危害网络信息安全。维护数据信息安全，防止信息被伪造的重要方法之一就是数字签名，它可以解决冒充、抵赖、伪造和篡改等问题。就实质而言，数字签名是接收方能够向第三方证明接收到的消息及发送源的真实性而采取的一种安全手段，它的使用可以保证发送方不能否认和伪造信息。公钥是客户的身份标志，当客户签名用私钥时，如果验证方或接收方用客户的公钥进行验证并通过，那么可以确定，签名人就是拥有私钥的那个客户，因为私钥只有签名人知道。

4. 防信息丢失或破坏

防信息丢失或破坏是指预防信息丢失或破坏及要保护网络信息的完整性。首先，需要定期检查存储信息数据的介质的物理安全性，使用介质时要做到尽可能减少错误操作、软件失真、硬件故障、断电等突发事件的产生。其次，数字签名是防止信息丢失或破坏的重要手段。

（二）治理目标

为了管理和防护好网络安全系统，整治好网络安全环境，做好网络安全的环境防护，保障我国的网络信息安全，就应该切实做好网络技术与环境治理之间的互补结合。

1. 加快网络信息安全的立法进度

在我国的现行法律法规中，与网络信息安全相关的有近二十部，虽然有法可依，但是仍存在多重交叉、管理空白的问题。同时法律法规其实是带有某种程度的滞后性的，它不能涵盖所有已经或将要出现的问题，因为网络的复杂性和多样性，对于具体到某种网络信息安全事件适用哪种法律法规还是很难界定的，因此，加快具体化、细节化、清晰化的网络信息安全法律法规的建立，就显得尤为重要和迫在眉睫了。

2. 加强对网络信息安全的监督管理

网络信息安全监管分为两个部分，即主体和客体。主体主要包括使用网络信息的主体、占据网络信息的主体以及对网络信息进行处理的主体等；客体主要包括在网络环境中主体所涉及的商业、个人和国家获取信息等的行为。

网络信息安全主要监管方式是使用行政手段，同时也存在很多的非正式监管方式。在网络信息安全的监管领域使用行政手段，能够在一定程度上解决当前网络信息安全所面临的矛盾和问题，但是弊端也是明显的，其中最大的弊端就是多部门监管造成部门与部门之间的互相推诿或多头执法，造成了执法力量分散的局面，间接影响到行政部门的公信力。

二、网络信息安全的功能

要实现网络信息安全的基本目标，网络信息安全应具备防御、监测、应急、恢复等基本功能。下面分别简要叙述。

①网络信息安全防御。网络信息安全防御是指采取各种手段和措施，使网络系统具备阻止、抵御各种已知网络威胁的功能。

②网络信息安全监测。网络信息安全监测是指采取各种手段和措施，使网络系统具备检测、发现各种已知或未知的网络威胁的功能。

③网络信息安全应急。网络信息安全应急是指采取各种手段和措施，使网络系统具备及时响应、处置网络攻击的功能。

④网络信息安全恢复。网络信息安全恢复是指采取各种手段和措施，使网络系统具备恢复网络系统运行的功能。

第三节　网络信息安全的发展趋势

一、网络信息安全的发展现状

（一）全球网络安全投资热情高涨

近年来，网络安全行业备受资本青睐，无论是融资金额还是融资事件数量都保持持续增长态势。2019年，全球网络安全行业融资并购总金额达到280亿美元，事件数量超过400次。其中备受关注的是芯片巨头博通公司斥资107亿美元收购赛门铁克公司的企业安全业务。

就中国而言，2019年国内安全行业融资总金额达119.4亿元，创历史之最。从融资金额上分析，综合型的网络安全企业，融资金额最大，被资本市场持续看好。随着全球网络安全态势越来越严峻，网络安全创新技术的演进，网络安全初创企业不断涌现，网络安全行业依旧受到投融资市场的持续关注。

（二）"安全即服务的理念"不断深入

随着安全即服务理念的不断深入，我国安全服务市场规模持续增长，2019年增速24.2%，达到73.4亿元。从网络信息安全市场发展趋势来看，未来随着工业互联网、智能制造、人工智能等战略的实施，云计算、大数据、人工智能、移动互联、物联网等技术应用带来新的发展空间，均为网络信息安全市场及企业带来更好的发展机遇。

随着网络形态的转变，安全产品也加速向服务形态转变，在云安全服务快速发展的背景之下，自动化、远程化、智能化的威胁检测、威胁情报等新兴服务模式开始逐渐被人们接受，网络安全服务的价值逐步得到了认可。此外，网络安全的解决方案必须要深入了解用户背后真正的需求才能持续地为用户提供具有针对性的有效服务，因此结合技术、产品和专家于一体的安全服务必然是未来企业网络安全保障的重要选择。

（三）网络信息安全市场规模日益增大

从近几年的网络攻击事件可以看出，网络攻击规模变得越来越大，危害越来越深，甚至是毁灭性的。在范围上，网络安全形势从早期的随意性攻击，逐步走向了以政治或经济利益为主的攻击；在技术上，攻击手段越来越专业，攻击的层面也从网络层、传输层转换到高级别的网络应用层；在类型上，攻击的类型越来越多，如 DDoS 攻击、僵尸主机攻击、病毒传播等。

国家、行业也意识到攻击的频繁及危害，不断加强法律法规建设，《互联网安全保护技术措施规定》《中华人民共和国网络安全法》（简称《网络安全法》）等相继发布，成为各行业、单位的网络建设标准和依据。随着云计算、移动互联、Web2.0 等新兴业务的不断涌现，众多云应用、移动应用异军突起，而传统的 P2P、流媒体等应用为了逃避各类检测技术其本身也在不断发生变化，这就对安全网关类设备的应用识别能力提出了更高的要求。

近年来，随着勒索软件的兴起以及愈演愈烈的网络安全攻击，全球各类规模的组织都在不断增强其信息安全意识，各大公司对敏感数据保护的投资不断增加。随着网络信息安全相关法律法规的逐步落地，监管部门的监管力度将大幅提升，中国网络信息安全市场规模将保持快速增长。

（四）全球网络安全市场加大整合力度

随着网络安全的重要性的凸显，全球网络安全需求不断上涨，各类型企业通过并购、创新等构建其网络安全产品线。微软、IBM、思科、甲骨文、英特尔、华为等大型跨国信息与通信技术公司，在不断提升自身产品安全性能的同时，通过收购、投资等方式不断吸收全球最先进的网络安全技术，构建了强大的网络安全产品线和服务体系。

世界大型咨询服务公司如德勤、安永、普华永道、毕马威、埃森哲等，均纷纷布局网络安全领域，将网络安全业务视为业务增长的重要引擎。此外，一些制造业及工业互联网企业也在其业务线基础上延伸网络安全服务，保障自身业务的安全。众多工业软件厂商为提高其工业互联网平台的整体安全性，也在采用并购的方式快速切入安全领域。

二、网络信息安全的发展趋势

不可否认，互联网大数据时代为千千万万的网络计算机使用者的工作生活带来了诸多便利，如在饮食起居、审阅资料、查找文献、科学研究等方面，网络空间已经充分地为人们解决了各种问题。尤其近年来愈演愈烈的商购网购浪潮，逐渐改变着人们的消费理念和生活观念。人们对网络有着依赖性。然而，在大数据时代的发展浪潮中，我们应该透过表面看实质，网络给人们带来便利的同时也带来了信息共享化引起的负面作用。

如今，在网络上，输入一个姓名，就能搜索出很多相关信息，这些个人的数据信息，包括详细的姓名、职业和生活环境，甚至还有过往简历，已经造成数据信息的泄露。此外，还有数据信息的污染。例如，在利用网络引擎搜索过程中，通常会有大量无关信息窗口映入眼帘，有些甚至是不健康的。这些网络信息的污染严重干扰着人们的日常使用。

治理网络信息安全已经迫在眉睫。互联网的开放性和共享性虽然给人们带来便利，但是也必须对其加以规范控制，不能任由其随意发展。这是基于网络的数据信息安全性考虑的，它不仅仅关系个人层面、企业层面，更关系到国家安全层面。

有效治理网络空间的信息安全问题，应该从国家层面铺设开来。近些年，我国中央领导人非常重视网络的发展与约束，对网络信息安全的防控要求有部署、有针对性、有步骤地从关键点、重要点铺设实施。在社会各个领域，网络信息安全的工作都已经有序地开展起来，形成了网络信息的生态化体系，接触面和涵盖面已经触及社会的方方面面。有效的网络信息安全治理和防控，已经为我国的整体决策带来了显著影响。

虽然截至 2020 年 12 月我国网民人数高达 9.89 亿，并且在人工智能、量子计算、5G 通信等方面取得一定的突破，但是目前我国全球信息化排名仍然靠后，网络基础设施建设仍滞后于发展需要。"数字鸿沟"问题突出，关键原因是大多数互联网先进技术、核心技术仍被发达国家掌控。例如，互联网诞生于美国，网络通信协议是由美国通信局研发并广泛使用于互联网的，号称"互联网命脉"支撑互联网运转的根域名服务器、域名体系和 IP 地址等都在不同程度上受制于美国政府的控制与垄断。尤其是全球 13 台根域名服务器有 10 台在美国，美国成为掌控全球电脑、手机等信息终端的安全"总阀"。此外，我国互联网高精尖技术人才的匮乏，技术从理论层面到实践层面应用转化能力的薄弱也是制约网络技术发展的重要因素。

（一）安全硬件产品依然占主要地位

网络信息的安全性对一个企业的发展来说至关重要。在当今的互联网大数据时代，哪个企业都不会放弃利用互联网得天独厚的优势来做大做深企业的发展。在企业全面铺设网络的同时，很多企业对网络安全漠不关心，从而错过网络安全的最佳设计初始时期。商业信息的安全和保密对企业的生存发展至关重要。企业的很多机密数据信息都决定着企业的发展空间。

然而，在我国，企业对网络信息安全的认识还远远不够。每年的网络信息安全事故都让一些企业付出惨痛的经济损失，甚至是社会信誉扫地，致使一些企业一蹶不振。还有些企业的网络信息安全设备陈旧、升级不及时，面对黑客的入侵不能做到及时防御。不少企业认为防止黑客攻击，只要购买防火墙等相关安全产品就可以了，然而事实上，无论是防火墙，还是安全操作系统，都要根据数据信息安全类型及防御技术的发展及时升级调整。此外，网络防火墙和安全智能操作平台都已经顺应发展，登上舞台。

网络设备的信息安全防护的发展是网络信息安全治理的重要一环。硬件设备的安全性关乎网络信息安全的整体，也是网络信息安全防控的基础之一。

信息网络在带来高效和便捷的同时，因其承载了大部分的重要业务，以及关键信息，被破坏时产生的影响也更加广泛。例如，2018 年 1 月 3 日，英特尔（Intel）处理器被曝光存在 "Meltdown" 和 "Spectre" 漏洞，影响自 1995 年以来大部分 Intel、ARM、AMD 处理器，且涉及大部分通用操作系统，采用这些芯片的 Windows、Linux、Android 等主流操作系统和电脑、平板电脑、手机、云服务器等终端设备都受到了影响，这两组漏洞可让所有能访问虚拟内存的 CPU 都可能被恶意访问，使密码、应用程序密匙等重要信息面临风险。

为应对如此复杂、猛烈的网络攻击趋势，网络安全防护设备形态也相应不断增多，检测越发专业，如包括从基础的防火墙、入侵检测、病毒网关、虚拟专用网络（VPN）到数据防泄漏系统、Web 应用防护系统（WAF）、僵木蠕监测系统、邮件网关等。

无论攻击如何衍生，攻击漏洞一直是黑客攻击的主导模式以及攻击的主要手段，因此，网络入侵防御一直是网络安全法律法规的网络安全基础设备建设的基础与重点，各安全领域也一直将入侵防御作为网络安全解决方案的基本配备系统。对于网络中充斥的各种攻击，防火墙和入侵检测技术（IDS）可实现对攻击的检测与防御。

2019 年，我国网络安全市场仍以硬件产品为主，市场规模达 292.2 亿元，市场占比为 48.0%，软件产品市场规模达 242.5 亿元，市场占比为 39.9%。由于我国安全支出更多地为合规驱动，因此安全服务仍远远低于全球平均水平。

（二）数据安全防护是网络信息安全关键

随着数字经济的不断发展，数字化产业和数字化社会使虚拟空间和实体空间的连接不断加深，导致安全风险从单纯的网络安全逐步扩展到全社会的所有空间，因此，网络信息安全能力将成为关系社会安定、经济平稳运行的关键基础性能力。此外，"新基建"加速融合信息产业和传统产业，从而进一步推动数字经济的发展。

如何保障用户隐私和数据安全成为数字经济建设中的基础性问题，因此数据安全的防护思路和技术体系需要转变和升级。未来，数据安全将是各行各业的关注重点，数据安全相关产品及服务将会有很大的需求。

（三）市场需求逐渐向"按需安全"转变

当前，5G、物联网、人工智能等技术的高速发展和普及，开启了第四次工业革命的浪潮。5G与人工智能等技术的融合，推动工业互联网、车联网、物联网发展的同时，也让网络空间变得更加复杂，也提出了更严峻的网络安全挑战。

除此之外，"新基建"加速数字经济与实体经济融合发展，不断推动传统行业数字化转型，随之而来的是网络安全威胁风险从数字世界逐渐向实体经济渗透。在此过程中，网络安全的内涵外延在不断扩大，网络安全的市场逐渐从合规的通用安全需求转向与实际业务需求紧密结合，提供适合于各场景化、定制化的网络安全解决方案。

（四）政府、金融、电信占据市场主要地位

随着网络信息化的高度应用，网络已成为人们生活中不可或缺的工具。小至人与人的沟通，大至世界交互，越来越多的企业、政府构建了自己的互联网络信息化系统，因其不可或缺的重要性，网络空间已发展为继海、陆、空、天之后的第五空间，成为影响人们生活、企业运营，乃至国家安全的重要因素之一。

随着信息网络承载并连接了全国各地的各个业务。例如，企业、政府构建了自己的互联网络信息化系统，如政府、学校网站，使人们便捷地在网上办理报名、申请、查询等工作；企业客户关系管理（CRM）系统，汇集了大量的客户项目资料信息；人力资源系统，涵盖了整体的员工个人资料信息等。

从行业结构上看，受合规因素推动，2019年政府依旧是我国网络信息安全投入占比最大的行业市场，市场规模达151.1亿元，占总市场的24.9%。电信与互联网、金融等领域的网络信息安全投入也排在前列，市场规模分别为111.8亿元和106.6亿元。此外，教育与科研、制造、能源等领域的网络信息安全需求近年来也在不断攀升，市场增长迅速。

（五）以软件为主的安全技术逐渐被市场接受

据统计，随着移动互联网、物联网的快速发展，终端设备的数量呈现指数级增长态势。近几年来，终端安全产品（包括终端安全管理、终端防病毒、终端流量监测等）备受关注，2019年其在我国的市场规模达到31.7亿元，增长率为20.6%。信息加密/身份认证市场规模达到48.4亿元，同比增长15.0%。随着客户对网络统一安全管理的需求逐渐爆发，安全管理平台市场2019年增速达到32.9%，市场规模达到24.3亿元。数据安全市场增速为9.2%，市场规模达到27.7亿元。

（六）端点、网络及平台将成为战略布局的关键

未来，随着数字经济、数字城市的建设，原本存在于企业、行业之间的物理边界、网络边界、业务边界将逐渐消失，而如何构建企业、行业之间的安全策略就显得尤为重要。如何用安全的技术手段来让企业放心享受数字经济带来的红利，是未来数字化转型过程中的工作重点之一。

尤其是在 5G 大连接的背景下，如何保障呈指数级增长的终端的安全、如何防御各种类型网络的攻击以及如何用大平台实现安全运营与管理是未来网络安全的重点突破方向。在安全防护方面，既要保证万物互联下的入口安全，又要构建云网端的立体化防御；在安全管理和监控方面，需要有整合威胁情报、态势感知、零信任等各种专业能力的安全平台的保驾护航。

三、网络信息安全对国家安全的影响

（一）对国家政治安全的影响

政治安全是国家安全的根本性基础，是国家安全的核心要素，是指主权国家对抗来自外界的政治渗透和干预，遏制政治颠覆活动，确保国家主权独立和领土完整。网络时代的传统强国，借助其在技术领域先发优势和产业资源上游先手，通过信息化的推广对其他国家的信息命脉进行侵蚀和控制，通过对信息领域的控制，影响和辐射传统领域。

1. 我国网络意识形态的复杂性

在信息化时代革新浪潮中，互联网犹如一把思想渗透、文化传播的双刃剑，在给意识形态工作带来便利的同时，也为各种社会思潮的传播拓宽了散播渠道。目前，我国法制建设还不完善，尤其是在网络层面法制体系还处于探索建设阶段，使得网络违法行为、不良信息直接影响主流意识形态。所以，道德和法律作为意识形态建设体系协调运行与发展的重要调节手段，必须要协同发展，双管齐下，共同发挥作用。我国网络意识形态传播载体面临转型挑战。网络自由化无疑会弱化、淡化网络空间的意识形态色彩。在国际化环境中，网络客体主观意识情绪宣泄时常带有高度的任意性、冲动性、非理性等特征。

①一些别有用心的人对社会热点问题，具有争议的社会道德事件、敏感话题等进行炒作和大肆渲染。他们借助网络空间与现实社会的交织，利用网民与公民双重身份，游离于虚拟与现实之间。

②基于网络虚拟化、自由化等特征，信息制作、发布、宣传的渠道大大拓宽，权威性、规范性、科学性等传统媒介的固有优势都被弱化。这使得各种信息、各种意识形态盘根交错、鱼目混珠、真假难辨。

此外，我国网络意识形态面临着西方多元思潮渗透的挑战，网络的开放性

加剧了西方多元思潮对我国网络意识形态的渗透。对比传统信息传播的系统性、整体性、连贯性等特点，互联网时代信息碎片化是其最为显著的发展特征。信息碎片化充斥着人们生活的方方面面，导致思想权威的解构与自我意识的崛起，加大了网络意识形态引导难度。

2. 网络空间会催生潜在的巨大权力体

网络空间的关联性可以在无形中培养出巨大的聚合群体，形成蕴含巨大话语权的网络权力者，仅在网络空间，就可以影响舆论导向，影响政治稳定，向实体空间延伸后，会对政治安全带来更直接的威胁。

3. 网络空间成为危害国家政治安全的新土壤

除了传统的经济犯罪、色情诈骗等向网络空间拓展延伸，最为值得关注的是意识形态领域的颠覆和渗透行为，已将网络空间作为行动的主战场。网络空间的虚拟性、广联性和扩散性，使得异己分子可以成本更低、效果更明显、自身更安全地进行犯罪行动，而主权国家在处置上无从下手，只能被动应对，防不胜防。

4. 网络时代国家综合实力的差距将日益拉大

"数字鸿沟"已经客观存在于强弱国之间，虽然其隐性特征使得不如传统贫富差距明显，但是信息强国的综合实力远远高于信息洼地的发展中国家已是不争的事实。按照信息技术发展的一般规律，不同国家的信息实力存在差距是客观事实，但由于信息强国的蓄意垄断和引导催化，使得"数字鸿沟"在不断扩大和深化。在此基础上的信息资源控制和信息利益掠夺又增大了"数字鸿沟"，形成了恶性循环。

约瑟夫·奈认为："（在网络空间中）国家和非国家行为者在许多方面差距都在逐渐减小。但是权力差距的相对减小并不等同于权力均衡。大国依然拥有更加雄厚的资源，在互联网中，并非所有的行为者都是平等的。"

（二）对国家经济安全的影响

经济安全主要是指维护和保持国家经济体系运行的稳定，是国家安全的重要支撑。当前，信息经济在国家经济体系中占据着越来越高的比重，传统经济运行环境也在逐步加大信息化的比重，与信息技术密切结合。可以说，当前一国经济体系的运行，离不开信息的助力，很多领域的经济增长，都是以信息作为核心推动力和催化剂的。

1. 网络犯罪频发

由于网络空间的虚拟性，使得传统金融领域的很多犯罪形式已经向网络平台转移，如金融诈骗，通过网络的方式，可以在瞬间完成大额的跨境转账和洗钱，又如传统赌博业，已经向网络博彩平台迁移，大量的来历不明的巨额资金经由网络赌场流动。目前网络犯罪造成的经济损失，已经超过了实体空间中经济损失的所占比重，并且还在逐年升高。

2. 网络支撑平台缺乏稳定性

当财富积累、运转、获得通过网络变得更加高效、便捷的同时，对网络支撑平台的依赖程度也日益增加，特别是跨国经济对网络平台的依赖程度，使得一旦核心网络支撑平台出现安全风险，在造成大额经济损失的同时，可以辐射影响到特定领域的经济产能，直至影响到国家级的经济安全。

3. 网络经济诚信体系缺失

网络空间身份诚信体系尚未建立完善，虚拟身份为网络经济的运转带来了潜在风险，传统的契约对于网络行为的约束力偏低，网络诚信度的丧失成本低、难追溯是网络经济高速发展的制约。

（三）对国家军事安全的影响

网络空间的巨大利益已被国际社会广泛认知，传统军事强国更是在网络空间率先出手、强势布局，通过网络空间控制权来谋求军事领域的战略先手。

随着军事信息化的进程，侦察预警、指挥控制、火力打击、综合保障等各作战要素通过网络系统广域互联，综合赋能，大幅提升了作战能力，也使得制信息权成为新增制权的争夺点。1979 年，苏联海军司令谢尔盖·戈尔什科夫曾经说过："能够充分利用电磁频谱的国家将赢得下一场战争。"美国军事专家詹姆斯·亚当斯曾预测，未来战争中"夺取作战空间控制权的将不是炮弹和子弹，而是计算机网络里流动的比特和字节"。在当前的部分局部战争中，制信息权已经成为影响战争走向的重要砝码。可以说，信息安全对于国家军事安全的影响是最为直接、最为深刻，也是最为激烈的，会直接影响战争成败。

（四）对国家文化安全的影响

文化安全是指一主权国家保持本国的文化理念、精神内涵和核心价值观的独立、自主和传承。文化安全对国家安全的影响是内在而深远的，影响的激烈程度较弱，但是一旦文化安全被侵蚀，会真正动摇国家安全的根基。例如，在古代，政权之间的更替，国家之间的征服时有发生，但是文化层面的侵蚀和同化，使得很多的国家、民族真正地消失在了历史长河之中。

网络的无界表象性，推进了文化的传播和融合，但是当文化的流动赋予了霸权主义的意志，通过网络实施文化侵蚀就成了霸权国家在网络时代的新手段。网络的本质是互联互通、共享交融，但文化霸权主义会使得这种融合加入了价值观的渗透，这会影响到一国的文化安全。

第二章　云计算的发展历程

　　近年来，我国科学技术水平不断进步，信息技术水平得到了显著提高和发展，云计算技术也得到了广泛应用。云计算区别于以往的计算模式，给用户带来了全新的使用感受，是新时代技术发展的重要体现。其在减少技术成本的同时，给用户带来了优质资源和服务质量，满足了企业对计算机能力的要求。本章分为云计算的概述、云计算的发展现状、云计算的商业模式、云计算面临的技术挑战四部分，主要包括云计算的由来、云计算服务的定义、云计算的分类、云计算服务的主要特征、商业模式的定义与目的等方面的内容。

第一节　云计算概述

一、云计算的由来

　　云计算并不是凭空出现的，而是 IT、通信和互联网发展到一定阶段的必然产物。"云"这个词常用于科学中描述大量聚集的对象从远处观察显示为"云"状。早在 1977 年，云标志就被用来表示原始的计算设备网络和计算机科学网络：它们都是互联网的前身。在 20 世纪 60 年代，分时的初始概念通过远程作业登录（RJE）推广，这主要与诸如国际商业机器公司（IBM）和美国数字设备公司（DEC）等大型供应商有关。20 世纪 70 年代早期，用户向运营商提交作业以在 IBM 大型机上运行的"数据中心"模型占据了绝对优势。在 20 世纪 90 年代，以前主要提供专用点对点数据电路的电信公司开始提供具有可比较的服务质量但成本更低的虚拟专用网（VPN）服务。通过切换流量，他们认为适合平衡服务器使用，并可以更有效地使用整体网络带宽。同时，这些电信公司开始使用云符号表示供应商负责的内容和用户负责的分界点。云计算扩展了这一边界，其覆盖了所有服务器以及网络基础设施。随着计算机的使用变得越来越广泛，科学家和技术人员探索了通过时间共享向更多用户提供大规模计算能力的方法。他们尝试使用算法来优化基础设施、平台和应用程序，来为最终用户提高效率。进入 2000 年，"云计算"一词已经存在，"云计算"一词最早出现在"康柏"的内部文件中。2006 年，亚马逊（Amazon）公司推出了一项 Web 服务，提供规模可调的云托管服务，让开发人员能够更轻易地使用 Web 级计算（弹性云计算），谷歌（Google）和IBM公司也相继推出了自己的云计算项目，随后像微软、谷歌、Sales Force 及越来越多的公司先后进入了云计算领域。

二、云计算的定义

许多人认为需要对云计算的概念有一个统一的定义，以便对云计算的研究有统一的范畴并以此更好地分析其潜在的商业价值。然而，云计算依然缺乏一个在理论上确定的、统一的定义，有人甚至将其与网格计算相混淆。许多对云计算的定义都过于简单了，或者并没有完全涵盖其所有的特征。例如，有的学者对云计算定义为：将企业的电脑应用软件及程序从电脑挪到互联网上。有的学者研究多种云计算的定义，在分析了这些定义后中，给出了一个云计算的定义：云计算是一个可使用、可进入的大型虚拟化资源池（如硬件、开发平台及服务）。这些资源可以按照负载的变化而动态地重新配置，并且达到最适宜的资源利用情况。这个资源池通常是依照按使用量付费的方式被使用，并且得到基础设施供应商按服务等级协议方式提供的担保。最早被广泛接受的云计算的定义是由美国加州大学伯克利分校给出的：云计算代表的是通过互联网传送的服务形式的应用程序及在数据中心提供这些服务的硬件及系统软件。而最全面、被引用及广泛接受的云计算的定义是由美国国家标准与技术研究院（NIST）的梅尔和格雷斯在 2009 年给出的：云计算是一种便捷的、按需付费的模式，是一种共享的可配置的计算资源池（包括网络、服务器、存储、应用程序及服务），这些资源可以被快速地提供，仅需很少的管理及服务供应商的交互。所有的主要咨询顾问公司都公布了他们对云计算的定义，著名的资讯公司高德纳（Gartner）给出的云计算定义：云计算是一种计算模式，它是可扩展的、弹性的，通过 IT 启用的功能，这些功能通过互联网以服务的形式传输给了外部的客户。在现阶段明确地给出一个全面的、明确的云计算定义极富挑战。云计算的模式仍处在其相对早期的形式，并且随着云服务的出现而不断地变化与发展着。目前美国国家标准与技术研究院对云计算的定义已经有了十几次的修订。

三、云计算的分类

云计算是一种主要依赖于资源的共享计算，而不是使用基于本地服务器或设备的应用程序。云计算，也被称为云，和互联网是紧密相关的。

（一）公有云

公有云是一种云主机，云服务通过互联网传输以供公众使用。这种模式是一种真正的云托管的代表，在此服务提供商将服务和基础设施提供给不同的客户，客户是无法分辨和控制基础设施的位置的。从技术的角度来看，除了云托管服务商提供给公有云的安全水平，公有云和私有云在结构设计上基本上是相似的。公有云的典型实例有 Amazon EC2、IBM 的 Blue Cloud、Windows Azure 等。

对于用户来说，公有云将提供最佳的规模经济性，其设置成本很低，因为公有云提供商涵盖了硬件、应用和带宽成本。公有云是一种按使用量付费的模式，所产生的唯一成本是基于用户的使用量的。然而，公有云有一些限制，其在安全性和服务等级协议上有些不足，使其不适合使用于敏感数据的服务。

（二）私有云

私有云是由单一企业拥有的数据中心架构，其具有灵活性、可扩展性、可配置性、自动化和可监控等特点。私有云的目标不是向外部客户销售"即服务"产品，而是在获得云架构优势的同时不放弃企业对自身数据中心的控制。私有云可能是昂贵的，通常仅有适度的规模经济。私有云通常不是中小型企业的选择，最典型的私有云都被大型企业所使用。采用私有云通常是基于安全性和合规性方面的考虑，将资产保护在防火墙内。

（三）混合云

混合云是一种集成的云计算类型。它可以是同时布置了两个或更多类型的云服务器，即私有云、公共云或社区云，它们绑定在一起但仍然是单独的实体。混合云托管提供了多部署模型的优点。混合云可以跨越不同类型云服务的提供商的边界，因此，它不能简单地分为公共云、私有云或社区云。它允许用户通过另一个云服务集成、同化或通过多样定制化来增加容量或者能力。在混合云中，资源由内部或外部供应商提供和管理。它是两个平台之间调整及适应的结果，并根据工作的需要在公有云和私有云之间实现交互。非关键性资源（如开发和测试工作），可以安装在属于第三方云服务提供商的公共云中，但是关键或敏感的工作必须在内部私有云中进行。比如一个电子商务网站，考虑到安全性和可扩展性，它需要托管在私有云上，但安全性并不是它的宣传网站所要考虑的重点，因此可以托管在公有云上以降低成本。更注重安全性和独特需求的企业可以采用混合云作为更加有效的业务战略。当面对需求峰值时，可以从公共云获得所需的额外资源，这被称为云爆发，并且可与混合云一起使用。企业可以使用混合云模型来处理大数据。在私有云上，它可以保留销售、业务和各种敏感数据，并且可以通过公有云有效地满足峰值需求。混合云托管具有可扩展性、灵活性和安全性高等特点。

（四）社区云

上面提到的三种类型云都有助于创建一个社区云，它是按照特定的行业需要而设计的。社区云的基础设施由具有相同任务及安全要求的少数组织共享，基础设施的管理则可以由组织或第三方来完成。可以成为社区云的一部分的组织包括媒体、医疗保健行业、能源及其他核心行业、公共部门、科学研究。

第二节 云计算的发展现状

一、我国云计算产业发展现状

2009 年，云计算概念与架构开始走入人们的视野，国内外厂商逐步尝试布局中国云计算市场，研究新的解决方案与商业模式。2010 年，云计算概念在中国落地，大量的云计算解决方案、技术与标准开始逐步推广，互联网和 IT 行业成为第一批云计算技术的关注者和使用者。2013 年后，全球云计算技术进入发展快车道，美国、加拿大、智利、新西兰等国纷纷制订相关国家战略和行动计划，鼓励政府用云和企业上云。有数据显示，2018 年全球公有云市场规模达1363 亿美元。高德纳（Gartner）公司预计到 2022 年市场规模将超过 2700 亿美元。纵观我国云计算十年产业发展，经过初期积累，我国云计算产业发展动能已经得到了充分的释放，产业规模在高速增长。在《推动企业上云实施指南（2018—2020 年）》的带动下，我国各地方政府积极响应，以上海、浙江、福建、江苏为代表的 20 多个省市出台了相应推动政策，为我国云计算发展提供了较好的市场环境。通过对 3728 家各行业样本企业进行问卷抽样调查统计，十年间中国企业上云率呈现快速增长的趋势，虽然与美国等云计算领先国家相比仍有一定差距，但相比十年前，企业上云比率增长近十倍，企业用云服务的比例呈现爆发式增长，2018 年企业上云比例已经达到 30.8%，云计算整体市场规模达 962.8 亿元，公有云市场规模达 437 亿元，同比增长 65.2%，私有云市场规模达到 371 亿元。随着云计算应用规模的快速增长，云计算应用成效逐步显现。云计算已经成了新型基础设施中重要的组成部分。

二、典型用云行业发展情况

（一）工业云

工业云是面向工业企业的云计算服务，通过新一代信息技术构建按需服务的信息化系统，通过虚拟化手段实现资源的共享，为企业提供优质的、定制的、低成本的服务。工业云平台的建设可有效降低企业信息化的门槛。龙头企业通过工业云实现技术的整合和协同，中小型企业可在较低成本下运用工业云实现信息化融合。

总体来说，工业云是云计算领域的核心应用场景，也是未来云计算领域的重点发展方向，对降低制造企业信息化投入成本、提升制造企业技术创新和核心竞争力至关重要。现阶段工业云服务形式包括数据存储服务、工业应用服务、制造管理服务、生产制造协同服务、工业大数据服务等，主要以公有云建设模式为主，通过软件即服务（SaaS）、平台即服务（PaaS）、基础设计即服务（IaaS）形式对外提供服务。

（二）政务云

政务云是指由政府部门主导，专业信息化企业提供服务的新型政府电子政务系统。它通过云计算等技术对现有系统的优化和整合，提供云上的管理、支撑、应用、运行和安全服务。政务云极大程度地提高了政务服务的便捷性和高效性。目前，国内政务云市场已经成为各厂商竞争的重点，针对政务云市场的解决方案层出不穷，涉及虚拟化、云管理平台、服务器、存储、云网络等多个方向。云安全始终是政务云的核心问题。

（三）金融云

金融云是指面向银行、保险、证券等金融行业的云计算服务。金融云具有实时性、高扩展性、低成本等特性，能够有效帮助传统金融行业实现业务的转型和创新。金融行业对金融云的应用需求主要集中在开发测试型应用、全新的金融应用、现有应用的迁移、灾备补充型应用、数据分析类应用等方面。

从当前金融云市场的建设情况来看，金融云涉及的范围比较广，涵盖IaaS、PaaS以及SaaS等多个建设方向。金融云IaaS和金融云PaaS是金融云最主要的建设方向，特别是基础设施的搭建和虚拟化、金融云管理平台、容器化平台等方面，均是金融云建设的重点。金融云SaaS产品由于涉及种类较多，尚没有形成统一的建设模式。

（四）医疗云

医疗云是面向患者、医生、医疗机构和医疗设备的云计算服务。专业信息化企业为医疗保健领域搭建面向服务的新型云体系架构，通过"分布"与"集中"实现医疗信息的实时共享、灵活部署和快捷管理。医疗云能有效地提高医疗保健的质量、降低医疗成本、提供便捷访问的医疗保健服务。近年来，医疗行业云渗透率呈现持续增长的态势且远高于行业市场平均水平。医疗行业对医疗云的应用主要集中在建设基于医疗云的信息化系统数据中心和打造基于医疗云的云存储及容灾备份。前者可以承载各类应用，满足患者、医生、医疗机构等多方面的需求，后者主要用于解决现有海量医疗数据的存储利用问题，海量数据可以存储在云端以实现IT系统的容灾和备份，确保系统的安全。目前医疗云存储主要通过混合云的方式实现，利用公有云的高弹性能够实现医疗数据存储的廉价和高效。

第三节　云计算的商业模式

一、我国云计算市场的分析

我国云服务市场大约从 2010 年开始并在 2013 年初步成形，而国外云产品如亚马逊 Web 服务（AWS）、微软（Azure）、谷歌云（Google Cloud）等进入中国市场是晚于像阿里这样的先头企业的，但是他们有着强大的技术力量及经验。本土企业中，阿里云是最早出现的，紧接着腾讯、华为、百度、盛大等企业也加入了云服务市场的竞争。经过几年的发展，阿里云、腾讯云已形成了类似 AWS 和 Azure 一样的大而全的云服务解决方案，百度公司也正在部署。而像盛大、金山、优刻得（UCloud）等公司则更倾向提供垂直化的云服务产品，专注于一个或几个细分市场，如游戏、金融、教育、移动等。

（一）我国云计算市场规模

我国云服务市场发展迅速。云计算是国家的战略重点，纳入了国家"十二五"规划。工业和信息化部及国家发展改革委随后在五个城市（北京、上海、深圳、杭州和无锡）启动了试点云计划。国家的"十三五"（2016—2020 年）规划也重申云计算为战略重点，国家将持续对云计算产业进行投资。据统计，2019 年我国云计算市场规模达到 1618 亿美元。

（二）我国云计算市场细分

我国专有云市场以硬件市场为主，根据中国信通院的统计，2015 年我国专有云市场中硬件市场、软件市场和服务市场占市场比例分别为 72.6％、15％和 8.8％。安全性好和可控性强是企业选择专有云的主要原因，而目前国内的大多数企业还没有将核心系统转移至专有云上，因此未来将有越来越多的企业选择专有云。

IaaS 服务已经在国内得到了比较好的应用，已经成为许多中小企业建设 IT 资源的首选。在我国 IaaS 服务的应用形式中，云主机与云存储所占比例最高。而且随着国内众多中小型企业对 IaaS 越来越多的了解，将会有更多的企业将 IT 资源建设转向 IaaS。

国内的 PaaS 服务市场还相对较小，但是由于其快捷、可伸缩、成本低等优点，并且提供了丰富的开发接口和应用实例，PaaS 已成为独立软件开发者和中小型软件开发企业的首选。腾讯开发者平台已为 500 多万开发者提供服务，而新浪的 Sina App Engine 也有着超过 50 万的活跃开发者用户。PaaS 的提供商也同时通过开发者大赛、孵化器、开发者社区、沙龙等活动来吸引更多的开发者。应用形式除了最开始的搜索引擎、地图、Web 服务，也出现了更多的大数据分析和安全管控等服务。

相比欧美等发达市场，我国 SaaS 市场还未出现领导者。SaaS 的市场规模从体量上来看是最大的，超过了 IaaS 和 PaaS 市场规模的总和。但是在 SaaS 的主要应用形式企业资源计划（ERP）和客户关系管理（CRM）等核心企业管理软件领域，国内企业在产品设计、技术能力和品牌影响力上都无法与 Salesforce、IBM、思爱普（SAP）和甲骨文（Oracle）等国际巨头相比。但是值得注意的是，国内采用 SaaS 服务的企业仍然相对较少，许多相关行业都还未有 SaaS 服务标准解决方案，这也正是国内 SaaS 服务提供商的机会。我国的云服务市场正在由互联网企业向传统行业转变。云服务的应用将从游戏、社交、电商逐步扩展到政府、金融、工业、交通、物流、医疗、健康、保险等行业，而且速度将会越来越快。

二、云计算服务的主要特征

众所周知，云计算将大量的计算机关联起来并创建数据中心，然后以服务的形式提供给用户，用户能够购买自己所需的资源，如同水、电等商品一样。从这一层面而言，云计算和网格计算有着基本相同的目标，不过二者的区别在于：首先，前者具有弹性的特点，它能够以工作负载为依据去配置各种资源，但安装在云计算平台上的应用必须适应资源的改变，并做出应该有的响应；其次，网格计算的关键在于异构资源的共享，而云计算的关键在于资源池的共享，通过共享使资源得到更大程度的应用，实现规模经济，将运行成本控制在更低范围内；最后，在云计算中，经济成本是一项非常重要的因素，所以在进行软硬件的设计时，不能将关注点全部放在性能上，而是应该结合成本、可靠性等进行考虑。从整体来说，云计算的特点体现为以下几点。

（一）广泛的网络访问

云计算利用网络输出各种自助式服务，用户无须搭建软硬件平台，可以在无视资源物理位置、配置等信息的情况下，利用内外部网络就能够从云里面得到其所需的资源，而且还可以使用云的高性能计算能力。

（二）共享的资源池

供应商的资源全部整合起来，利用多租户模式，将资源提供给不同的消费者，当然，消费者通过分配得到的资源都是其所需的。任何用户都有独立的资源，用户无须了解资源的位置，就能够方便地应用这些云计算资源。

（三）快速弹性使用

服务商的计算能力以用户的需求为依据，并对资源进行动态的供应。云计算平台能够根据用户的要求在短时间内完成资源的部署并输出服务。一般来说，资源和服务都表现出无限这一特点，其购买时间和数量是完全不受限的。云计算业务使用是有偿的，根据用户使用的资源量计算。

（四）可度量的服务

云服务系统能够以服务类型为依据给予计量方式，云自动控制系统能够发挥很多抽象服务计量能力的作用，从而使资源得到更加高效的利用，同时对资源的管控进行监测。另外还能够让供应方和使用方得到透明服务。

（五）自助式服务

用户能够根据自身的需要来扩展或者使用云计算资源。在网络中对计算能力进行各种操作，如配置、调用等，服务商能够快速地配置和输出资源。

三、商业模式的定义与目的

（一）商业模式的定义

对于如何定义一个商业模式，不同的人有着不同的见解。绝大多数人会着笔于描述商业模式是如何赚钱的。然而，一个仅仅描述了利润产生机制却无更多内容的商业模式是不可取的。一个精心构建其商业模式的企业，需要明白他们所提出的主张应该要能够适配放大。适配放大，指的就是不仅要能创造并且卖出一个产品，更要能将该模式规模化、稳定化地批量运营。为了能够达到这样的评定，企业的商业模式必须囊括运营、客户维系、供应链管理、成本控制和盈利预估几个方面。考虑到这些，该这样去定义商业模式：商业模式描述了企业如何创造价值、传递价值、获取价值的基本原理。

（二）商业模式的目的

商业模式是对企业的业务如何开展的叙述。简单地说，它描述了企业将产品卖给谁，以及企业如何赚取利润。尽管商业模式在一定程度上会有一些相似性，但在不同的层面都会有其独特的地方，每个企业都在其特定的商业模式基础上向市场提供产品和服务。商业模式决定了企业的盈利模式及在供应链中的位置。在最基本的意义上，商业模式是企业经营的方法，企业可以通过这种方式维持自身的经营，并创造收入。基于经济学、金融、战略、运营和营销等方面的考虑，商业模式也显示了企业对行业的影响。

商业模式的一项重要内容是企业销售到市场中的产品及服务。具体来说，企业越能够精确地定义其客户和客户的购买理由就越有利于发展。企业的市场是由使用价值定位确定的，企业的价值主张描述了客户的问题、企业的解决方案以及客户为什么会在其中找到价值，然后搜索有需求的客户，这就是企业的市场细分。企业的成本结构和利润潜力是由使用价值链和价值主张确定的。价值链定义了企业的产品或服务从设计、生产，到交付所涉及的活动。在定义了价值链后，将其扩展到包括竞争对手和替代者的网络中，并概述其对彼此的影响，可描述企业在价值网络中的位置并使用这些信息来确定和描述企业的可持续竞争优势。

四、商业模式的层面

商业模式包含四个层面：基础设施管理层面、客户层面、财务层面和服务层面。在这四个层面中，每一个层面都包含一些基本的商业模式要素。下面重点分析前三个层面。

（一）基础设施管理层面

1. 合作伙伴

合作伙伴的作用是使企业的产品能够更加吸引目标市场。换言之，合作伙伴对企业是个互补，用以传递企业的价值提案。发展合作伙伴，通常出于两种动机：第一种动机是尽早取得市场领导者地位；第二种动机是通过与合作伙伴的业务关联，使企业的产品或服务与竞争对手产生差异化，以更好地获得稳定的市场领导力。企业通过以上两点原则来确定企业的合作伙伴，其目的是快速地扩张企业的市场份额。大多数处于起步阶段的新企业或新业务是缺乏公信力的。构建市场认知度与良好的声誉费时费力，一个不知名的品牌难以在短期内吸引用户，这类企业如果能与拥有良好声誉及品牌知名度的企业建立伙伴关系将对企业的声誉有所助益，并且能使企业更快地获取市场。许多中小企业在业务初期宁愿不挣钱甚至亏钱也要与知名企业合作就是基于这个缘由。随着企业或业务的成熟，选择合作伙伴的原则也会改变。因为此时，公信力及声誉对企业而言不再是考虑的第一要素。因此，企业应该寻求那些能够帮助企业发展市场、创造产品的合作伙伴。企业寻觅的伙伴是能够帮助企业的产品实现差异化竞争且瞄准蓝海市场的特殊专家，又或是已拥有大量基础用户且符合企业开阔市场目标的合作伙伴。在某些情况下，企业家在构思商业模式时会卡在此模块。因为他们往往将渠道或代理商视为合作伙伴，所以，企业究竟将渠道划分在渠道模块还是合作伙伴模块，或两者皆是，没有统一的解决方案。企业在考虑将渠道划分在渠道模块还是合作伙伴模块时：首先要考虑该渠道伙伴是否在品牌与市场地位上能够有助于构建企业的品牌公信力，如果该渠道伙伴有助于构建企业的品牌公信力，那么应将其既视为渠道又视为合作伙伴；其次考虑该渠道伙伴是否能够增强企业的专业技能从而在某种程度上增加企业的产品对于客户的最终价值，如果答案是肯定的，那么应将其既视为渠道又视为合作伙伴；最后要考虑该渠道伙伴是否对与最终目标用户签订合同起到至关重要的作用，如果起了至关重要的作用，那么应将该渠道伙伴既视为渠道又视为合作伙伴。当新企业是在供应驱动情况下时，将出现一个特殊的合作伙伴。在大多数情况下，我们将该企业视为基于商品、资源的企业。此类新企业能够发现或获取宝贵的资源。如果企业所涉及的产业存在资源限制的风险，那么企业就要找到获取该资源的方法，在这种情况下合作伙伴往往能起到至关重要的作用。

2. 关键活动

关键活动旨在通过整合合作方为企业提供的资源来提供价值主张、管理渠道和关系，并带来收益。例如，研发、生产、销售等都是典型的关键活动。如果企业拥有合作方，那么关键活动还包括如何处理合作关系。例如：销售活动涉及企业是否需要参加相关的贸易展览，是否需要出现在展位，是否需要做一个演讲，或者是否需要在以上场景策划相应的展前和展后活动；产品研发涉及如何制定一个技术发展路线图，以及如何准备下一阶段的技术认证测试和技术可行性测试。

3. 核心资源

资源意味着相关的知识产权、技术专长、人力资源、金融和物理资产、关键合同和人脉。换言之，资源指的是一切企业所能掌控的且有助于企业创造市场的东西。核心资源可以是公司自有的，也可以是租借的或从重要合作伙伴处获得的。

（二）客户层面

1. 客户细分

这个模块用于描述目标客户，需考虑为谁创造价值及谁是最重要的客户的问题。目标客户在一个价值提案中应当是清晰明了的。一个新启动的计划，经常需要在目标客户的定位这个问题上反复研究学习，大下苦功。

2. 渠道通路

当定位这些模块时，必须确定如何将价值提案与目标客户连接起来。所谓渠道，指的是三个不同层面的连接——通信、销售和物流。

通信指的是企业用于和潜在客户沟通的渠道。通信渠道的激增，一部分源于 20 世纪 90 年代的互联网繁荣及过去十几年智能手机行业的蓬勃发展，它们为企业提供了丰富的通信渠道。每个通信渠道都有自己的强项与弱项，需要因地制宜地使用。企业通信的最终目的是引导企业的潜在用户步入购买流程的舞台。

销售渠道指的是买卖双方达成交易的通道。虽然通信渠道有很多，然而销售渠道可就没那么多了。典型的销售渠道包括直销、代理、批发商、经销商、零售商和网上销售等。考虑采取哪种销售渠道的主要因素包括：企业的产品解决方案的复杂性、渠道成本、物理或地理因素。除了大众市场的产品，大多数创业企业在早期采取直销模式以获取更直接快速的反馈。找到一个可重复的销售路径对于初创企业的成功是至关重要的。因为一旦缺失这样的销售路径，将减缓该公司的成长速度并限制其发展。一个可重复的销售路径意味着销售的主要方式是可稳定重复且能够推广到更多交易方式的。

物流指的是企业用于实际交付产品到客户手上的传输方案。尽管大多数软件或数字产品可以通过网络传输，但还有部分产品需要更复杂的传输方案，如生鲜产品及大件商品。

3. 客户关系

关系的性质可以与企业的价值提案直接相关。举个例子，假设企业创造了一款新型的安防软件，一旦客户购买了它，他们会希望企业时刻都在身边提供更新及技术支持。而如果是一款新口味的巧克力，则仅仅需要能够通过网页或社交媒体联系到企业即可。其他需要考虑到的则是维系关系的成本及所需私人接洽的级别，如是否可以做到自动化甚至是 7×24 小时的客户服务。

（三）财务层面

1. 收入来源

收入来源并不等同于定价，尽管它们在如何向用户收费这一点上有一定的关联。最基本的，收入来源决定了商业模式。一本电子期刊或一份报纸可以将其商业模式描述为基于订阅或基于广告模式，从字面上就可以感受到它们与客户的关系、如何向客户收费、与客户有何种交互。收入来源需要考虑什么样的价值能让客户购买、客户如何支付。

2. 成本结构

成本结构是指如何分析提供价值主张时涉及的成本，其包括所需的资源和关键活动中的成本。我们需要回答一个关键问题：这样的成本构成是否能够带来合理的收益？对于描述和分析成本结构，有几个重要的方法。首先是成本驱动型商业与价值驱动型商业的对比。企业的商业模式是否属于成本驱动型，企业对价格优势的追求是否会影响外包、自动化和低价成本构成的快速决策？或者，企业的商业模式是否属于价值驱动型，企业是否可以相较同类产品为客户带来更高的价值？绝大部分的商业活动都要考虑成本约束的问题，几乎没有以技术为导向的创业公司可以做到以低成本作为其主要的收入来源。在这一点上，基于互联网的创业公司是唯一的例外，他们很大程度上依赖的数据整合和自动化都不需要很高的运营成本。这种类型的公司一旦拥有一定用户数量之后就有能力做出一些有高度扩展性和能够带来高利润的商业决策。如果企业的价值构成旨在为客户带来更好的服务、更高的价值和效率，那么企业的商业模式就是属于价值驱动型的。这种商业模式倾向于通过扩大研发、销售和降低市场成本来建立和维持其优势。其次是成本构成的关键特点。成本构成有几个关键的特点，如固定成本和可变成本的问题，以及规模经济和范围经济的问题。典型的固定成本包括租金、工资和设备的支出。可变成本包括承包商费用、销售佣金、生产和物流成本。在商业模式的关键要素确立之前，新兴企业要避免在设备、基础设施和员工费用上投入过大。在早期阶段，关键的一点是需要明白哪些成本是固定的，哪些是可变的，这样可以在必要时保留决策上的灵活度。保持低成本开销有许多的解决办法。例如：通过租用一个厂房或是地下室来减少房租费用；通过在孵化器或是公用型的办公室中以短期租用或是按次收费的形式使用设备来减少费用；在工作中减少现金的使用量；通过用股权激励的方法或是为销售人员提供100%的佣金；使用外包型的员工，而不是直接雇佣员工；在取得了一定的收益之后再来支付服务和设备的费用等。

五、云服务的商业模式

鉴于云服务的不同类 IaaS、PaaS 和 SaaS 的商业模式各有特点，其要素的具体内容也会有所差异。

（一）IaaS 商业模式

客户细分要素中包括：服务提供商，即软件即服务供应商或服务集成商；平台提供商，即平台即服务供应商；互联网用户，即使用互联网的个人消费者；商业用户，包括企业、研究及教育机构和政府机构等。渠道通路要素为直接或间接的销售力量，即内部销售人员或服务的代理商。

收入来源要素包括：订阅式收费，客户每个支付周期内支付一项固定的费用来获得使用产品或服务的权限，通常是一年为一个支付周期；按使用量收费，客户按照使用服务的时间比例或者使用量来支付费用。合作伙伴要素包括：原始设计制造商，如广达电脑、创维集团等；原始设备制造商，如思科、惠普、戴尔等公司。成本结构要素包括：用来提供计算能力的软件采购费用；人工成本和管理费用，包括直接和间接的人工成本；通信费用，即用于支付给电信运营商的费用。IaaS通常需要比较高的固定资产投资投入，其模式主要包括提供存储空间及计算能力等。

（二）PaaS商业模式

PaaS服务商业模式中客户细分要素包括：开发者，即在设计及实施应用软件过程中的开发、测试及部署人员；服务提供商，即提供软件即服务的供应商、服务集成商及系统集成商；商业用户，包括企业、研究及教育机构、政府机构等。渠道通路要素包括直接或间接的销售力量，即内部销售人员和代理商。收入来源要素包括：订阅式收费，客户每个支付周期内支付一项固定的费用来获得使用产品或服务的权限，通常是一年为一个支付周期；按使用量收费，客户按照使用服务的时间比例或者使用量来支付费用；培训及支持收费，通过向开发者提供支持收取费用。关键活动要素包括工具开发，即为应用软件开发升级工具，以及为开发者提供的培训及支持活动。成本结构包括：人工成本和管理费用，即直接和间接的人工成本；基础设施成本，也就是向基础设施即服务的供应商购买基础设施所支付的费用；人工成本，即工具开发的人工成本。因为没有对基础设施固定资产的直接投入，PaaS的固定成本是比较低的。PaaS非常重要的方面是提供给客户开发应用软件的工具及相应的培训和支持。

（三）SaaS商业模式

SaaS服务商业模式中客户细分要素包括：互联网用户，即使用互联网的个人消费者；广告商和营销商，即使用应用软件作为其广告或营销渠道的公司；商业用户，包括企业、研究及教育机构、政府机构等。渠道通路要素包括：直接或间接的销售力量，即内部销售人员及代理商；平台（商店），如苹果应用软件商店（Apple Store）和谷歌应用软件商店（Google Play）。收入来源要素包括：订阅式收费，客户每个支付周期内支付一项固定的费用来获得使用产品或服务的权限，通常是一年为一个支付周期；按使用量收费，客户按照使用服务的时间比例或者使用量来支付费用；向广告商及营销商收取的广告费用；从投资人处获得投资资金。合作伙伴要素，即投资人，包括创始人、应用软件所有人等。成本结构要素包括：人工成本和管理费用，包括直接和间接的人工成本（不含研发成本）；研发成本，如研发应用软件所支付的直接的人工成本；平台成本，即用于建立及运行应用软件的平台成本。SaaS更加注重了解市场的需求，并依此来开发应用软件及进行销售，这在SaaS的成本结构中有所体现：

市场营销的费用在此处更多地为固定成本，平台费用为可变成本，研发成本则介于固定成本和可变成本之间并且更倾向于可变成本。

第四节　云计算面临的技术挑战

一、虚拟化技术

虚拟化技术的本质是计算机元件在虚拟的环境下工作，它能够促进硬件容量的提高，精简软件重新配置过程，将虚拟机开销控制在更低的范围内。应用这种技术后我们就可以将软硬件隔离开来，它能够通过裂分、聚合模式，将同一个资源划分成若干虚拟资源，或者是将不同的资源聚集起来，得到全新的虚拟资源。从对象的角度来看，虚拟化包括了存储、计算、网络等方面的虚拟化，其中，计算虚拟化包括了系统级虚拟化、桌面虚拟化、应用虚拟化。对于云计算而言，虚拟化是所有云服务和应用实现的前提。此项技术的用途包括 CPU、操作系统等，在提高服务效率方面有着良好的效果。虚拟化技术的运用，使得云计算拥有了以下特点：资源分享，利用虚拟机将用户的运行环境封装起来，从而确保所有的用户能够使用数据中心里面的资源；资源定制，通过此项技术对自身的服务器进行配置，确定 CPU 数量、内存容量，从而以具体的需求为依据分配各项资源；细粒度资源管理，把服务器"分割"成不同的虚拟机，从而使服务器中资源得到更大程度的应用，为服务器实现负载均衡、节能创造更好的环境。虚拟化技术凭借自身的优势，在云计算资源池化、按需服务方面扮演着日益重要的角色。为了给云计算弹性服务以及数据中心自我管理提供更有力的支持，对虚拟机部署、网络迁移进行研究是很有必要的。

（一）虚拟机快速部署技术

在过去，人们在部署虚拟机时，需要经历四个阶段：创建虚拟机、安装操作系统和程序、配置主机属性、运行虚拟机。显然，这种方法耗时太长，并且难以满足云计算弹性服务的要求。要提高单台虚拟机的性能表现，可以从配置调整方面着手，然而在大多数情况下，云计算必须在短时间内扩大虚拟机集群的规模。为了精简上述过程，人们发明出虚拟机模板技术。这种技术从诞生起就在云计算领域得到了广泛的应用。在使用这种技术时，虚拟机模板上本身已经部署了操作系统和软件，并且还完成了虚拟设备的配置，从而大大提高其部署效率。但是这种技术并没有从根本上解决快速部署的问题，原因主要体现在两个方面：首先，基于模板创建虚拟机，必须拷贝模板文件，如果文件容量比较大，拷贝时间会很长；其次，考虑到程序并未加载到内存中，因此通过转换得到的虚拟机，必须在开始工作或加载镜像后才能输出各种服务。针对这一问题，学者将复刻思想引入虚拟机部署中来，详细来说就是根据父虚拟机克隆出一系列的子虚拟机。和进程级的复刻相比，基于虚拟机级的复刻子虚拟机能够延续父代的内存状态信息，这些信息在虚拟机创建后都能够直接运用。在部署大规模子虚拟机时，我们可以在同一时间创建多个子虚拟机，对其彼此互不影响的内存空间进行维护，无须考虑父虚拟机。为了降低文件拷贝占用的资源，虚拟机复刻引入"写时复制"技术；子虚拟机在进行"写操作"时，把更新后的文件写入本机磁盘里面；在"读操作"时，检查文件有没有更新，寻找本机磁盘或父虚拟机里面的磁盘读取文件。这种技术具有即时性的特点，尽管它能缩短部署所需时间，但通过这种技术部署的子虚拟机无法永久性保存。

（二）虚拟机在线迁移技术

这种技术的用途是将工作中的虚拟机从一台设备转移到其他的设备上。它为云计算平台管理提供了极大的支持。

1.使系统变得更加可靠

首先，在物理机必须进行维护的情况下，可以考虑将该设备上的虚拟机转移到别的设备上。其次，当主虚拟机出现故障时，可以运用这种技术将服务转移到备份虚拟机上。

2.进一步强化负载的均衡

在物理机承受过大的负载时，利用此项技术可使负载达到均衡，进一步强化数据中心性能表现。

3.为节能方案的实现奠定更加扎实的基础

利用虚拟机使一些物理机处于空闲、休眠甚至是关闭状态，降低电能消耗量。另外，此项技术的应用对用户而言是完全透明的，云计算平台能够在保持服务质量不受影响的前提下，完善数据中心。2005 年，学者克拉克（Clark）及其研究小组创建了在线迁移技术，它基于迭代的预复制策略在同一时间可迁移两个虚拟机的状态。在过去，虚拟机迁移必须在局域网（LAN）环境下才能实现，为了确保不同的数据中心能够正常地进行虚拟机的迁移，Hirofuchi 课题组针对广域网（WAN）环境提出了新的迁移方法。该方法的特点在于在确保虚拟机数据一致的基础上，将虚拟机 I/O 性能代价控制在更低范围内，以在更短的时间内完成迁移。雷姆斯（Remus）系统基于迁移技术提出了在线备份的解决方案。一旦原始虚拟机出现错误，系统就会马上使用备份虚拟机，确保关键任务能够继续执行，使系统变得更加可靠。

二、并行计算技术

并行计算是大规模科学计算的理论基础和支持工具，其目的是加快运算速度以及解决大内存容量的求解问题。并行计算将计算能力从单个处理器扩展到多个处理器，为云计算的发展提供了最基本的思想，是云计算的核心技术，也是最具挑战性的技术之一。

云计算采用了分布式计算模式，而要实现这种模式，必须运用分布式编程。在这方面，云计算选择了原理比较简单的分布式并行编程模型 MapReduce，它属于任务调度模型范畴，其功能是数据集的并行运算以及并行任务的调度处理。在该模型下，用户只需编写两种函数——映射（Map）和归纳（Reduce），就能够完成并行计算任务。这里面，Map 函数主要描述的是不同节点如何处理数据，而 Reduce 函数定义的则是如何保存中间结果、如何归纳最终结果。

MapReduce 作业包含了一系列的 Map 和 Reduce 任务。以这两种任务的特点为依据，我们能够将数据处理过程分成两段时期：第一，Map 时期，Map 任务读取并分析输入的文件块，经过处理得到的中间结果保存在 Map 任务执行节点；第二，Reduce 时期，Reduce 任务读取以及合并若干 Map 任务的中间结果。Map Reduce 能够大大降低数据处理难度。这是因为：首先，在 Reduce 任务读取 Map 任务中间结果的同时，会进行数据同步，该过程是由编程框架主导的，无须人工操作；其次，MapReduce 能够对任务的执行状况进行监测，当发现任务存在异常时，会重新执行，因此程序员不用顾虑任务失败；再次，Map 和 Reduce 任务能够同时执行，使用更多的计算节点，就能够在更短的时间内完成处理；最后，在处理大规模数据时，MapReduce 任务在数量上超过节点，能够更好地实现节点的负载均衡。当然，MapReduce 也有一些不足，主要体现在以下方面：MapReduce 不太灵活，有相当一部分的问题不能被当作 Map 和 Reduce 来操作；MapReduce 和迭代算法并行使用时效率不高；MapReduce 的交运算涉及多数据集时，效率低。

三、分布式海量数据存储

云计算系统包括了很多的服务器，其服务对象也是大量的用户。所以，它必须采取分布式方法来存储数据，通过冗余存储方式确保数据是充分可靠的。冗余方法的主要特点是对任务进行分割和结合处理，降低设备配置以节省成本，确保分布式数据能够实现较高的可靠性，简单来说就是复制同一份数据的若干副本。就现状来看，云计算系统中最常见、最普及的数据存储系统为 Google 的谷歌文件系统（GFS）和海杜普（Hadoop）团队开发的 Hadoop 分布式文件系统（HDFS）。云计算环境下的海量数据存储必须综合考虑存储系统在 I/O 方面的表现以及文件系统在可靠性方面的表现。

谷歌公司的 GFS 基于 Google 应用所具有的特征，对其应用环境提出以下假设：

①用于部署系统的硬件平台很有可能失效。

②很多文件的容量达到了 GB 级或 TB 级。

③文件读操作包括了大规模的流式读以及小规模的随机读。

④文件能够进行一次写和多次读。

⑤系统必须对并发的多余的写操作予以处理。

⑥高持续 I/O 带宽比低传输延迟重要。

在 GFS 里面，大的文件被分割成大小相同的若干数据块，然后保存在计算节点的本地硬盘中。为了确保数据是充分可靠的，任何一个数据块都有若干个副本，元数据管理节点的主要职责是对全部文件和数据块副本的元数据进行管理。GFS 的优点主要体现在以下方面：

①文件分块粒度大，能够保存大小超过 1 PB 的文件。

②采取分布式存储方式，GFS 能够在同一时间读取多份文件，实现更高的 I/O 吞吐率。

③根据第四条假设，能够更方便地实现数据块副本间的同步。

④文件块副本策略为文件的可靠性奠定了扎实的基础。

BigTable 是在 GFS 基础上设计的分布式存储系统，人们设计并应用该系统，旨在进一步巩固系统的适用性、可扩展性、存储性等。从功能的角度来看，BigTable 和分布式数据库有着很多的共同点，它的主要作用是保存各种数据，为 Google 应用提供数据保存场所以及相应的查询服务。从数据管理的角度来看，Google 首先对数据表进行分割处理，得到若干 GFS 子表，然后将数据一致性管理任务交由分布式锁服务 Chubby。从数据模型的角度来看，以行、列名称以及时间戳为依据创建索引，然后用无结构的字节数组描述表里面的数据项。凭借着上述优点，在多种场景下得到了应用。

考虑到 BigTable 是通过管理节点对元数据进行统一管理的，它也因此面临着性能瓶颈以及单点失效问题。针对这些问题，德·坎迪亚（De Candia）及其研究小组在 P2P 结构基础上创建了 Dynamo 存储系统，并在 Amazon 的数据存储平台中对其进行了检验。由于使用了 P2P 技术，Dynamo 用户能够以负载为依据改变集群规模。除此之外，从可用性角度来看，为了能够提升响应效率，Dynamo 选择了零跳分布式散列表结构。从可靠性角度来看，Dynamo 引入文件副本机制彻底解决了节点失效的问题。由于副本过强的一致性会导致系统性能水平有所降低，为了确保用户大量的并发读写请求能够得到及时的回应，Dynamo 采用了最终一致性模型，降低副本一致性，保障系统综合性能。

四、网络带宽的限制

当前我们使用网络下载应用软件，在自己的计算机上安装和使用，而在云计算时代，是将所有的计算资源集中起来，用户只需要使用浏览器通过网络连接到云中应用软件，进行图片海量处理等操作，不用在电脑中安装软件，只是从云资源池中按需获得。云计算带来的改变增加了带宽的压力。研发信息化设计的数据又比普通用户大得多，数据在终端用户客户端与数据中心服务器之间的传输需要稳定的带宽，并且远程图形操作需要较低的网络延迟。海量数据的传输以目前带宽的现状无法满足云计算的要求，必然造成拥堵甚至网络瘫痪，只会让用户感觉到速度出奇的缓慢，无法真正了解云计算的优势，更谈不上云计算的广泛推广使用的问题。因此，只有解决了网络带宽的问题，才能真正解决云计算发展的问题。这也是所谓的"过河先搭桥"的道理。我们可以通过使用更多效率更高的设备和新的带宽发展理念来提高网络带宽的速率。

第三章　网络攻击原理与方法

在互联网发展进程中，网络安全领域内各种非法网络攻击行为频出，网络安全已成为人们关注的焦点问题。本章主要分为网络攻击概述、网络攻击的一般过程、网络攻击的常用方法三部分，主要包括：准备攻击阶段、攻击的实施阶段、缓冲区溢出漏洞以及网络钓鱼等内容。

第一节　网络攻击概述

随着科技和网络空间信息技术等的完善和进步，运用网络进行攻击的这种全新的作战方式应运而生。目前国际社会对网络攻击的定义各不相同，并没有达成一致的认识。美国军方在《网络行动和网络恐怖主义手册》中采用了兼顾攻击意图和目标的标准，规定网络攻击是以造成社会动荡或为了本国利益实现一定的政治、宗教等目的，针对计算机网络基础设施故意地实施破坏或袭扰的行为。这样界定虽然一定程度上体现了网络攻击的特点，但是却没有考虑到计算机和网络二者所存储数据信息的损毁情况。上海合作组织（SCO）在界定时关注的是国家稳定这一因素，其认为网络攻击是指一国通过破坏他国的社会秩序和国家的安全稳定，从而促使他国屈服于本国。这种界定对于影响国家稳定的标准并没有进行进一步的解释和说明，容易导致适用范围过于扩大的危险。《网络行动国际法塔林手册 2.0 版》在规则 92 中采用了以造成的客观后果为遵循的界定标准："不管是发起攻击还是进行防御，只要网络行为实际上造成了人身的伤害或死亡，或实际上导致了物体的毁坏，此种网络行为就属于网络攻击。"

结合上述的内容，可以对网络攻击做以下定义：以明确达成某种军事、政治或其他与联合国宗旨不相符合的目标的实现为目的，在具备明确的攻击敌意下，利用计算机网络信息技术等类似手段针对网络、计算机以及二者所包含的数据信息所实施的并且可归因于国家的，会产生较严重的破坏结果的网络活动。

与传统的军事动能攻击相比，网络攻击有着不同于传统攻击的特征。在空间和时间上，网络攻击受现实空间的天气、地形等实际因素的影响较小，网络攻击的时间往往也不受昼夜变化的影响。此外，网络攻击的主体往往隐秘地或突然地发起攻击，这表明了网络攻击有着高度的隐蔽性，这种不宣而战的方式往往导致判断网络攻击的主体和起始时间更为困难。更重要的是，由于网络攻击成功发动的前提更多的是与技术水平相关，因此从理论上说，无论是个人还是各种团体组织，只要能够掌握相当程度的网络技术手段，就可以成功地发起网络攻击，其造成的后果小到可以侵犯个人隐私，大到能够威胁一个国家的整体安全。因而，我们必须直面网络攻击这种新挑战，确保维护网络空间的安全，保障国家主权和安全。

总的来说，网络攻击的表现方式多样，具有匿名性高且难以追溯的特点。在当今社会，对于一个国家而言，掌握先进的网络信息技术能力的重要性不言而喻。网络空间越来越显示出其独特而又重要的战略地位，因此世界各国也越来越重视来自网络空间的潜在威胁。网络空间的战争一旦全面爆发，受到网络攻击的国家可能会面临国家安全被彻底击溃的危险。此外，对于关乎国家命脉的网络信息系统的保护是至关重要的，否则会造成难以估量的巨大损失。也正因为如此，网络攻击越来越引起了世界各国的广泛关注，各国也逐渐把网络安全问题放到了国家安全的战略高度。

第二节　网络攻击的一般过程

一、准备攻击阶段

首先要确定攻击目的，要确定攻击希望达到什么样的效果。攻击者以什么样的攻击为目的，这是攻击者要明确的。

其次要进行信息收集。明确攻击目的之后，就要开展对目标主机的相关信息收集。可以通过相关技术手段收集目标计算机的信息，主要包括网络搜索、信息挖掘、DNS 与 IP 查询、网络拓扑探测等。针对不同的信息需求，就要进行主机信息扫描、端口信息扫描、操作系统信息探测、相关漏洞扫描等。而完成此项工作，需要有跟踪路由程序、Whois 协议、SuperScan、Nmap 等专业扫描工具。

最后要准备攻击工具。收集到基本信息之后，就要准备相关的工具，通过工具来分析目标主机中可以被利用的漏洞，一般借助软件自动分析，如Nessus、X-Scan 等。

二、攻击的实施阶段

（一）隐藏自身位置

在攻击之前，为了不暴露自己的信息，一般要通过相关的技术手段来隐藏自己的身份，包括位置信息。可以利用肉鸡或代理，把它们作为跳板。就算被受攻击的主机发现，也很难发现真正的攻击源。

（二）获取相关权限

大多数入侵攻击就是为了获取登录的用户名和密码，以获得登录系统的权限，一旦获得了权限，那么也就意味着攻击行为成功了。在这个过程中首先要确定目标主机存在的漏洞，可以借助一些专业的扫描工具完成。然后使用欺骗攻击、代码嵌入、木马病毒等完成入侵攻击，最终获得远程操控目标主机的权限。

（三）实施入侵行为

攻击者在获得目标系统权限后，就可以在目标主机机主不知情的情况下完成登录，随即开始实施不法行为。用文件传输协议（FTP）、远程终端协议（Telnet）等工具利用系统漏洞进入目标主机系统获得控制权后就可以做任何他们想做的工作了。例如，下载敏感信息、窃取账户密码、使网络瘫痪、放置木马程序等。

三、攻击的善后阶段

（一）留取后门

在攻击完成后，为了便于下一次的攻击，攻击者往往会在系统中开辟一些后门，因为一次成功的入侵会耗费攻击者大量的时间和精力，不能轻易失去主控权。留后门方法有很多，如通过克隆系统的登录账号、修改系统的源代码、放置木马后门程序、利用系统漏洞或互联网信息服务（IIS）漏洞来留下后门等。这样，这些后门就会给攻击者提供极大的便利，可在以后随时完成再次入侵行为。

（二）清除痕迹

通常情况下，为了消除自己的痕迹，防止被目标主机发现，就要在退出目标主机之前，对攻击痕迹、系统日志等进行清理，主要包括对操作系统、安全、软件等的日志信息的清除和访问记录的清理。

第三节　网络攻击的常用方法

一、木马攻击

（一）木马的概念

木马指的是隐藏在正常程序中的一段具有特殊功能的代码，实质上是一种远程控制软件，它未经用户授权，利用网络欺骗或者攻击的手段装入目标计算机中。木马用表面有趣的、有用的功能来吸引人，但实际上暗含一些不为人知的功能，如复制文件或者删除文件等。

　　服务器程序和控制器程序共同组成了完整的木马程序，其与病毒有着本质的区别，不具备传染性，不以破坏为主要目的，而是攻击者有目的地将其植入目标计算机，进而通过网络对其个人信息进行相关操作，危害存储在计算机中的文件、数据、程序等的安全。木马和病毒有着一些相同点，它十分隐蔽，不易被人们发现，极具危害性，在短时间内可以使得大量计算机系统瘫痪，也被称作黑客病毒。

（二）木马的分类

　　1. 根据对被感染主机的具体操作方式进行分类

　　根据对被感染主机的具体操作方式，可以将木马分为以下几种。

　　（1）密码发送型木马

　　密码发送型木马的目的只有一个，即找到被感染主机中所有的账号和密码。木马如果成功启动，就会立刻搜索特定的文件夹（如安装程序文件夹），在里面寻找保存用户信息的敏感文件，破解该文件读取出账号，利用后台发送到指定地点（如第三方）。此类木马的缺点在于不具有自动加载的能力。

　　（2）键盘记录型木马

　　键盘记录型木马短小精悍，功能单一，会在后台记录被感染主机的键盘敲击的所有内容，同时在文件里找用户信息并传送。这种木马在启动后会不定期将记录的信息通过一定的方式发送给木马控制者。

　　（3）文件毁坏型木马

　　文件毁坏型木马不但窃取信息，还在窃取信息成功后（甚至失败后），对主机内的大量文件进行毁坏，如删除感染主机内的文件、格式化硬盘、毁灭用户的信息和资料等。

　　（4）代理型木马

　　代理型木马本身不具备窃取信息的功能，它通过特定的网站在后台下载其他的木马病毒。因为功能单一，所以体积小、隐蔽性很强、存活率高。只要能够联网，它就会不断下载各种木马病毒。

　　（5）攻击型木马

　　攻击型木马的主要目的并不是窃取资料，而是控制被感染的主机。一旦目标主机被感染就会被攻击者利用，对指定的第三方主机进行暴力的访问攻击，使第三方主机无法正常工作，甚至崩溃。被控制主机的数量越多，发动攻击的成功率越高，这是一种新型的网络暴力工具。

2. 根据存在形态的不同进行分类

根据存在形态的不同，可以将木马分为以下几种。

（1）EXE 程序文件木马

EXE 程序文件木马是最初级的木马形态，存活在下载类网站和邮件附件中，通过点击来运行。也通过与可信的可执行文件程序捆绑，双击可信程序后，木马程序也随之安装，植入主机中。

（2）传统 DLL/VXD 木马

由于动态链接库（DLL）文件和虚拟设备驱动程序（VXD）文件的特性，此类木马自身无法运行，只能依靠系统启动或者其他程序运行一并被载入。木马一旦被运行程序载入，是作为该进程中的一个线程的形式存在的，不会产生独立的进程，所以很难被检测出来，具有很好的隐蔽性。

（3）关联替换式 DLL 木马

关联替换式木马伪装成一个系统 DLL 文件并挂钩该文件的应用程序接口（API）函数，同时将原来的那个系统 DLL 文件重命名，而自己伪装成文件。当系统需要调用这个 DLL 文件时，其实调用的是 DLL 木马，这时此木马会根据实际情况进行判断：如果是正常的系统调用，就把相关参数传递给真正的文件进行操作；如果接收的是木马控制端传来的特定信息，就进行窃取用户信息的操作。

（4）溢出型木马

这类木马利用内存缓冲区反复申请内存作为攻击手段，直到某进程的内存被覆盖溢出，为盗取技术创造条件。其基本思想：创建一个进程 X，再利用 X 创建一个远程线程插入进程 Y 的内存空间中，并且申请一小块内存。然后反复植入 DLL 到进程 Y 的内存中，使占用内存越来越高，直到覆盖掉进程 Y 中一部分原来的内容。这时将木马主体功能的代码写入覆盖掉的缓冲区上，就可以利用该合法进程进行任何操作了。这类木马的代码寄生在正常程序中，作为合法进程的一个线程存在，无进程、无端口，隐蔽性强。

（三）木马的功能

常见的木马有着各自不同的功能，可以被用作远程控制器、超文本传输协议（HTTP）服务器或者键盘记录器，一些大型木马甚至还具备反侦测的能力，可以隐蔽于各种不起眼的程序中，功能十分全面。其主要功能如下：

①远程文件管理功能。木马被控制者植入计算机系统后，可以十分轻易地连接对方的计算机，对计算机内存储的文件、数据等进行下载、复制、删除或者损坏。

②打开网络服务功能。远程计算机使用的网络服务功能，可以轻而易举地为控制者使用。

③远程监视屏幕功能。木马具有远程监视屏幕的功能，截取远程计算机上显示的内容，控制者就可以在千里之外查看远程用户在进行哪些类型的操作，同时远程用户还无法发觉这一操作。

④远程控制计算机功能。植入木马后，控制者就可以通过远程监视窗口或者相应的命令对计算机进行远程控制，如打开文件、下载数据等操作。

（四）木马的攻击步骤

木马攻击的步骤如下：

1. 配置木马

木马主要是基于客户端和服务器端的程序，在这一环节分为主动植入和被动植入。主动植入是指攻击者掌握主动权，将木马安装到需要控制的电脑主机上，而被动植入是指攻击者通过恶意攻击将木马植入目标计算机主机，用户是不知情的。

2. 传播木马

电子邮件是早期的木马植入方式。攻击者通过发送电子邮件入侵目标计算机主机，进而获取相应的重要数据。软件下载是传播木马的另一重要方式。系统内部在运行的过程中会存在诸多漏洞，计算机的使用者在下载软件时很容易就将捆绑在软件上的木马程序安装到计算机上，这些非正规的软件很容易给计算机的安全埋下隐患。

3. 运行木马

计算机的使用者在运行相应程序时，很容易同时运行捆绑在其中的木马程序，有很大一部分木马可以通过杀毒软件清除，但是很难清除功能全面、占据面积大的木马。当攻击者利用不法手段进行远程控制时，就会如入无人之地，信息的安全性就很难保证。

（五）木马的防御技术

1. 木马检测

（1）端口扫描

木马的服务端一般会在目标主机上打开一个端口进行侦听，我们可以查看系统开启的端口去发现木马的踪迹。使用 "netstat-an" 命令可以查看正在监听的端口，同时也可以查看远程主机的 IP 地址。

（2）检查系统进程

任何木马都无法彻底和进程脱离关系，即便是采用了隐藏技术，也还是能够从进程中发现木马的踪迹，因此，查看系统进程是我们检测木马最直接的方法。

（3）检查 .ini 文件

用记事本打开 Win.ini 和 system.ini 这两个文件，查看"run-""load-"及"shell=Explorer.exe"所加载的程序，在所加载的程序中如果有你不知道的程序，就有可能是木马。

（4）监视网络通信

有些木马程序（如 ICMP 数据通信的木马）被控端没有打开监听端口，使用 fport 或 netstat 等检查开放端口不易检测到。对于这种木马，可以关闭所有网络行为的进程，使用 Sniffer 软件监听发现可疑情况。

2. 木马的清除

随着木马编写技术的不断变化，木马类型也在不断更新，很多木马都有自我保护机制，因此，不同的木马就要采用不同的清除方法。分析查杀各类恶意程序是一些安全公司的专长，清除木马最好的办法就是借助专业杀毒软件或专门清除木马的软件来进行。

3. 木马的防范

首先，及时修补软件漏洞，安装补丁。这样可以保持软件的最新状态，同时也修复了最新发现的软件漏洞，降低了利用系统漏洞植入木马的可能性。

其次，运行实时监控程序。选用反病毒软件运行实时监控程序，在运行下载的程序之前应及时使用反病毒软件进行检查，防止可能发生的攻击。同时还要准备专门的木马清除软件，用于清除系统中已经存在的木马程序。

最后，增强风险意识，不要使用来历不明的软件。许多互联网中的程序或共享软件很可能就是一个木马程序，在没有进行查杀之前最好不要使用。

二、缓冲区溢出攻击

（一）缓冲区溢出漏洞概述

缓冲区是指用来存放数据的区域。当缓冲区发生溢出时，会使得数据进入另一个缓冲区中，也就是说超出了预留的缓冲区范围，溢出的数据覆盖了其他内存空间的数据。对于任何操作系统，不管什么样的计算机架构，内存可以按照四个部分进行划分，主要是栈区、堆区、代码区以及数据区。对于一个缓冲区溢出漏洞，恶意攻击者可能会利用该漏洞执行某个恶意代码，最终造成安全问题，使用户的利益受损。缓冲区溢出漏洞是非常常见的一种漏洞，在操作系统中缓冲区无处不在。利用缓冲区溢出的攻击非法获取权限，然后通过自我复制来消耗计算机的资源，进而使计算机崩溃。而其中最危险的便是堆栈溢出漏洞。攻击者通过篡改程序返回的地址，来跳转到可能执行恶意代码的任意地址，使得程序崩溃或执行恶意代码。如图 3-1 所示的就是缓冲区溢出漏洞的原理。下面将介绍缓冲区溢出的类型以及利用该漏洞的一些攻击特征。

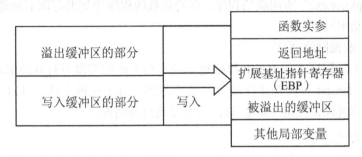

图 3-1　缓冲区溢出漏洞的原理

（二）缓冲区溢出的类型

对于不同的标准，缓冲区溢出类型的分类是不同的：如果是按照缓冲区的内存所在的位置进行划分则有数据段溢出、栈溢出和堆溢出；如果是按照溢出时数据被修改的值则有修改指针变量的溢出、修改返回地址的溢出和修改函数指针的溢出等；按照操作内存导致溢出划分则有格式化输出导致的溢出和字符串操作导致的溢出等。下面挑选主要的类型进行讲述，主要有栈溢出、堆溢出、数据段溢出、整数溢出以及格式化字符串溢出。gets（ ）、strcpy、strcat、sprintf 等都是会发生缓冲区溢出的危险函数。

1. 栈溢出

栈溢出是指将数据复制到缓冲区时超出了允许的范围但是却没有对应的检测机制，进而导致溢出了缓冲区的一种漏洞行为。当调用某个函数时，栈就会自动加一层栈帧，然后如果执行完某个函数时，栈帧又会自动地减一层，同时在栈中会存入某个程序的栈帧，该栈帧中包含函数的返回地址、栈的参数、基址等参数信息。

在栈溢出中，攻击者将恶意代码连同函数的输入一起传入，在进行内容拷贝时发生缓冲区溢出，溢出的内容会导致函数的返回地址被更改，然后当程序执行完毕后会跳转到已经被更改过的返回地址去执行，而该地址已经被修改，会执行恶意代码。同时，不仅仅函数的返回地址会被攻击者利用来执行恶意代码，函数的指针、栈帧基址以及函数的指针都是潜在的可以被利用的目标。

2. 堆溢出

堆溢出是指程序的堆块中写入的字节数超过了本身堆可使用的字节数，然后发生数据溢出了缓冲区，覆盖到相邻的堆块。每个堆块中都包含自身的内存以及指向下一个堆块的指针的信息，因而要想发生堆溢出，首先向堆中写入数据，同时数据的大小没有被很好地控制，所以需要做好堆块分配和对堆溢出的利用这两方面来控制堆溢出的发生。堆块分配可以分为块表、零号空表以及普通空表，当堆块分配不均匀时，容易出现空闲堆块不够使用的情况，从而发生堆溢出现象，所以需要及时地释放堆块和合理地合并堆块。对于堆溢出的利用，主要是先试图从下一个块首溢出数据，接着更改块首中的前后方向指针，进而能向内存中写入任意数据。

3. 数据段溢出

数据段溢出与堆溢出是非常相似的。数据存储在某个变量中，对其进行初始化后，当数据的长度超出了某个数据允许的范围后，就会出现数据段溢出，如图 3-2 所示，是一个数据段溢出的示例。

```
static char buffer;
static int (*fptr) (const char
*bst);
main (char*bst)
{
  frest= (int (*) (constchar *bst));
  strcpy (buffer, bst); (void) (*frest)
    (buffer);
}
```

图 3-2　数据段溢出示例

4. 整数溢出

整数溢出，简而言之就是整数存储在一个固定长度的内存空间中，所能存储的最大值和最小值都是固定的，当存储一个超过这范围的数据时，就会发生整数溢出。通常情况下整数溢出不会改写内存，也不会导致执行恶意代码，但是其会引发堆溢出和栈溢出，进而产生一些危害，同时当整数变量作用在类似于数组有访问边界时，也会产生安全问题。在整数溢出发生后，通常是不容易被检测出的，所以需要找出一个有效的方法来检查出该缓冲区溢出问题。图 3-3 为一个整数溢出的实例：将参数拷贝到有长度限制的缓冲区中，在数据长度超出短整数的范围后，边界保护小于 60 就会不起作用，然后会发生缓冲区溢出。

```
                    void copy (char*pstr)
                    {
                        char buffer[60];
                        unsignedshort len;
                        pstr_len = strlen (pstr);
                          if (pstr_len<=60)
                        strcpy (buffer, pstr);
                        complete_copy (buffer);
                    }
```

图 3-3　整数溢出示例

5. 格式化字符串溢出

格式化字符串溢出主要是由一些函数引起的，如 vprintf、sprintf、printf 等，该溢出主要是由于没有对用户的输入进行过滤，进而发生溢出漏洞。例如，sprintf（char ＊ch，const char*format，…）函数，在操作数据时，会向数组中添加 "\0"，然后就容易发生溢出，再比如，恶意用户可以在操作 scanf 时使用 "％ s" "％ x" 获取堆数据，也可以使用 "％ n" 来对任意的地址进行读写，进而导致执行恶意代码。

（三）缓冲区溢出漏洞攻击解决对策

1. 检查数组边界

缓冲区溢出漏洞攻击大部分是因为某些语言未设置边界检查机制造成的。为减少此类攻击问题，可以通过检查数组边界的方法进行避免，但是要注意此种方法，边界检查后 C 语言编译器性能会降低大约 15％；也可以应用其他安全性比较高的语言，如 JAVA 程序，其自身就具有边界检查机制，与其他语言比，其可以有效避免此类攻击。

2. 阻止栈执行

基于缓冲区溢出漏洞攻击原理，在研究解决对策时，要避免控制权被转移到执行非法移入栈中程序，如果栈中程序无法有效运行，无论是通过任何方式均不能执行栈中程序，以此来避免利用漏洞产生的攻击。如果选择应用此种方法，必须要对操作系统内核进行升级或者打补丁，整个过程复杂性较高，实际应用效率较低。因此，在对操作平台进行开发时，需要重视操作系统架构的设计，争取从源头上消除此漏洞。

3. 指针完整性检查

指针完整性检查主要是对编译器进行扩展，将 1 个数据结构 "canary" 放入局部变量和栈返回地址中间。"canary" 是 1 个占用 4 个字节空间的数据，由程序运行过程中随机产生。1 个函数调用结束后，执行栈中函数返回地址代码前会对"canary"进行检查，确定"canary"内部数据是否发生变化。对于数据发生变化的，便可确定已经发生缓冲区溢出漏洞攻击，需要立即中止执行栈中返回地址的代码。

三、网络蠕虫

（一）概念以及特点

网络蠕虫是一种具有独立特性的计算机程序，不需要计算机用户的干预就可以运行，它可通过在网络中存在漏洞或后门的计算机来进行传播。网络蠕虫病毒作为当今特殊的一种病毒或木马程序，具有主动攻击目标、隐蔽性极高、传播速度快、防治难度大等特点。

（二）功能结构

网络蠕虫的功能结构可以概括为五个部分：一是目标选择模块，该模块收集本地或目标网络的信息，生成攻击列表；二是扫描模块，该模块利用检测的功能，可以对主机漏洞进行全面的检测扫描，并决定采用何种攻击/渗透模式；三是入侵模块，该模块利用攻击代码入侵目标计算机，获得目标计算机的访问权；四是传播模块，该模块生成各种形态的蠕虫副本，完成不同主机之间的蠕虫副本传递；五是有效载荷，该模块决定在被入侵计算机上执行何种操作。图3-4为网络蠕虫传播过程及各模块的作用示意图。

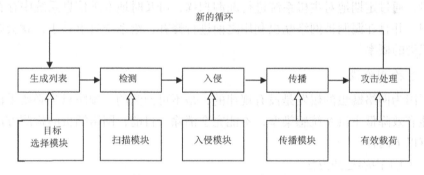

图 3-4　网络蠕虫传播过程及各模块的作用示意图

（三）网络蠕虫对信息系统的影响

1. 导致网络堵塞

蠕虫借助于系统漏洞或后门进行广泛传播。在传播过程中，不断寻找被攻击的目标主机，一系列判断条件（如是否存在漏洞和特定的应用服务）产生大量的网络流量，会造成网络临时堵塞。同时，蠕虫副本在网络平台中搜寻不同

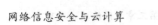

主机为攻击目标，在其中进行复制和传递，会产生网络风暴，使整个网络瘫痪。

2. 消耗系统资源

当蠕虫病毒入侵主机系统之后，在受感染的主机上创建多个病毒副本，会自动启动搜索程序来寻找一个新目标进行攻击。大量的进程会耗费系统的大量资源，导致主机系统运行速度迅速下降，尤其是对子网内的服务器的影响极为显著。

3. 增加信息安全风险

蠕虫会收集、传播和暴露系统的敏感信息（如用户信息等），并在主机系统中创建漏洞或后门，这将导致未来的信息安全风险增加。

4. 破坏系统

蠕虫病毒经常与计算机病毒技术结合，在其有效负载中加载破坏系统的代码，这将会导致系统的运行产生异常情况。

（四）网络蠕虫防范对策

网络蠕虫对信息系统的破坏程度越来越大，对信息系统的安全也造成了严重的威胁。按照时间点来划分，网络蠕虫的防范大致可分为四个阶段。

1. 预防阶段

网络蠕虫通过在网络中存在漏洞或后门的计算机来进行传播，因此在预防阶段，通过定期地对主机系统进行漏洞扫描，可及时地发现信息系统中存在的漏洞，并且在漏洞被网络蠕虫利用之前进行修补，给系统打上补丁，就会减少被感染的概率。

2. 检测阶段

因为网络蠕虫的爆发是没有规律的，是不可预测的，预防只是必要手段，只能有效降低主机系统感染率，不能完全消除。目前，网络蠕虫的检测方法主要有以下两种。

（1）内容过滤方法

内容过滤技术在一定程度上参照了防病毒技术的思想方式，一开始会生成可疑数据包的签名，然后根据签名对网络流量进行过滤。假如这些数据包经常出现在监控网络平台上，将获得大量重复的签名。当重复次数超过某一阈值时，系统就会认为该网络存在蠕虫，并根据得到的签名对数据进行过滤。

（2）趋势检测方法

基于内容和协议的信息过滤都存在一个问题，即如何选择阈值作为异常判断的标准。如果阈值太低，虚警率会更高，否则漏报率上升。针对这种情况，提出了一种无阈值蠕虫预警方案。它的原理是检测异常情况的发展趋势。

除此之外，还有许多网络蠕虫检测技术，如网络协议信息过滤方法等。

3. 遏制阶段

通过预防阶段和检测阶段两个阶段，在确认网络中主机感染蠕虫之后，应及时采取相应的措施抑制网络蠕虫扩散，尽可能减少不必要的损失。目前，主要的遏制方法有以下两种。

（1）隔离

隔离可分为独立隔离和网络隔离。两种隔离概念不一样，前者是指通过禁用本地网卡来中断主机与外界的联系，以中断蠕虫在网络中的传播；后者是指配置蠕虫出现的子网的出口路由设备，在路由器中关闭蠕虫传播的对应端口，来中断蠕虫在网络中的传播。

（2）疏导

通过网络欺骗，将蠕虫感染主机或网络的流量重新引导到现实中不存在的"地址黑洞"，切断蠕虫传播的途径，达到抑制蠕虫传播的目的。

4. 清除阶段

为了快速恢复网络中主机的正常运行，需要在蠕虫彻底爆发后，对网络平台中受影响的主机进行系统性的修复，主要的方法有：一是杀毒软件清除，通过分析提取蠕虫体的特征字符串，加入杀毒软件病毒库修复被感染主机；二是良性蠕虫对抗，利用网络蠕虫主动传播的特征，编写相应的蠕虫清除程序，实现大规模的蠕虫自动清除功能。

四、网络钓鱼

（一）网络钓鱼的技术原理

网络钓鱼是指不法分子利用仿冒网站、电子邮件、二维码等途径发布各种欺骗性信息及链接，采取多种措施和形式骗取或窃取用户身份证号、支付宝及网银登录账号与密码等私人信息进行各种不法活动的行为，渗透于金融证券、电子商务与在线支付等领域，下面将以钓鱼网站为例说明涉及的技术原理。

1. 网页制作

利用各种诱骗信息实施钓鱼攻击，尤其是采用仿冒网站形式，在实施不法行为前仿冒网页外观来诱骗用户点击或登录。通过技术手段发掘被仿冒对象网站服务器相关程序漏洞，在页面中插入危险 HTML 代码，或设计和编码仿冒网址及页面内容来获得用户支付宝账户、银行账号、游戏账号与密码等信息并实施下一步不法行为。

2. 后台技术

攻击者制作钓鱼网站是为获取有价值的信息并以此为基础实施其他不法行为以获取经济利益。因此，利用仿冒网站捕获用户在其中输入的信息至关重要。正常页面会将输入内容传至后台数据库进行校验，但攻击者获取页面内容后会根据违法犯罪需要对页面代码进行修改，而不是进行正常的网页检测。虚假网页中用户输入内容会被传送至不法分子预先设定的后台，如某个数据库或者文本文件，也可能通过特定程序将用户输入的内容发送至预先设定的电子邮箱。

3. 利用系统漏洞

由于部分用户计算机操作系统存在漏洞，攻击者便利用漏洞在计算机中植入木马程序，当用户浏览到钓鱼网站时，程序便可记录键盘输入内容并将其发送至预先设定的数据库或者邮箱。

（二）网络钓鱼形式

1. 假冒支付交易和中奖是常用形式

钓鱼网站常通过 Email、社交网站等广泛发送包含诱惑内容的信息，如无抵押贷款、信用卡代办、理财投资等，将钓鱼网站链接到正常网页中，当用户访问正常网页的时候，利用弹出窗口等方式发布信息诱骗用户进入钓鱼网站。这些诱惑信息涉及不同行业及对象。

根据相关调查，淘宝店铺常成为不法分子钓鱼的身份伪装。不法分子通过真实的淘宝店以低价、促销方式吸引顾客，准备付款时，钓鱼攻击者复制真实淘宝页面地址并利用钓鱼网页制作软件，迅速生成与真实网页很相似的虚假网页，并将此网页地址发送给用户，当用户进入此网址并付款后，就会被病毒植入，货款转入不法分子账户。银行一直是钓鱼攻击的重点对象，利用网银、手机银行实施网络钓鱼是常用手段。不法分子常仿冒银行门户网，制作虚假网页，利用短信诈骗，如采用名为"伪基站"设备在一定区域断开用户原有移动网，强制连接用户手机，采用与银行客服号码相同的号码向用户群发诈骗短信，短信内所附网址与银行官网网址类似，以系统升级、电子密码器类的动态口令牌过期等为理由诱骗用户登录钓鱼网站，并利用各种盗取信息程序与数据库，获取用户输入的登录名称、密码、动态口令及短信认证码等信息，这种情况再加上客户端存在风险漏洞、监管不力、缺乏有效防范措施等问题，用户很容易落入网络钓鱼陷阱。

根据中国互联网违法和不良信息举报中心资料，盗刷支付宝账户手段逐步升级。这类犯罪通过支付宝信息收购、信息筛选、身份证伪造、盗取余额并提现等诸多步骤实现。另外钓鱼网站也向手机银行业务渗透，通过诱导消费者开通手机银行业务并骗取密码，随即通过手机修改密码、转走钱财。以高额奖金或奖品为诱饵仿冒各类官方抽奖活动也是常见手段。因此，用户需谨慎填写身份信息、银行卡号、通信方式等，更要谨慎预先支付税费、快递费、抵押金等费用。

2.二维码、微信成网络钓鱼新平台

二维码扫描不需要输入网址便可接入互联网，因此二维码成为下载软件、阅读新闻、在线支付的快捷渠道。二维码制作成本低、易制作、缺乏监管，任何组织机构都可以制作并发布二维码，传播过程中没有有效过滤手段来甄别二维码，因此极易被非法利用成为传播病毒以及钓鱼攻击的工具。平常使用的二维码存储量极小，仅能存储少量文字或网址链接，木马病毒都是通过点击链接进行下载和其他操作时植入的，因此对扫描后打开链接所指向的网址要加以辨别。很多情况下扫描二维码得到的不是促销优惠、热门游戏与电子票券，而很有可能是病毒、木马程序与扣费软件。"扫码族"应安装二维码检测工具，扫描前辨别发布来源是否可信；从二维码表面确定信息的安全性很不容易，加之很多扫描工具对网址信息无法验证，这使得钓鱼攻击隐蔽性更强且更容易实现。

微信可通过互联网发送即时文字、图片、语音、视频等信息并支持群聊，便捷实用。不法分子利用账号安全漏洞或通过发送仿冒网页链接盗取微信账号或与其绑定的 QQ 账号；假冒官方平台发送虚假信息，引诱用户访问钓鱼网站链接进而盗取账号、骗取钱财；盗取账号后获取用户通讯录冒充亲友要求汇款；利用"查看附近的人"功能，对附近用户定位并借机搭讪，通过聊天取得信任后邀请对方见面并伺机实施诈骗等行为。

3.互联网虚假理财是网络钓鱼新手段

随着互联网金融蓬勃发展，各类互联网金融产品不断面市。目前，网上理财产品收益率高、流动性强，很多用户将存款由银行转向余额宝等互联网理财平台。于是不法分子便以出售高回报率理财产品为幌子进行钓鱼攻击。互联网金融欺诈钓鱼网站主要围绕无抵押贷款、信用卡代办、网络理财以及基金投资四大类，此外骗取保证金、预收利息也是常用手段。

（三）增强网络钓鱼技术防范措施

1.过滤技术

建立静态数据库列表，将不存在互联网安全威胁的可信站点列入白名单数据库，将已经发现的钓鱼网站列入黑名单数据库。当用户访问到某网站的时候进行对比，根据数据库反馈信息来分析判断所访问的网站是否存在安全威胁。

但是黑白名单数据库是静态的，无法做到及时更新，因此不能及时发现钓鱼网站并制止钓鱼攻击行为，而且钓鱼网站存在时间一般很短，钓鱼网站不断出现而数据库不能有效及时更新，这是黑白名单技术的不足之处，过滤技术就是在此基础上发展的。以邮件过滤技术为例，此技术是指在邮件服务器终端安装邮件过滤器，通过对钓鱼网站及网络钓鱼行为进行分析，总结共同特征，如域名、内容相似度、弹出窗口等，然后对用户将要访问的网页对应特征进行分析评估判断是否存在安全威胁，将有钓鱼威胁的页面纳入黑名单数据列表，用户访问与数据列表中匹配的网页时邮件过滤器会向用户发出警告，但由于黑名单数据库无法及时更新，因此邮件过滤技术仍然未能完全避免黑白名单技术的劣势。

2. 认证技术

以电子邮件为例，电子邮件可通过加密以及签名技术完成认证。此技术通过多种方式认证发件人 ID，具体可采用对标题及消息本身关联的加密认证方式，也可通过第三方可信平台对邮件进行数字签名认证。该技术也存在不足之处，如对电子邮件采取加密措施或数字签名会增加 DNS 服务器流量，增加服务器负荷，另外此技术实施需要多方合作。

3. 蜜罐及蜜网技术

蜜罐技术是故意设置某些特征引诱攻击者攻击，进而对系统中的操作进行监控与记录，并对记录情况进行分析研究，判断攻击者的攻击手段、目的、水平等信息，并在此基础上采取相应的反钓鱼攻击措施。蜜网技术又称诱捕网络，是在蜜罐技术的基础上发展起来的新技术，由防火墙、系统行为记录、入侵防御、自动报警以及辅助分析系统及多个蜜罐组成，可采集、分析系统危险信息以及所有攻击行为，保证网络的高度可控性。因此，一旦出现钓鱼攻击行为，蜜网就可以及时捕获监控与记录信息，使得研究人员可以在此基础上分析整个钓鱼攻击行为，并深入探究攻击所使用的技术与工具，分析系统潜在漏洞与威胁。

五、DDoS 攻击

（一）DDoS 攻击的分类

DDoS 攻击即分布式拒绝服务攻击，指攻击者控制网络中的大量受控主机对目标发送大量请求，耗尽资源或带宽从而导致用户无法获得正常服务。从 DDoS 的危害性和攻击行为入手，可以将 DDoS 攻击方式分为资源消耗、服务消耗、反射、组合四类。

1. 资源消耗类攻击

资源消耗类攻击，指通过大量请求消耗攻击目标带宽或协议栈的处理能力，从而使攻击目标无法正常提供服务。Syn Flood、Ack Flood、UDP Flood，是典型的资源消耗类攻击手段。

2. 服务消耗类攻击

服务消耗类攻击，指针对攻击目标的业务的薄弱环节进行精确打击，目的是让服务端始终处理高消耗型业务请求，从而造成服务器一直处于忙碌状态，进而无法对正常业务进行响应。与资源消耗类攻击不同，服务消耗类攻击消耗流量相对较小，通常不会对带宽和协议栈处理能力造成威胁。其主要攻击手段包括数据服务的检索、文件服务的下载等。

3. 反射类攻击

反射类攻击又称放大攻击，指利用某些服务的业务特征来实现用更小的代价发动泛洪攻击（在短时间内向目标系统发送大量虚假请求的攻击方式）。反射攻击大多是由 UDP 泛洪攻击变种而来，是泛洪攻击的升级。与泛洪攻击不同，反射攻击不直接向攻击目标发起大量服务请求，而是将网络中的大量僵尸主机伪装成攻击目标，以攻击目标的身份向网络中的服务器发起大量服务请求。网络中的服务器发送大量的应答报文给真实的攻击目标响应这些服务请求。该类攻击中请求回应的流量远远大于请求本身流量的大小，从而造成攻击目标性能耗尽。典型的反射类攻击包括网络时间协议（NTP）反射攻击、域名系统（DNS）反射攻击、简单服务发现协议（SSDP）反射攻击、简单邮件传输协议（SMTP）反射攻击、Chargen 反射攻击等。

4. 组合类攻击

组合类攻击是指结合上述几种攻击类型，并在攻击过程中进行探测选择最佳的攻击方式。组合类攻击往往伴随着资源消耗和服务消耗两种攻击类型特征。

（二）DDoS 攻击的特点及影响

1. 效果显著

不同于其他恶意篡改数据或劫持类攻击，DDoS 攻击目的是造成拒绝服务的攻击行为，以直接摧毁目标为目的，产生的效果及影响非常直接。

2. 攻击门槛低

相对其他攻击手段，DDoS 的技术要求和发动攻击的成本很低。DDoS 攻击技术成熟，互联网上存在大量的免费 DDoS 攻击工具，攻击者只需控制一批僵尸主机就可以利用免费的攻击工具发起 DDoS 攻击。一些存在漏洞或隐患的普通软件或网站都可以成为 DDoS 的攻击工具，如历史上著名的"暴风影音"事件和"搜狐视频"事件。

3.防御难度大

DDoS 攻击方式灵活、方法多样、可利用漏洞多是导致 DDoS 攻击难以防御的主要原因。在计算机技术发展过程中，网络基础设施核心部件固化，技术升级缓慢，这使得早期发现的漏洞依然存在，这也导致早期的 DDoS 攻击手段放到今天依然有效。伴随着互联网应用的迅速兴起与发展，DDoS 的攻击目标越来越丰富，从三层网络到七层应用，从协议栈到应用 App，都成为 DDoS 攻击的目标。

4.防御成本高

DDoS 的防护是一个技术和成本不对等的工程。与其他精准的网络攻击相比，DDoS 攻击除了对技术的比拼外，更多的是对网络带宽、服务器处理能力、安全防护系统处理能力等资源的比拼。为了保证正常的业务，需要耗费大量的资源才能和攻击发起方进行对抗，大大增加了 DDoS 的防御成本。

（三）DDoS 攻击的防御

当前DDoS攻击事件越来越频繁，攻击手段层出不穷，攻击流量也越来越大，对 DDoS 的有效防御已经迫在眉睫。以往针对 DDoS 攻击的防御手段多是网络资源（服务）提供方、网络运营商自己站在自身的角度去布防，缺少系统协调性，对全面防御 DDoS 攻击往往效果不是很显著。例如，在 DDoS 攻击事件中，网络资源（服务）提供方即使做到自己提供的服务万无一失，对所有DDoS 攻击流量都能进行有效清洗，但终将挡不住超出出口带宽或设备处理能力的大流量攻击。下面针对DDoS攻击的防御手段从网络运营商、网络资源（服务）提供方、用户三个方面进行统筹考虑，形成有机配合机制，共同遏制 DDoS 攻击带来的影响。

1.网络运营商

网络运营商作为互联网的承载平台，在 DDoS 攻击的防御中可以做到"近源防护"，对 DDoS 的防御至关重要。网络运营商利用覆盖全网核心路由器的流量检测设备对经过网内任意互联网目标地址的流量进行在线实时监控，从而准确辨别攻击的来源区域，从而调度 IP 承载网路由器和分布式部署的流量清洗设备将攻击流量在"最靠近攻击发起源"的网络节点上进行清除。其主要防御手段有以下几种。

（1）建立三级网络 DDoS 防御系统

网络运营商的网络结构可分为国家、省级、地市三级网络结构。国家级网络主要负责与国外、国内的其他网络运营商进行互联。省级网络上连国家骨干网，下连省内各地城域网、省级互联网数据中心（IDC）机房等。地市级网络连接用户，包括政府、高校、企业等，网络结构复杂、业务面广泛，是各级互联网主要流量的产生网络，同时也是主要攻击目标及攻击主机的所在网络。

三级网络 DDoS 防御系统分为统一管理中心、检测中心、清洗中心，针对运营商三级网络各自的特点分别进行部署。针对国家级网络，在关键网络节点部署多个 DDoS 异常流量检测中心和 DDoS 异常流量清洗中心，并部署统一管理中心。针对省级网络，在省级关键路由节点部署多台流量清洗设备及监测设备，主要应对来自其他省份或国内其他运营商的流量。针对地市级大型城域网关键路由节点部署异常流量检测清洗中心。在攻击防护事件中，三级网络 DDoS 防御系统根据异常流量实际情况实时调度三级网络流量清洗系统。检测中心监测大面积 DDoS 异常流量产生且超过防控阈值时自动上报统一管理中心，由统一管理中心根据攻击特征统筹调度对应近源及近目标流量清洗中心进行流量清洗和封堵，DDoS 异常流量清洗中心通过边界网关协议（BGP）发布更优先的路由，把攻击流量牵引到清洗中心进行清洗，实现多点清洗，集中管理，并完成全网攻击事件汇总分析。针对国家级网络、省级网络、地市级网络中正常流量大小、网络承载能力大小、异常流量处理能力大小等特点，DDoS 异常流量检测中心设置合理阈值，在监测到有异常流量超过阈值时上报统一管理中心。

（2）建立互联网信誉机制

利用各电信运营商骨干网优势，以全局视角，对全网用户建立互联网信誉机制，全网协同提供防护服务。对检测到发起 DDoS 攻击的主机用户暂时调低信誉等级，并对其网络服务进行一定限制，如降低带宽，并通知其用户进行处理。待用户主机恢复正常后恢复信誉及网络服务。

（3）分级防护

分级防护策略，指针对不同的防护对象配置不同的防御策略，能够兼顾服务质量和防御效果。运营商网络主要以保证带宽及重要基础服务，解决链路拥塞为防御目的。运营商网络流量中目的 IP 地址众多，要做到全面防御不太现实，因此需要做好分级防护。首先甄别出需要重点保护的目的 IP 地址，将其加入重点防护对象中，并根据重点防护对象的服务类型及特点制定相应的防御策略，实施精准 DDoS 防护，其次对于非重点保护对象的 IP 地址，通用防护对象防御策略进行保护。

（4）多方合作统一调度管理平台

与其他运营商、安全托管服务提供商（MSSP）和 IDC 进行合作，对各方的 DDoS 防御系统资源开放 API 接口，进行调度管理平台整合，共享 DDoS 防御系统，构建 DDoS 防御生态。

（5）与网络资源（服务）提供方 DDoS 防御系统进行联动

实现三级网络 DDoS 防御系统与网络资源（服务）提供方 DDoS 防御系统进行联动，当接收到网络资源（服务）提供方 DDoS 预警信息时，三级网络 DDoS 防御系统能够根据预警信息，自动在全网进行 DDoS 攻击防御响应。与网络资源（服务）提供方 DDoS 防御系统进行联动能够解决三级网络 DDoS 防御系统的检测盲区问题。

（6）防御系统支持下一代 IPv6 网络

网络运营商的三级网络 DDoS 防御系统建设支持网际协议第 4 版（IPv4）和网际协议第 6 版（IPv6）双栈防御是大势所趋。2019 年，工业和信息化部签发《工业和信息化部关于开展 2019 年 IPv6 网络就绪专项行动的通知》，从网络基础设置、应用基础设施、终端设施设备，到网站和应用生态，提出了明确的指标化任务，并对网络的服务性能和安全性明确了目标要求。从软件服务商到终端设备制造商，所有业务都要过渡到 IPv6，普及 IPv6 已成为国家战略。

2. 网络资源（服务）提供方

网络资源（服务）提供方作为 DDoS 攻击的主要目标，其 DDoS 防御系统的有效性是 DDoS 防御成败的关键。其主要防御手段包括基础防御措施、建立与网络运营商的二级联动 DDoS 防御机制。

（1）基础防御措施

①内容分发网络（CDN）中转加速服务，降低 DDoS 攻击风险。CDN 中转加速服务可以有效藏匿网站服务器的真实 IP，从而有效地降低对真实服务器地址的 DDoS 攻击。CDN 广泛分布的 CDN 节点以及节点之间冗余策略，可以有效预防黑客入侵以及降低 DDoS 攻击对网站的影响，同时保证更好的服务质量。

②优化 DNS 解析。将 DNS 解析服务托管到不同的 DNS 服务商。DNS 服务商配置开启 DNS 优化规则，启动 DNS 客户端验证，丢弃快速重传数据包，启用生存时间（TTL），利用 ACL、BCP38 及 IP 信誉功能。

③及时检查修补漏洞。定期检查修补软件安全漏洞，是做好网络服务维护的基本措施。服务器维护人员应时常关注网站常用服务软件及操作系统（Windows、Linux、UNIX 等）的最新漏洞动态，当出现高危漏洞时及时修补。

④关闭非必要端口及服务。关闭相关服务器不必要的端口及服务，隔离资源和不相关的业务，只保留正常服务所需端口，缩小暴露面，降低被攻击的风险。

⑤网站异常请求 IP 过滤。在系统安全机制中开启安全策略功能，限制单

位时间内的 POST 请求、404 页面等访问操作，过滤掉异常访问行为。对长期占用资源的异常连接进行中断处理。

⑥加大带宽。评估正常业务环境下服务器所能承受的带宽和请求数，购买一定的富余带宽，避免遭受攻击时带宽小于正常使用量而影响正常用户的情况。

⑦做好网站安全检测。对网络服务上线前进行第三方安全公司漏洞扫描及安全评估，尽量避免网络服务自身漏洞的出现。

⑧其他安全加固工作。充分利用网络安全设备保护网络资源。在配置网络安全设备时应考虑针对流控、包过滤、半连接超时、垃圾包丢弃、来源伪造的数据包丢弃、同步序列编号（SYN）阈值、禁用互联网控制报文协议（ICMP）和用户数据报协议（UDP）广播的策略配置。通过 IpTable 之类的软件防火墙限制疑似恶意 IP 的 TCP 新建连接，限制疑似恶意 IP 的连接、传输速率。

（2）建立与网络运营商的二级联动 DDoS 防御机制

①部署本地 DDoS 防御系统，建立第一级防御。网络资源（服务）提供方根据自身业务量大小及网络架构情况实现 DDoS 检测设备和清洗设备直路或旁路联动部署。针对保护对象的服务类型及特点合理制定防御策略，如 Web 服务器重点配置 HTTP 类的防御策略，DNS 服务器则重点配置 DNS 类的防御策略，游戏服务器则重点配置 UDP/TCP 类的防御策略。针对本地 DDoS 防御系统处理能力及网络出口带宽合理配置 DDoS 系统预警阈值，当异常流量超出阈值后及时发出预警信息。

②与网络运营商寻求合作实现二级联动 DDoS 防御。实现本地 DDoS 防御系统与运营商的 DDoS 防御系统对接。当向网络运营商的 DDoS 防御系统发出预警信息后，网络运营商"三级 DDoS 防御系统"利用自身优势进行"近源防护"，从而有效遏制 DDoS 攻击的影响。

3. 用户

普通用户只做网络服务的享受者，虽然很少成为 DDoS 的攻击对象，但可能成为发起 DDoS 攻击的肉鸡或者帮凶。所以普通用户层面也应该对 DDoS 防御给予足够的重视。

①安装杀毒软件，定期查杀病毒。

②安装防火墙软件，关闭不常用的服务，对必须开启的敏感服务更换默认端口。

③不浏览不安全网站，防止感染木马病毒或被利用发起跨站脚本（XSS）攻击。

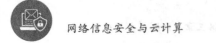

六、勒索软件

（一）勒索软件的发展及现状

1. 勒索软件的发展史

勒索软件是通过不同的攻击手段来拒绝受害者访问其自身数据的一类恶意软件。从时间上来看，勒索软件诞生至今已有30余年，全球首款勒索软件"AIDS"于1989年问世，而我国首款勒索软件"Redplus"于2006年诞生。从采用的技术来看，勒索软件对加密算法的运用可以追溯到2006年甚至更早。从造成的影响来看，随着全球信息化发展，勒索软件从最初只影响极个别人到如今波及全球各国各行业，从数百美元的小额损失到现今每年百亿美元的直接或间接经济损失，甚至对人们的生命健康构成威胁。

2. 勒索软件的分类

对勒索软件进行分类，有助于我们根据不同类型勒索软件的特点进行有针对性的防范和应对。按勒索方式分类，有助于确定具体的分析和应对策略。根据勒索方式的不同，勒索软件主要有恐吓类、锁定设备类、加密数据类，以及前述三类的叠加类型等。

一是恐吓类。恐吓类勒索软件通过伪装成执法机关或反病毒软件，编造恐吓信息，诱骗受害用户支付赎金。

二是锁定设备类。锁定设备类勒索软件通过锁定系统设备（通常是屏幕）影响用户系统的正常使用，迫使用户支付赎金以换取对系统的正常使用。

三是加密数据类。加密数据类勒索软件采用高强度加密算法对用户文档甚至主文件表（MTF）进行加密，只有用户支付赎金后才予以恢复文件数据。

除上述提到的三类，还有一些其他类型的勒索软件。一些勒索软件仅采用了破坏力较小、相对易于恢复数据的加密算法，但呈现给受害用户的界面或勒索内容却仿冒知名度较广且破坏力较强的勒索软件，以此增强对受害用户的恐吓效果。

3. 勒索软件传播方式

目前，勒索软件的典型传播方式包括通过钓鱼邮件、利用系统漏洞、通过挂马网站、通过移动存储介质、通过软件供应链传播等。

（1）通过钓鱼邮件

通过钓鱼邮件传播，是指通过在邮件中添加恶意链接或在附件中加入勒索软件发送给受害者，进而诱骗其安装勒索软件。这种传播方式依赖的是用户较差的安全意识以及一定的社会工程学技巧。

（2）利用系统漏洞

利用系统漏洞传播，是指利用0day漏洞或Nday漏洞，对未打补丁且没有加固的服务器或个人电脑远程植入勒索软件。这种传播方式依赖的是对高危漏洞及其利用方法的掌握。

（3）通过挂马网站

通过挂马网站传播，是指将勒索软件相关的恶意脚本装载在网站上，引导用户访问网站，导致用户在不知情的情况下执行恶意脚本文件、下载勒索病毒、运行病毒等。这种传播方式依赖的是对用户访问网站规律的把握和对网站存在的漏洞的利用。

（4）通过移动存储介质

通过移动存储介质传播，是指已经感染勒索软件的 U 盘、移动硬盘等移动存储介质在连接到正常机器时，若系统的自动播放功能开启，会导致在用户不知情的情况下执行移动存储介质中的恶意脚本文件，下载勒索软件并运行等。这种传播方式依赖的是用户不良的移动存储介质使用习惯和不完善的移动存储介质使用规章制度。

（5）通过软件供应链

通过软件供应链传播，是指在相互信任的软件供应商与最终用户之间的合法软件正常传播和升级过程中，利用软件供应商的各种疏忽或软件漏洞，劫持或篡改合法软件，从而躲过传统安全产品检查，实现勒索软件的传播。这种传播方式依赖的是软件供应链上的安全漏洞以及用户相对薄弱的安全意识。

4.勒索软件的趋势展望

根据对 2017 年以来勒索软件攻击事件的调查，对勒索软件的发展趋势做出以下三点展望。

（1）对新漏洞的利用更及时

"永恒之蓝"（WamnaCry）席卷全球使人们看到了勒索软件的巨大威力，"GandCrab"勒索病毒的作者在一年半内狂赚上亿美元后成功隐退更是助长了一些人利用勒索软件敛财的热情，因此，黑客们对新闻的关注将更为密切，对新漏洞的利用将越来越及时。

（2）勒索目标更精准

勒索软件的攻击方式已经从之前的"广撒网"针对防护薄弱设备的无差别攻击，转变为针对特定行业或人群进行攻击，甚至可能出现针对某一家公司或某一个人的定向攻击。此外，针对特定数据库、Web 应用，甚至 ATM 机等特定设备的勒索软件攻击也将逐步增加。在万物互联时代即将到来之际，针对工业自动化控制设备或智能网联汽车的勒索软件可能率先登场。

（3）社会科学在勒索软件传播中得到更多运用

通过钓鱼邮件或网站挂马传播已经运用到社会工程学的一些理论。2018 年兴起的利用代理分成模式促进勒索软件传播渠道扩展则是对市场营销学相关理论的成功运用。人是网络安全中最核心的要素之一，社会科学中关于心理和社会运作机制等方面的研究成果将在勒索软件的传播中得到更广泛深入的运用。

（二）勒索软件的防范和应对

根据以上对勒索软件发展现状的分析和对后续发展趋势的展望，分别从社会总体和用户本身两个层面就勒索软件的防范和应对提出以下建议。

1. 全社会形成政府引导、体系协作、人人参与的治理局面

（1）加强宣传教育和人才培养

在宣传教育方面，可采用在公交、地铁及公共场所播放宣传短片，以及开展网络宣传周、社区专题宣传等形式，同时充分利用电视、广播、微信等渠道，有效提高群众防范意识；由主管部门牵头，对政府和企事业单位开展自上而下的宣传教育活动。

在人才培养方面，一方面建议在街道、乡镇一级培训一批网络安全宣传员，负责辖区内的居民网络安全宣传工作；另一方面加强高校对网络安全技术和社会科学的综合性人才方面的培养。

（2）完善法制、机制和体系建设

由于目前相关的司法实践极为有限，我国司法界对于勒索软件案件的定性和量刑仍处于摸索阶段，法制建设未及时跟上网络犯罪日新月异的发展，可能导致有违常识的判决结果。因此，针对包括勒索软件事件在内的网络犯罪相关法制建设还需及早完善。

在应急体系和机制方面，需要在《网络安全法》及相关法律法规框架下，加强政府主管部门、网络安全应急组织、相关研究机构以及包括政府部门、企事业单位、个人在内的用户群体之间的应急联动机制建设，加强在行业主管部门监督下开展各行业单位的预防性工作。

（3）加快技术研发和手段建设

在勒索软件传播事件的及早发现、科学研判、有效遏制蔓延、消除影响、追踪溯源甚至技术反制等方面，当前的技术和手段仍与实际需求有巨大差距。对于 5G、人工智能等新技术推广应用后我们可能面临的更严峻的勒索软件威胁形势，需要政府和产、学、研各方面机构共同加快技术研发和手段建设。

2. 用户加强上网自律和数据保护

（1）养成良好上网习惯并提高警惕

无论个人还是机构员工，都需要养成良好的上网习惯，同时认真对待网络安全宣传教育，不轻易打开来历不明的邮件附件，对社交网络好友推送的链接保持适度的警惕，安装合适的杀毒软件并及时更新病毒库。

（2）完善数据分类分级

对数据进行科学分类，并按重要程度进行分级，据此实施相应的数据存储和备份措施，确保重要数据在系统遭受勒索软件攻击后能有效恢复。

（3）及时修补安全漏洞

对于高危漏洞，应尽量及时修补，无论是互联网联网设备还是内网设备。如果因业务需要无法及时修补，或者安装补丁可能影响业务功能实现和系统稳定性，应根据专业指导采取替代措施。

第四章　数据库与数据安全技术

互联网的快速发展让各类信息资源丰富多彩，社会各领域在对已有的大量数据分析的基础上进行科学研究、商业决策等，而数据的不断增加也使得数据信息的安全性越来越重要。目前对数据库的安全性的研究和探索仍然是数据库开发的一个重要方面，具有深远的研究价值和指导意义。本章分为数据库的安全问题、数据库的安全特性、数据库的安全保护技术三部分，主要包括数据库的特征、数据库安全的定义、数据库的安全特性分析等方面内容。

第一节　数据库的安全问题

一、数据库的特征

（一）数据结构化

数据库将数据信息资源整体建立了组织结构，根据数据信息资源的同一性进行分类存放于数据库中，面向全组织进行整体结构化，而不再是针对任何或某个应用。数据库系统实现了整体数据的结构化，是数据库最主要的特征之一。同时数据库将数据信息资源进行结构化的特质，是面向了整个系统、任何访问使用都共享数据的结构化。

（二）数据共享性高

数据库中存储的海量数据是面向整个系统的。数据库中的数据可以被多个用户、多个应用程序共享使用，这样就大大节约了数据的存储空间，也大大减少了数据冗余，优化了系统内部结构空间，同时还能避免数据之间的不相容性与不一致性。

（三）数据独立性高

数据库在构建之初就是由数据库管理系统（DBMS）负责存储、编写和管理的，这就奠定了数据库在物理上和逻辑上的独立性。比如，磁盘上的数据库存储数据是依靠DBMS进行管理的，使用者并不需要了解数据库是如何工作的，在应用程序中，用户只需要处理数据的逻辑结构，这样一来，当数据的物理存储结构改变时，用户的应用程序不用相应地做调整。这就是数据库在物理上的独立性表现。数据库在逻辑上的独立性表现在数据库内的数据逻辑结构一旦改变，那么使用者的用户程序可以不做改变。它充分说明了用户的应用程序与数据库的逻辑结构是相互独立的。

（四）数据实行统一管理和控制

数据库在应用上最直观的特点就是共享性。数据库的共享是并发的共享，换言之就是多个用户可以同时存取、使用数据库中的数据，甚至可以同时存取、使用数据库中的同一个数据；而后台的数据库的数据的安全性保护、数据的完整性检查、数据库的并发访问控制和数据库的故障恢复都由 DBMS 来负责提供和管理。

二、数据库安全的定义

数据库安全可以分为数据库运行的系统安全与数据库内的信息安全。

数据库运行的系统安全主要指攻击者对数据库运行的系统环境进行攻击，使系统无法正常运行，从而导致数据库无法运行。

数据库的信息安全主要指数据被破坏和泄露的威胁，如攻击者侵入数据库获取数据，或者由于内部人员可以直接接触敏感数据导致的数据泄露问题，后者近几年渐渐成了数据泄露的主要原因之一。

数据库的安全标准国内外有着不同的要求，并不是完全统一的，但是通常意义上要保证数据库的安全，一定要做到以下几点：

①数据库中数据的保密性。要求数据库中数据必须是保密的，只有合法用户才被允许访问数据库中的数据。

②数据库中数据的完整性与一致性。要求数据库中数据的完整性与一致性不会因为用户的各种操作而遭到破坏。

③数据库中数据的有效性。要求数据库中数据必须是可以使用的，即使攻击者对数据库进行了各种攻击，也必须要通过各种手段对数据进行修复，保证数据一直处于可以使用的状态。

三、数据库安全的类型

（一）数据库运行的系统安全

数据库运行的系统安全，通常体现在互联网环境下，攻击者用多种方式对信息数据库运行的系统环境进行攻击，使系统无法正常运行甚至瘫痪，从而导致数据库不能被进行查询、使用，或者存储、备份。

简单来说，数据库运行的系统安全防护是一种类似网络安全设备和软件的使用安全保护。借助用来实施安全防护的应用产品，如利用防火墙、入侵检测技术等来控制攻击者对数据库的非授权性访问。

（二）数据库内的信息安全

数据库的信息安全是一种更为深层、更为基础的数据信息安全控制保护，它针对的是数据遭到破坏和泄露威胁的可能性。例如，黑客成功进行系统破坏后，侵入数据库获取了信息数据；作为能够直接接触敏感数据信息的内部人员，因为某种目的而进行的人为数据信息泄露。这些都属于数据库内的信息安全问题的范畴。而近几年，随着行业规范和职业道德与互联网高速发展的不匹配性日趋严重，内部工作人员进行的人为数据信息泄露，已经成了数据泄露的主要原因之一。

因为数据库安全是数据信息安全的最后一道防护线，所以，数据库安全的防护是所有计算机互联网信息安全模型建立的首要对象。互联网信息安全模型的建立基础就是要防止攻击者从任何一个环节或者方向，对互联网环境下的数据信息资源进行窃取和篡改。

四、数据库的安全性问题

（一）安全性误区

很多人在设计数据库系统时，有时候会对数据安全性做出错误评估，同时大部分人对该领域的不熟悉会导致做出无效的安全解决方案。人们在日常生活中最常见的几种误区如下。

误区1：在网络上攻击者对计算机系统的攻击，是导致大部分信息安全事故的主要推手。

例如，黑客编写的相关攻击程序对计算机系统的攻击，但很多时候，信息的丢失和数据库的崩溃都是因为数据库内部漏洞没有得到及时解决。

误区2：人们大多喜欢用加密软件，这样就可以保证自己的数据完整且不被泄露。

事实上，加密软件的使用仅仅是保护数据安全的必要措施，而不是充分条件，安全性同样也需要通过访问控制模块来加以过滤及限制，或者通过数据完整性测试反馈相关信息并进行跟踪和记录、系统的可用性评估以及审计方法的使用等。

误区3：防火墙软件可以保证数据不被侵入。

事实上，尽管安装了防火墙软件，大家常看到的360、瑞星等相关产品，但是当黑客制造出新病毒的时候，这些防火墙的升级是有个延迟时间段的，所以部分网民和公司依然被网络入侵者盗走相关信息。

以上这些误区，给人们一个很好的警示作用。要完成一个完善的安全策略，只有在了解数据库的安全性需求之后，人们才能做出相应的解决方案。就像医生给病人看病，只有找对病因，对症下药，才能避免不必要的额外开销。

（二）多角度理解数据库系统安全性

在当今移动互联网崛起的时代，有很多保密性信息及敏感话题经常是被一些不安全的平台及机构所管理，这样的信息很容易被盗用并用于非法的传播。从计算机数据库安全性角度出发，整个数据库系统中的任何一个漏洞或后门没有及时打上补丁或者屏蔽掉，都可能导致数据库系统被破坏或者是整体瘫痪。人们有良好的软件环境，但是没有硬件的支撑，整套系统也很难运行。在计算机信息安全方面，硬件与软件操作系统的兼容可以给数据库系统安全提供很好的内部环境，外部使用优秀的网络管理技术可以给数据库安全提供良好的网络数据共享环境，以上这两点缺一不可。因此，在设计操作系统和良好纯净的网络环境时，只有将每个细节都考虑周全，才能从源头上杜绝危险，保证数据的安全。在复杂的网络环境下，数据库安全是受各式各样的外部或内部环境制约的，这些因素都有可能给数据库安全带来风险。

传统的安全技术构建的安全数据库只能防御黑客的相关技术的攻击和破坏，没有办法应对数据库内部数据量的增容及并发事件的发生。互联网大数据时代的到来，对数据库自身的完善也提出了一个巨大的考验。大数据并发就是大规模用户同时访问数据库，要想应对这样的情况，需要对数据库系统进行细节上的设计，同时，要对访问客户进行有效的控制。很多网络工程师会发现，当网络环境变得复杂多样化和数据库系统越来越庞大时，其中的漏洞是会增多的，而且漏洞也会很难发现。只要被黑客找准这些安全漏洞，就会有被侵入的风险，一旦被侵入，数据就有可能丢失或被破坏，问题就会被扩大化。黑客通过漏洞展开的入侵是不会被数据库自带的规范所约束的。因为其有诸多不确定的安全漏洞，人们通过相关数据分析技术很难确定所有漏洞，就更加突出了数据库安全的重要性。现今计算机数据库已经有了很多安全策略，进行数据库的安全防护，可是这些安全策略也不是"万金油"，也有很多漏洞尚未解决。大家认知的数据库系统中授权策略和访问控制策略只能防止部分非法用户的破坏，网络上大部分侵入者都可以通过数据库系统的漏洞得到未批准访问权限的数据。以上内容给我提供了有力的证明，传统的数据库系统安全策略不能完全防护黑客高频率的攻击，保护数据库安全需要人们建立更加完善的策略来实现。在保护数据库信息不被攻击的同时，还需要建立追踪机制，方便信息安全部门能更快地定位网络上的不法分子。

（三）对数据库系统安全的威胁

2010 年以后，通过数据库信息犯罪的现象频发，黑客对窃取信息的新技术的掌握越来越纯熟。虽然数据库安全的课题受到大家的重视，也加强了其防护能力，但相比数据库入侵者的手段来说，单纯的数据库安全防护技术还是捉襟见肘。

对数据库系统安全的威胁可以分为以下几类。

1. 权限分配不合理

对于用户的管理权限应当进行严格的设定，任何超出工作所需的权限可能会被恶意滥用。举一些滥用权限的例子：高校的系统管理员可能擅自更改权限以外的学生分数；医院的系统管理员也可能通过额外的权限倒卖患者的私人信息。

2. 身份验证不足

由于身份验证门槛过低，对访问者只要求最基础的身份验证，使得黑客完全可以轻易得到登录凭据，合法访问数据库。

3. 备份不完善

备份数据库存储介质具有的防护措施几乎为零，为防止备份的磁带硬盘丢失而引起的安全问题，所有数据库备份都应加密。

4. 数据库操作人员错误

数据库安全的一个隐藏风险就是"非故意的授权用户攻击"和内部人员错误。以上出现的隐形风险表现如下：数据库操作人员不小心把数据误删除或把数据拷贝回去后泄露出去，非人为地绕开了数据库安全策略。数据库给授权用户开放数据访问的时候，一些保密性数据有可能被误操作，导致信息的修改和删除，就会发生第一种的风险。这是日常中常遇到的事情，虽然不是有意泄露信息，但是无意中，人们的设备也会造成数据存放到存储设备上，人们的移动设备在接入网络的时候，很容易受到外界的恶意攻击，导致非故意的安全泄露事件。

5. 社交工程

黑客会不断地改进自己的攻击技术，如做一些木马程序放到网站上，浏览网站的人就很容易受到木马的攻击。木马会通过钓鱼技术在用户无法察觉的情况下窃取了隐私信息。在传统模式下，一些网站或社交工具自动弹出的窗口，都可能是这种恶性攻击的媒介，人们应该时刻防范，做好宣传工作，把这种损失降到最低。另外，人们可以通过企业硬件防护来屏蔽外界的攻击，或者用实时监测系统对网络环境进行监测。

6. 内部人员攻击

数据库攻击事件往往会在内部发生。例如，很多公司为了减少人力成本，通过裁员来维持公司正常运作，被裁掉的员工往往会因为不满，会通过一些极端的方法报复公司，如通过泄露公司机密来换取经济利益，而且这些员工在被劝退初期，手上都还掌握着公司访问核心数据库的权限，这样很容易就给企业造成更大损失。

7. 错误配置

攻击者手上往往控制了大量的已经被入侵的个人计算机，他们利用这些个人计算机访问数据库信息，通过这种方式迷惑计算机数据库安全系统窃取相关信息。这是现在黑客攻击数据库的主要手段之一。

8. 未打补丁的漏洞

攻击者制作的漏洞脚本往往会比数据库补丁更新还快，数据库补丁刚更新，几个小时后，网络上就会看到相关的漏洞脚本。一些入门级黑客就可以通过下载这些漏洞脚本攻击数据库，窃取数据库核心信息。

9. 高级持续性威胁

高级持续性威胁，是指隐匿而持久的电脑入侵过程，通常由某些人员精心策划，针对特定的目标。其通常出于商业或政治动机，针对特定组织或国家，并要求在长时间内保持高隐蔽性。高级持续性威胁包含三个要素：高级、持续性、威胁。高级强调的是使用复杂精密的恶意软件及技术以利用系统中的漏洞。持续性指某个外部力量会持续监控特定目标，并从其获取数据。威胁则指人为参与策划的攻击。

第二节　数据库的安全特性

一、数据库安全功能需求

数据库面临着默认配置、弱口令、设计缺陷等诸多安全隐患，需要从多个方面设计数据库的防护方案。

从安全预警方面，应该通过构建普遍情况下适用的，能够反映数据库运行状态的安全基线，以此对数据库运行情况实施监控和预警，有效避免不合常理的偏离安全基线的异常活动。

从身份鉴别方面，应该采用数据库隐患扫描技术，检测数据库的弱口令、账号暴力破解未设置失败锁定等方面的脆弱性。

从访问控制方面，应该通过数据库隐患扫描技术，检测系统多余的、过期的账号。

从安全审计方面，应该通过数据库审计技术，记录每个用户的行为、各种可疑的操作并进行告警，对操作记录进行全面分析。

从入侵防范方面，应该通过数据库隐患扫描技术，扫描数据库的漏洞、补丁未升级等问题。

从恶意代码防范方面，应该通过数据库配置核查技术，检测存储过程、函数中的恶意代码。

从资源控制方面，应该通过数据库健康监控以及数据库配置核查技术，对数据库的资源控制状况实时监控、告警，并通过数据库配置核查技术进行配置优化。

综合上述分析，数据库安全管理中急需进行较为全方位的综合监控和管理。目前国内外的数据库安全解决方案大多以数据库安全漏洞扫描、数据库审计为主，而且是相对独立的解决方案，缺乏整体性。在实际环境中，迫切需要对数据库安全建立以数据库安全基线为标准的事前漏洞检测、事中安全监控、事后行为审计的安全立体防护模型。它是以安全风险基线分析为核心，事前为数据库提供安全隐患扫描、安全配置核查，事中为数据库提供健康监控和风险预警，事后能够为安全事件提供数据库安全审计分析的立体防护系统。其中安全基线配置及预警模块完成对基线进行配置及预警操作，安全隐患扫描模块完成对数据库进行系统脆弱性分析，安全配置核查检查数据库的不安全配置是否确实存在，健康监控模块实时监控关键性能指标并对异常情况报警，数据库安全审计模块对数据库的异常操作行为进行检查和在必要时预警。数据库安全监管用例图如图 4-1 所示。

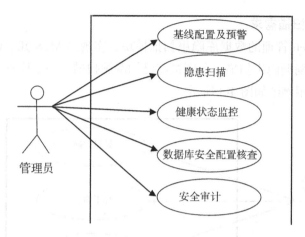

图 4-1　数据库安全监管用例图

（一）基线配置及预警需求

数据库安全基线是数据库要满足的最基本的安全需要。安全基线的建立将为数据库系统的隐患扫描、健康监控、数据库策略变更监控以及安全审计提供依据。基线的常用要素如时间、位置、账户等的偏离，会直接触发面向管理员的安全报警功能。

由于数据库的安全要求会根据系统的运行状况以及业务的需求侧重点不同等实际情况而产生不同的安全需求，因此数据库安全基线是动态的，安全基线的变更在所难免。在定期扫描后，系统把当前扫描结果跟基线进行比较，以发现数据库用户及其权限、表对象、存储过程等的变更情况，同时进行预警。如果管理员接收了变更情况，可以把当前状态保存为基线，以保持基线能够反映数据库最新状态。基线变更能够保持历史记录，以便管理员追踪变更情况。基线配置及预警用例图如图 4-2 所示。

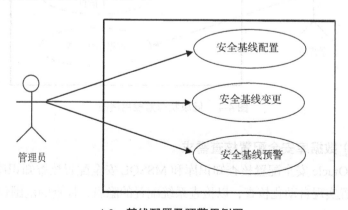

4-2　基线配置及预警用例图

（二）隐患扫描需求

通过基于 Web 管理的数据库隐患扫描模块，实现对 MSSQL、Oracle 等主流数据库系统的漏洞隐患扫描，范围覆盖已知漏洞扫描、补丁检查、弱口令扫描等。隐患扫描用例图如图 4-3 所示。

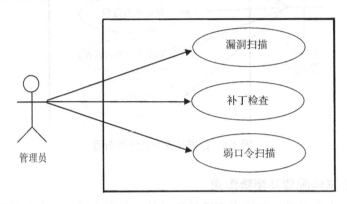

图 4-3　隐患扫描用例图

（三）健康状态监控需求

监控数据库所在服务器的使用情况（CPU、内存、磁盘空间）、数据库并发连接时间、数据库版本及补丁信息、数据表状态等信息。健康状态监控用例图如图 4-4 所示。

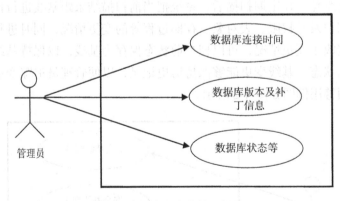

图 4-4　健康状态监控用例图

（四）数据库安全配置核查需求

根据 Oracle 安全配置核查知识库和 MSSQL 安全配置核查知识库，对数据库安全配置实现自动化核查，以检查系统配置的隐患，检查的范围包括 SGA，

PGA、账号策略、口令复杂度和策略、数据库表权限、表空间等方面。数据库安全配置核查用例图如图 4-5 所示。

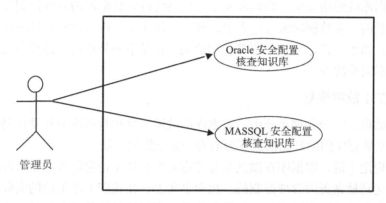

图 4-5 数据库安全配置核查用例图

（五）安全审计需求

数据库安全审计主要是记录数据库主体和客体的行为，如登录用户名、操作语句、操作时间、操作目标等，参考数据库系统多种参数配置情况，给予安全上的建议策略。其侧重点在于事后的监督和追查，对异常操作行为进行跟踪取证。安全审计用例图如图 4-6 所示。

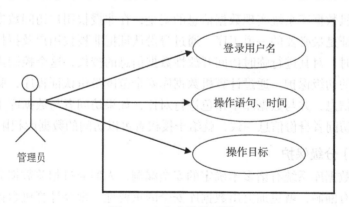

图 4-6 安全审计用例图

二、数据库的安全特性

（一）并发控制

人们建立数据库，就是为了数据信息资源共享。数据库通常被多个用户同时同步，甚至是同时进行同一个使用操作，来共享数据信息。为了避免在数据库被并发访问时，出现存储或提取到不正确的数据，从而破坏数据库的一致性，影响数据库的使用安全，数据库安全管理系统设立数据库的并发控制是非常重要和必要的。在数据库编写过程中，开发者往往会提供自动的通过编程来完成的机制，如事务日志、SQL 事务控制语句，以及事务处理运行过程中通过锁定保证数据完整性等。

（二）故障恢复

在数据库安全管理系统中，数据库的故障恢复和数据库的并发控制一样，都是针对数据库内的数据信息资源的安全完整性的控制。

从理论上讲，数据库在做到充分考虑安全和处于稳定的外部运行环境时，是能够达到最完美的管理控制的。然而事实上，在我们工作生活的实际网络环境中，所有的系统都不可能避免发生故障，有可能是硬件设备失灵，或者是软件系统崩溃造成的，也有可能是其他外部自然原因或人为操作原因造成的。以上这些原因导致计算机操作运行突然中断时，正在被访问和使用的数据库就会处在一个错误状态，即使故障排除后，也没有办法让系统精确地从断点继续执行下去。这就要求数据库在初始开发时，就要有一套故障后的数据恢复机制，保证数据库能够回复到一致的、正确的状态。这就是数据库的故障恢复。

（三）存取控制

计算机数据库系统实现数据信息的安全，在非授权用户访问数据库时，对其身份认证是最必要的一道工序。通过身份认证把非授权用户及授权用户区分开来，同时，对其进行临时访问开放性数据信息的授权，这个控制措施是对数据库信息的初级保护。通过计算机数据库安全范围身份认证程序，验证访问用户的相关信息，并与数据库中角色进行对比，如果访问者与数据库中的具有访问权限的访问者身份信息一致，就给予授权者可以访问的数据库权限。

（四）分级保护

因为数据库系统有诸多不确定的安全漏洞，人们通过相关数据分析技术很难确定所有漏洞，就更加突出数据库安全的重要性。现今计算机数据库有很多安全策略进行数据库的安全防护，可是这些安全策略不是"万金油"，有很多漏洞尚未解决。在传统的数据库系统中授权策略和访问控制策略只能防止部分非法用户的破坏，市面上大部分黑客可以通过数据库系统的漏洞得到未批准访问权限的数据，因此，需对这些数据进行分级保护。

（五）数据独立性

基于数据库的整体结构化和独立性的特征，我们不难发现，数据库安全防护也是基于此开展起来的。由于数据库开发者是根据使用者的特定使用需求，对整体数据信息分级分类地建立统一的数据库结构，并进行存储的，这就使得数据库具有了整体的结构完整性，同时又是独立程序管理。数据库的设计建立和运行维护是由数据库开发者和数据库管理员负责的，使用者不用接触数据库的设计程序。所以，使用者操作应用程序时，不以数据库的升级和修改为行为安全参考。在数据库安全定义下，数据的独立性是支持数据库安全的必要环境条件。

（六）数据安全性

由于数据库自身带有独立性和整体性的特征，这就使得数据库的安全性相对稳定。数据库的开发者在设计、建立数据库时首先考虑到的就是数据库内的数据的安全性，为了保证数据的安全性，数据库的编写人员会考虑运用多种加密技术，还有访问权限的分级控制，以及数据库有可能会出现的漏洞或者安全漏洞。以上这些围绕数据库开发的相关技术都在源头上为数据库提供了安全保护，以此加强数据库内数据信息的安全性。

（七）数据完整性

数据库的整体结构化特点，奠定了数据库在安全模式下数据的完整性这一特征的理论基础。此外，由于数据库开发者在最初设计制定数据库安全系统管理策略时，充分考虑数据库安全使用的外部环境和内部结构瑕疵，积极利用多项数据库安全技术，使得数据库内的数据信息资源在网络环境中，被提取、存储以及使用时具有完整性。

第三节 数据库的安全保护技术

一、数据库的安全标准

对于数据库的安全标准国内外有着不同的要求，并不是完全统一的，但是通常意义上讲要保证数据库的安全。

首先，保证数据库的安全就要控制数据库中数据的保密性。这要求数据库中的数据信息资源必须是保密的，只有拥有合法访问权限的用户才能访问数据库中的数据。在设计开发数据库时，一般先会根据使用单位的数据的访问需求和管理架构，将数据库分为不同级别，编写不同保密级别的访问程序进行数据库的保密性控制，确保数据库中的数据信息根据保密程度的不同，被相对应的合法用户进行访问。此外，在外部环境中，数据库中数据的安全保密性质也被各项硬件和软件技术加以控制。

其次，要想有效控制数据库中数据的完整性与一致性，就要保证数据库中数据的完整性与一致性不会因为用户的各种操作而遭到破坏。一般来说，用户进行的应用操作是对数据库中数据信息的查询访问和存取，由于数据库具有自身独立性，数据库的升级或修改不影响用户的应用操作。但是，在实际应用中，攻击者会通过入侵技术、病毒等侵害数据库的完整，甚至造成数据库结构的破坏。这也是当前国内外学者研究的数据库安全模型的主要攻克方向。

最后，数据库中数据必须是可以使用的，也就是数据库的有效性。在网络环境中，即使攻击者对数据库进行了各种攻击，数据库的安全管理策略也要保证，能够通过各种技术手段对数据进行修复，保证数据一直处于可以使用的状态。

以上三点，是在建立数据库安全模型时通常需要考虑的基本要素，同时也是各国在制定数据库安全标准时的衡量因素。总之，数据、数据库乃至数据库的安全管理策略，都离不开信息保密性、独立性、完整性、有效性几个显著特质。

二、数据库安全管理技术

用户通常通过 Web 应用来对数据库进行访问，在访问过程中，需要经过防火墙，通过身份认证技术、权限管理技术与数据管理技术共同保护数据库中数据的安全性。

（一）身份认证

身份认证是指用户提供证据向系统证明自己的身份，证据与身份必须一一对应，同时不可伪造，而且数据库应该有相应机制可以证明用户的身份合法有效。

由于身份认证技术主要是通过证据来证明用户身份的，一般的证据主要有口令、生物学信息、智能卡等，下面主要介绍这几种身份认证技术。

1. 基于口令的身份认证技术

用户需要提供自己的口令供系统进行认证，认证通过则证明用户身份合法有效。例如，许多 Web 应用的登录、自动取款机验证银行卡持有者的身份等都是通过口令实现的。这种方式成本较低、认证速度较快，也不需要其他设备的辅助，十分方便快捷。但是系统想要认证用户的口令就必须存储正确的口令，这大大增加了口令泄露的可能性。

2. 基于生物学信息的身份认证技术

这种身份认证技术通常使用图像处理技术或模式识别技术来识别用户身份。用户通常提供指纹、声音、虹膜、脸部等生物学信息来进行验证，这些信息理论上是不可伪造且唯一的。

生物学信息的识别技术相对较难，需要专门的设备与专门的算法、技术来对信息进行分析与对比，成本较高。但随着计算机技术的进一步发展，基于生物学信息的身份认证技术也渐渐普及起来：现在的手机一般都有指纹识别功能，可以方便地进行解锁、付款等操作；许多高级门锁也开始使用指纹解锁功能，省下了带钥匙的麻烦，同时避免了忘带钥匙以及钥匙丢失时的困扰。

3. 基于智能卡的身份认证技术

基于智能卡的身份认证技术需要一个额外的智能卡作为辅助，卡中一般存储着可以证明持卡人身份的唯一的认证信息，只有持卡人才可以被识别成功，但是当智能卡丢失时用户的身份就会被轻易地假冒。银行的 U 盾采用的就是这种技术，用户在登录或操作网银的时候，除了自己的登陆口令，同时也需要插入 U 盾以验证自己身份的合法性，只有口令与 U 盾同时正确的用户才可以在网上银行进行转账与付款等操作。

（二）权限管理

权限管理技术是对用户可以进行的操作和访问的资源进行控制的技术，经常被使用在多用户 Web 应用中。权限管理一般会给出一套方案，将应用中的资源进行分类标识，对不同类型的用户赋予不同操作的权限，用户只可以在自己权限范围内进行操作，通过这种方式加强应用的安全性。

权限管理可以分为功能级的权限管理与数据级的权限管理两类，下面主要针对这两方面进行详细介绍。

1. 功能级的权限管理

现在功能级的权限管理一般使用基于角色的访问控制技术，将用户按角色进行划分，赋予每个角色一定权限，这样每个用户就可以使用相应角色的权限了。应用通过管理角色与权限来完成权限管理。

2. 数据级的权限管理

数据级的权限管理可以通过将权限控制与业务代码结合的方式控制用户对数据的访问权限；也可以将访问的规则提取出来，通过形成规则引擎的方式来控制用户的访问，使用规则对用户访问进行管理；现在还有许多第三方软件也提供了权限管理的解决办法。

在设计权限管理方案的时候，权限的分配需要符合最小权限原则、最小泄露原则和多级安全策略，即每个用户只能拥有其所需的操作的最小权限，按照所需最小信息分配。

只有保证权限的分配符合这些规范，才能保证用户不可以利用合法身份操作高级数据，保证数据库中数据的安全性。

（三）数据管理

数据库会使用主键约束、唯一约束、检查约束、默认约束与外键约束来保证数据的有效性与完整性。

主键约束的对象必须唯一且非空，唯一约束的对象必须唯一，检查约束使系统可以根据数据具体需要进行一定设置，默认约束则规定了对象的默认值，外键约束则主要规定了两表之间的引用与对应关系。

除了以上几种数据库自带的各种约束，我们也可以使用存储过程或触发器定期对数据库中的数据进行检验。

存储过程是大型关系数据库中的一组为了实现特定功能的结构化查询语言（SQL）语句集合，相当于一种功能的集合模块，与方法的使用类似，用户可以方便地使用存储过程而不用了解其具体的实现方式。

存储过程的具体情况如下：

①系统存储过程可以用于设定或获取系统的相关信息。

②本地存储过程由用户创建，用于实现用户所需特定功能。

③临时存储过程存放在临时数据库中，分为全局临时存储过程与本地临时存储过程，可以由所有用户和创建的用户执行。

④远程存储过程是位于远程服务器上的存储过程。

⑤扩展存储过程可以由其他外部编程语言实现。

触发器是一种特定的存储过程，也是用来保证数据的完整性的一种方法，它由特殊的事件触发执行。触发器可以包含复杂的 SQL 语句，执行比数据库约束更复杂的约束操作。触发器除了可以实现更复杂的约束之外，也可以用于跟踪数据库中的变化。它可以设计成自动级联的触发模式，从而影响整个数据库的不同内容。

触发器由触发时机、触发事件、触发事件所在表与事件程序体组成。触发时机指触发程序体执行时间是在事件之前还是之后，由 before 与 after 指定。触发事件指用户对数据库的具体操作，即增、删、改三者之一，分别用 SQL 命令 insert、delete 与 update 指定。事件程序体可以只有一句话，也可以由 begin 与 end 包含多条语句，指定较复杂的步骤。

触发器的程序体与 SQL 命令都必须执行成功，只要有一个不成功两者都会进行事务回滚，所以可以将触发器设定在用户操作之后。在程序体中对具体数据进行验证，当验证不成功时使用 rollback 命令进行回滚操作。

三、数据库加密技术

（一）同态加密

同态加密是指对加密数据的代数运算结果，经过解密后与原数据的代数运算结果一致的一种加密方式，对于云环境下的物联网与电子商务等领域有着重要的价值。它简化了检索等操作步骤，同时许多运算不必先经过解密操作，大大增加了数据的安全性，减少解密操作，保护了数据的安全。

同态加密概念从提出之后，经历了仅具有加法同态性质或乘法同态性质的部分实现的阶段，到 2009 年克雷格·金特里（Craig Gentry）才构造出第一个理想格全同态加密方案，使得这项技术得到突破性的进展，许多国内外的专家也根据这个方案提出了改进方法，进一步优化了全同态加密算法。

目前提出的全同态加密算法的加密效率都比较低，一般一次仅能加密 1bit 数据，这对于 Web 应用的庞大数据量来说是十分不足的。而且同态加密算法使用重加密操作，使得数据加密的速度也会大大降低，影响系统运行速度。

（二）数据库加密的粒度

加密粒度的选择也直接影响了加密的安全性。数据库中加密粒度主要有表级、记录级与数据项级。

1. 表级加密粒度

表级加密粒度的加密方式需要把整个表当作一个整体进行操作，将整个表一起进行加密，所以之后即使只对表中某一个数据进行操作，也需要对整个表进行解密后再进行，这种方式相对而言既耗时又耗内存，一般只在访问极少的特殊情况才使用。

2. 记录级的加密粒度

记录级的加密粒度就是将某一条记录当作一个整体，对记录进行整体加密的一种方式，虽然它比表级的加密粒度更加灵活，可以简化对记录的操作，但是如果用户针对某个字段进行搜索等操作，还是需要解密整条记录才能对此字段进行搜索对比，这也会对系统的运行带来一定麻烦。

3. 数据项级的加密粒度

数据项级的加密粒度使用起来十分灵活，面对应用的各种查询与数据操作都可以尽量少地操作数据，既提高了运行的速度，又增加了系统的灵活性，便于对后期数据进行查询与修改。

（三）密钥管理技术

密钥是指在使用加密算法将明文转换为密文的过程中输入的参数，根据加密算法的不同可分为对称密钥与非对称密钥两种。

对称密钥对应对称加密算法，即在加密与解密的过程中使用同一个密钥进行加密与解密，这种加密方式的加密与解密的速度很快，对大量数据进行加密的时候经常使用对称加密算法和对称密钥。

非对称密钥对应非对称加密算法，此时密钥分为公钥与私钥。公钥可以对外进行公开，使用公钥对数据进行加密，私钥由用户自己保管，解密的时候需要使用私钥，这种方式可以有效地解决密钥传输的安全性问题，增加了加密的灵活性，但是加密与解密的速度却下降很多。

密钥管理技术是指对密钥生命周期的各个阶段进行管理，包括密钥的生成、密钥的更新、密钥的销毁与密钥的存储等，在密钥的整个生命周期之中密钥的泄漏都会严重威胁到数据库的安全，所以需要对密钥生命周期的每个阶段进行相应管理。

二级密钥管理技术可以有效地保护密钥的安全性。二级密钥管理技术将密钥分为两级，一种为对数据进行加密操作所使用的密钥，称为二级密钥；另一种为对二级密钥进行加密所使用的密钥，称为主密钥，保证任何密钥不会以明文的方式存在于数据库中。

二级密钥管理方法中的二级密钥经过了主密钥的加密，成了密文的形式，可以直接存储在数据库中，此时主密钥就不可以与之同时存储在一个位置了。为了保护主密钥的安全，需要将其单独存储在智能卡中，由专人进行管理，保证即使数据库管理员也无法获得数据库中的密钥信息。

四、数据备份与恢复技术

（一）数据备份

1.数据备份的理论基础

数据是数据库中最重要的部分，如果因为各种意外发生数据丢失或损坏就会给数据库与应用带来灾难性的影响，严重时直接导致应用无法运行。因此，人们需要定时对数据库中的数据信息进行备份，这样就可以防止因安全意外造成的系统数据损失。

数据库备份是对数据库中的数据进行有效保护的一种方法，对于关系型数据库管理系统（MySQL）数据库来讲，它对数据库中的表进行检查和维护时可以通过以下几个步骤来完成。首先是表的检查工作。我们需要对出现错误的表进行排查工作，如果排查工作成功通过，那么我们对表的查验工作就算是顺利完成。如果排查结果不顺利，我们就需要采取一些方法手段来修复表。在对错误表修复之前，我们应该先把表内容拷贝出来，存储在备份机上，这样就可以防止数据的丢失。然后我们就可以大胆地对错误表进行修复工作。如果对表的修复工作失败了，我们就要根据数据库的日志文件和先前的备份数据逐步对数据库表进行修复。这一步的工作是建立在数据库日志已经进行了更新以及备份数据完整的前提条件之下的。否则 MySQL 数据库就可能面临危险。MySQL 中的 dump 程序可以对数据进行备份。不过采用 dump 程序进行数据库备份需要在 MySQL 数据库与服务器共同运行的基础上进行。而在备份过程中用户也要注意定期进行备份，注意备件保存的数量以及日志文件循环的程度等。如果在备份过程中发生故障，那么对表进行修改的结果会随之消失。但用户可以通过更新日志的内容对数据进行恢复。

2. 数据备份常见类型

（1）完全备份

完全备份是最常使用的一种备份方式，这种方式是将整个数据库的内容一次性进行备份，这样一来，就会花费较多的时间，并占用比较大的空间，所以并不适合频繁使用备份的数据库使用。

（2）增量备份

只备份从上次备份后改变的数据库内容的过程叫作增量备份，这种备份方式所需的时间较短，对系统空间的占用也非常小，非常适合平常使用。

（3）事务日志备份

事务日志的备份过程是记录数据库中的变化的一种实时过程。此种备份方式使用事务日志对数据库的改变进行备份，备份花费的时间与占用的空间也是十分小的，比较适合较频繁备份使用。

（4）文件备份

数据库的数据经常存储在许多不同文件之中，当数据库比较庞大的时候，就可以使用文件备份这种备份方式。一般 Web 应用对应的数据库不会达到十分复杂庞大的这个程度，所以不常用这种备份方式。

MySQL 数据库的 dump 命令可以将数据库中的数据存储到文件中，以供数据库出现问题时对数据库管理系统进行恢复。此种备份一般用于完全备份，运行起来比较耗时，而且生成的文件也会较大。MySQL 同时还提供 binlog 命令记录二进制日志，通过以上两个命令的结合运用可以实现完全备份与增量备份结合使用的效果，这样在平日备份时可以大大减少备份时间与备份文件的大小，同时也不会在恢复数据时丢失上次完全备份后的所有数据。

（二）数据库恢复

1. 数据库恢复的理论基础

所有的数据恢复的方法都基于数据备份。对于一些相对简单的数据库来说，每隔一段时间做个数据库备份就足够了，但是对于一个繁忙的大型数据库应用系统而言，只有备份是远远不够的，还需要其他方法的配合。恢复机制的核心是保持一个运行日志，记录每个事务的关键操作信息，如更新操作的数据改前值和改后值。事务顺利执行完毕，称之为提交。发生故障时数据未执行完，恢复时就要滚回事务。滚回就是把做过的更新取消。取消更新的方法就是从日志拿出数据的改前值，写回到数据库里去。提交表示数据库成功进入新的完整状态，滚回意味着把数据库恢复到故障发生前的完整状态。

在制定数据库备份时一般会从以下几个方面进行考量。首先是备份数据的保存周期，如每次备份保留 30 天，这样可以确保 30 天内的数据库中的数据得到恢复。其次是备份的版本类型，如某个应用生成的数据存放在某个固定文件夹内，这个文件夹内的数据每天都会发生变化，此时为了数据能完整恢复，除了考虑备份保留周期，还要考虑备份数据的保留版本。如果数据每天都有产生和删除的事务，数据按照每天备份 1 次，只保留 2 个版本，但是此时要做 3 天前的数据恢复，就不能保证备份数据的有效恢复了。最后是备份的类型和备份的频率，如数据库的全备、增量和归档备份等，以及多久备份一次数据。通过对数据库备份策略的考量分析，人们可以研究制定相应的数据库恢复策略。

2. 数据库恢复的手段

数据库系统中的恢复机制主要指恢复数据库本身，即在故障引起数据库当前状态不一致后将数据库恢复到某个正确状态或一致性状态。

故障恢复的原理很简单，就是预先在数据库系统外，备份正确状态时的数据库影像数据，当发生故障时，再根据这些影像数据来重建数据库。恢复机制要做两件事情：第一，建立冗余数据；第二，根据冗余数据恢复数据库。故障恢复的原理虽然简单，但实现技术相当复杂。

建立冗余数据的常用方法是数据库转储法和日志文件法。

（1）数据库转储法

由数据库管理员（DBA）定期地把整个数据库复制到磁带、另一个磁盘或光盘上保存起来，作为数据库的后备副本（也称后援副本），称为数据库转储法。

数据库发生破坏时，可把后备副本重新装入以恢复数据库。但重装副本只能恢复到转储时的状态。自转储以后的所有更新事务必须重新运行，才能使数据库恢复到故障发生前的一致状态。由于转储的代价很大，因此必须根据实际情况确定一个合适的转储周期。

转储分为静态转储和动态转储两类。

①静态转储。在系统中没有事务运行的情况下进行转储称为静态转储。这可以保证得到一个一致性的数据库副本，但在转储期间整个数据库不能使用。

②动态转储。允许事务并发执行的转储称为动态转储。动态转储克服了静态转储会降低数据库可用性的缺点，但不能保证转储后的副本是正确有效的。例如，在转储中，把某一数据存储到了副本，但在转储结束前，某一事务又把此数据修改了，这样，后备副本上的数据就不正确了。因此必须建立日志文件，把转储期间任何事务对数据库的修改都记录下来。以后，后备副本加上日志文件就可把数据库恢复到前面动态转储结束时的数据库状态。

另外，转储还可以分为海量转储和增量转储。海量转储是指转储全部数据库。增量转储是指只转储上次转储后更新过的数据。

数据库中的数据一般只会部分更新。因此，采用增量转储可明显减少转储的开销。例如：可以每周做一次海量转储，每天做一次增量转储；也可每天做一次增量转储，当总的增量转储的数据达到一定量时，做一次海量转储。

（2）日志文件法

重装副本只能使数据库恢复到转储时的状态，必须重新运行自转储后的所有更新事务才能使数据库恢复到故障发生前的一致状态。日志文件法就是用来记录所有更新事务的。为保证数据库是可恢复的，日志文件法必须遵循以下两条原则：

①事务每一次对数据库的更新都必须写入日志文件，一次更新在日志文件中有一条记载更新工作的记录。

②必须先把日志记录写到日志文件中，再执行更新操作，即日志先写原则。

五、MySQL 数据库安全机制

MySQL 是一种轻量级的关系型数据库管理系统，其运行速度快和开源的特性吸引了大批用户选择 MySQL 作为应用的数据库管理系统。作为一个数据库管理系统，保护其中的数据安全是十分重要一个功能。MySQL 提供了一些功能用于保护数据库中数据的安全，下面具体介绍这些功能的详细内容。

（一）账户安全

账户是数据库用户进入数据库操作数据的第一道关卡，一般由一对账号与口令组成。用户想要进入数据库的时候，首先需要提供账号与口令供系统对用户身份进行验证。

MySQL 数据库对访问数据库的用户不仅设定了账号与口令的限制，同时可以针对访问数据库的用户的所在位置进行设定，用以保护数据库中数据的安全性。

（二）安全检查

MySQL 数据库的安全检查主要有用户身份认证、授权与访问控制三种。用户只有通过这几重检查之后才能合法地操作数据库中的数据。

身份认证主要就是以用户账号与口令的形式对用户的身份合法性进行检验，只有通过检验的用户才可以对数据库中的数据进行操作。

授权是由数据库管理系统对访问他的用户的具体权限进行分配的一个过程，它确定用户可以访问的数据的范围，以及可以进行的操作的具体种类。数据库的主要权限如表 4-1 所示。

表 4-1　MySQL 数据库主要权限

权限	说明
create	创建数据库、表或索引的权限
drop	删除数据库或表的权限
alert	修改表的权限
delete	删除数据的权限
index	增加索引的权限
insert	增加数据的权限
select	查询数据的权限
update	修改数据的权限
create view	创建视图的权限
show view	查看存储过程的权限
alter routine	修改存储过程的权限
create routine	创建存储过程的权限
execute	执行存储过程的权限
file	访问文件的权限

访问控制是指系统通过对关键数据表的操作权限的授予确定用户具体可以执行的操作，防止合法用户滥用过高权限，保护数据库中的数据安全。

权限控制需要遵循以下几个原则：

①需要满足最小权限原则，保证授予用户的权限仅仅满足用户需要。

②不允许没有密码的用户存在，用户进入数据库必须提供账号与密码。

③密码应该足够复杂，应达到一定长度。

④定期收回过期用户，或对用户收回不再需要的权限。

当用户访问数据时，对用户所拥有的权限与用户请求的操作进行比对，如果用户拥有此种权限就允许用户进行此次操作，如果用户没有此种权限就拒绝用户的此次申请，防止合法用户滥用权限的问题发生。

第五章 防火墙与入侵检测技术

随着计算机网络的普遍应用与网络信息的广泛传输，部分组织与机构在应用网络的时候，不仅可以得到便利，也会受到相应的威胁，导致出现数据丢失、损坏等情况，致使其自身利益受到威胁。为此，在应用计算机网络的时候，要重视对防火墙技术与入侵检测技术的分析，为网络数据传输提供安全环境，确保计算机网络应用的安全性、可靠性与稳定性。本章分为防火墙技术和入侵检测技术两部分，主要包括防火墙概述、防火墙基本技术、防火墙安全风险分析及检测技术等方面的内容。

第一节　防火墙技术

一、防火墙概述

（一）防火墙基本原理

防火墙由捷邦（Check Point）公司创立者吉什韦德（Gitshwed）于 1993 年发明并引入国际互联网。防火墙作为一种高级访问控制设备，是内部与外部网络之间的屏障，通常按照预先定义好的规则或策略来控制数据包的进出，一般将其作为内部系统安全域的首要防线。防火墙主要部署在不同安全域之间，具备网络访问控制及过滤、应用层协议分析、控制及内容检测等功能，能够适用于 IPv4 和 IPv6 等不同网络环境的安全产品。如同在网络数据包传输的过程中设立的一个虚拟的墙一样，防火墙用来隔离内外网络，使外部具有恶意威胁的攻击无法直接攻击内部服务或者内部网络，从而有效提高内部用户系统及信息的完整性。一般意义上来说，防火墙既可以是硬件设备又可以是软件系统，如个人电脑防火墙，但更为普遍的是网络设备中的防火墙。

防火墙基本功能之一是隔离网络，根据不同区域功能和作用，将网络划分成不同的网段，通过制定出不同区域之间的进出策略来控制不同信任程度区域间传送的数据流。外部互联网网络环境视作不可信任的区域，内部用户网络则是可信区域，避免了同互联网网络直联。但由于网络技术和应用的不断发展，一方面防火墙的功能性和适用性不断增强，如入侵检测、深度包检测、代理、防病毒等技术，另一方面随着网络攻击的不断增多，防火墙的安全威胁也在不断增加。

（二）防火墙的分类

按照防火墙发展轨迹和技术发展过程，其可简要分为以下几个阶段：

包过滤是最为简单的一种防火墙技术，主要根据预置安全策略和相关规则配置对经过防火墙的网络数据包进行过滤筛查。筛选对象主要是数据包源 IP、目的 IP、传输协议类型以及端口等基础网络信息。防火墙的过滤规则是通过预置的访问控制表（ACL）来实现的；应用代理则是在代理技术出现之后才得以实现的，主要通过代理来实现内外网络的数据传递和转发，并且能够通过代理服务器进行更为严密复杂的访问管控和应用协议解析，能够提供更加完备的审计信息，方便后续的审计和取证分析。

状态检测型防火墙则是在包过滤的基础上进行扩展的，通过监控网络会话的状态变化，以及建立状态连接表来对每会话进行控制。

综合型防火墙主要由多种功能叠加而成，如深度报文检测（DPI）、VPN。2009 年高德纳（Gartner）公司提出的下一代防火墙则是以更高的应用识别速度、更好的内容审查和异常检测速度为标志，通过更加完善的安全技术来实现安全性。

从防火墙操作系统层面来看，实现了从无到有的过程。最初并没有防火墙这种专用设备，第一代防火墙仅是一些具有了数据转发和访问控制功能的网络设备。后来随着网络安全域隔离需求的不断增加，各种功能和技术也被慢慢集成到防火墙系统上。第二代用户化防火墙，则是主动把访问控制和各种相关功能组合起来，形成了一个有效的功能集。第三代防火墙则是从 Linux 演化而来的具有操作系统的一种独立设备。目前的防火墙则是十分重视系统安全的智能防火墙。各防火墙厂商公司均有自己特有的安全系统，同时也有 Zentyal、ClearOS、IPFire 等开源防火墙涵盖 Linux、Windows 端，与商用防火墙共存，并且集中型、分布型、特殊型与通用型防火墙同时存在。

（三）防火墙的优缺点

作为保护网络安全不受侵害的主要防御武器，防火墙日趋受到人们的重视与使用，它是目前被广泛采用的保护企业网络系统不受外来因素攻击与侵入的强有力的武器，它能基本保证流入的信息是安全可靠，不会损坏系统的。防火墙可以对流入的信息数据包进行读取分析，再进行检测筛选，最后将合法安全的数据信息传入网络系统供企业使用，而非法、安全度低的数据则被防火墙阻止拦截，不予通过。对于数据包的处理过程是其中最基本的部分，整个过程是防火墙的管理人员根据原先的安全策略而制定的过滤规则。

一个好的防火墙系统要保证网络内部和外部传输的数据安全地通过防火墙检测，这些网络数据要被授权且具有合法的身份；防火墙要能抵御各种不良攻击，具有预防入侵的功能；人机界面良好，用户配置的使用能够方便快捷，且便于网络管理。

1. 防火墙的优点

（1）强化安全策略

防火墙在网络信息安全中能防止用户对网络的攻击，对于网络上海量的信息进出，能够强化执行网络系统中规定的安全策略，保证通过网络的信息合规化，防止对网络的恶意攻击。

（2）有效记录网络活动

网络用户在网络上进行的活动、用户信息都会经过防火墙的考验，防火墙能够有效地记录下来并形成有效数据，从而有效地保护在网络内部和外部发生的安全、不安全的各种网络事件。同时防火墙也是一个检查站，能够拒绝所有可疑的访问，保证网络信息的安全。

2. 防火墙的缺点

（1）不能防范恶意内部用户

网络内部用户在进行网络信息传输过程中，防火墙可以禁止其对机密信息的发送，但是网络用户可以通过计算机硬件如 U 盘将有用的数据复制过来。这是因为防火墙不能防范恶意内部用户进入防火墙内部并进行数据窃取、硬件破坏和软件入侵，防火墙对于此类活动也是无法进行防止的。

（2）不能防范不通过防火墙的连接

防火墙的作用是有效防范通过它的网络信息，但是对于不通过防火墙的连接信息就不能进行有效防范了。如果网络站点允许对防火墙后面的内部系统进行拨号访问，防火墙就不能阻止入侵者进行拨号入侵。

（3）不能防范全部的威胁和病毒

对于不断升级的网络威胁和网络病毒，防火墙只能防范已知的、被写入规则的网络威胁，甚至防火墙技术经过不断的性能改良也可以用来防范新出现的威胁和病毒。无论多么安全的防火墙设置，也不能自动防范全部的威胁和病毒。

伴随着社会的发展，人们对网络安全的意识逐渐提升，大家渐渐懂得用防火墙保护自己的隐私，然而由于黑客的肆意侵入、木马病毒等危害对网络进行攻击的事件屡见不鲜。要维护网络信息安全，单靠防火墙安全技术手段是远远不够的，随着网络攻击手段和攻击技术的不断创新变化和不断升级的网络病毒、黑客攻击，现代防火墙的防御技术也要不断更新。

（四）防火墙基础功能

如今，防火墙作为一种高级的管理和控制设备，不仅能根据预置的安全规则和约束对进出网络的行为进行管控，还根据当前现行防火墙标准规定，具备以下基础功能。

①包过滤：主要能够通过协议类型和源地址、目的 IP 地址以及源、目的端口等五元组对网络数据流进行管控和分析。

②网络地址更换（NAT）：主要能够通过地址转换实现内部网络结构隐藏，也能避免内部网络相关信息直接暴露在公网下。

③状态检测：具有基于状态连接并通过规则状态表进行管控。

④安全审计：能够记录运行日志以及事件等，以待后续进行审计。

⑤应用层协议控制：能够具备识别并支持管理多种应用，包含常见的HTTP、FTP、Telnet、SMTP 等协议。

防火墙自身功能在不断丰富和增加的过程中，其应用形式和部署方式也随着网络的发展而不断完善。

（五）防火墙典型应用

防火墙通常位于内外网的边界，因此常见的应用形式包括透明模式、路由模式以及综合模式。通过不同的防火墙应用模式，能够在一定程度上满足不同环境下众多用户的需要。

在透明模式下防火墙端口都充当网络交换口，同一网段下的数据包可直接转发，此外也提供桥接功能。

在路由模式下将首先替换数据包的源和目的物理地址，让不同网段下的主机能够实现通信。该模式适用于每个区域都不在同一个网段的情况。

综合模式则是以上两种模式的结合，某些端口可以进行网络直连，另一些端口则需要路由交换，一般来说综合模式都使用在需求较多的场景下。防火墙的应用部署模式都是结合当地的实际情况，因地制宜地设置或者应用相应的模式，任何一种模式都存在一定的局限性和优势。如果防火墙自身被非授权访问甚至被操控，那么访问控制则形同虚设，不仅无法满足用户的安全需求，而且无法保障用户网络的安全。这就关系到防火墙如何保障自身安全，只有在充分保证自身安全性的前提条件下，才能为内部网络保驾护航。随着当前安全需要的持续增长，防火墙也从传统的包过滤方法朝着下一代新技术不断发展，更多的人工智能、风险分析技术也将集成到防火墙中去，防火墙也会变得更加智能可靠。

二、防火墙基本技术

（一）包过滤防火墙技术

防火墙是存在于不同网络之间的驿站，是所有信息数据出入网络端口的唯一的大门，通过改变限制防火墙的数据流，可以对不同的网络进行关闭或打开，控制其内部系统运行，有选择地选取想要获取的信息，成为一道保护网络系统安全的屏障。

包过滤防火墙是存在于 Linux 内核路由上的一种防干扰的防火墙，它内设过滤条件，流经它的数据包只有满足所设定的过滤条件才允许通过并且被使用，否则会被摈弃，不允许通过。

包过滤属于最简单但也最直接的一种防护方式，它并不是针对某一网络站点进行工作的，而是面向所有网络系统进行安全维护。此类防火墙存在于大部分的路由器中，因而价钱会比较低廉。此类路由器被称为过滤路由器，属于日常经常会使用的一种防火墙，虽然简单，但是可以确保大多数企业、家庭系统信息网络的安全性。

通过总结包过滤性防火墙的特点我们发现，这种防火墙技术对于不同的单个网络数据包都有不同的处理方式：一种是简单型的，另一种是状态检测型的。

（二）应用网关防火墙技术

应用网关防火墙是一种能够自我有选择性地选取可以通过的服务数据或拒绝接受的一种防火墙。它作用于应用层，相当于在两种网络之间放置的一台检测装置，两侧的网络均可以发送网络信号进行联络，但必须先通过这个中间检测装置，而不能进行直接的交流。

它的大致工作原理如下：用户想要浏览一组程序，它首先要向该中间检测装置发送一条访问请求，检测装置便开始识别响应，依据多种网络协议进行判断是否允许通过，如若允许，它便发送一条请求信息至网络服务器，网络服务器接收请求后便视作允许接收，它再发送一条请求返还给中间检测装置，中间检查装置再将允许信息传给用户，使用户接收到所要浏览的信息内容。

（三）代理服务防火墙技术

代理服务技术基于软件，通常安装在专用的服务器上，从而借助代理服务器来进行信息的交互。在信息数据从内网向外网发送时，其信息数据就会携带着正确 IP，非法攻击者能够将其分析信息数据 IP 作为追踪的对象，来让病毒进入内网中，如果使用代理服务器，则就能够实现信息数据 IP 的虚拟化，非法攻击者在进行虚拟 IP 的跟踪中，就不能够获取真实的解析信息，从而使代理服务器实现对计算机网络的安全防护。另外，代理服务器还能够进行信息数据的中转，对计算机内网以及外网信息的交互进行控制，对计算机的网络安全起到保护作用。代理服务技术具有易于配置、灵活、方便与其他安全手段集成等优点，但其对于网络用户来说是不透明的，安全性和代理速度都比较低。

（四）状态检测防火墙技术

状态检测防火墙是包过滤防火墙功能的提升，属于第三代的技术。这种防火墙技术能够得到数据包并抽出与应用层状态相关的数据信息，通过分析此数据状态来判断是否让链接通过。此类防火墙技术的安全性能有了很大的提高，扩展性也有很大的改善。

（五）复合型防火墙技术

复合型防火墙技术进一步扩展了防火墙的整体功能，它采用了先进的零拷贝流分析技术，突破了以往的技术极限。复合型防火墙能够对应用层进行细致全面的扫描，将内置病毒、有用的无害数据等过滤出来，实现干净透彻的防火墙功能。这一技术的开发，促进了系统网络安全的又一次飞跃性发展。

三、防火墙安全风险分析及检测技术

伴随着网络攻击技术的突飞猛进，防火墙面临着许多严峻的问题，因此针对防火墙 进行风险分析有着重要作用。下面将从威胁和脆弱性两个方面分析防火墙安全风 险。

（一）防火墙威胁分析

防火墙自身属于相对封闭的系统，但任何系统或者组织都是存在一定的威胁的，下面主要从防火墙内部和外部两个方面进行分析：内部威胁主要是由于其自身存在一些软硬件的缺陷以及技术不够或者管理方面存在问题；外部威胁则是指通过有组织有计划的攻击获得防火墙所保护的内部网络的信息或者情报。防火墙如果不加强安全防护，仍然会被各种攻击威胁。

1. APT 攻击

高级打包工具（APT）攻击主要通过系统漏洞或者社会工程的方法持续地对目标进行攻击渗透。在发动攻击之前需要长期的信息收集和工具准备，攻击尝试成功之后会利用多重跳板以实现攻击目的，最后清除全部相关的痕迹和信息，基本流程如图 5-1 所示。

图 5-1 APT 攻击流程

2. IP 地址欺骗

IP 地址欺骗是指通过伪造 IP 发送地址产生虚假的数据分组，伪装成来自内部的数据，从而欺骗攻击。

3. DoS 攻击

DoS 攻击主要通过向防火墙发送大量的实际无效的网络流量进而影响其正常服务，一般作为真正攻击的掩护或者背景。

4. 协议隧道攻击

协议隧道攻击主要针对防火墙常用端 1：3 发送隧道程序进行攻击。

5. 木马攻击

木马攻击通过在防火墙内部安装木马，进而定时外联主机或域名进行窃密攻击。

（二）防火墙脆弱性分析

尽管防火墙作为一种重要的安全设备，能够极大地保护用户信息安全，然而当前网络攻击技术不断发展，防火墙仍然面临着许多严峻的问题，因此针对防火墙进行脆弱性分析有着较高重要性，能够对防火墙所面临的脆弱性进行分析和判断，有助于后续研究。

下面将从以下四个方面分析防火墙脆弱性。

1. 管理配置不当

管理配置不当主要包括技术配置不当和人员管理配置不当。由于防火墙设备是通过已有知识策略来进行配置的，一旦出现配置上的错误或者过滤条件过低，防火墙抵御渗透攻击的能力就会下降，则会造成巨大的安全风险。同时，作为一种较复杂的安全产品，如果管理维护人员疏忽或者管理使用不当，造成配置不合理或不恰当，也会给攻击者提供更多的可乘之机。当前大多数防火墙都具有串口管理、Telnet 管理、安全外壳协议（SSH）管理、WebGUI 管理以及 SNMP 第三方管理等多种接入方式，甚至部分还默认开放一些端口。因此，在防火墙的管理和维护上应该形成定期检查和定期维护的制度，避免因配置不当引发巨大的安全窃密威胁。

2. 过滤规则不严

防火墙自身内部的过滤规则不严，会给攻击者提供伪装或者绕过的机会。例如，防火墙允许 8080 端口通过，攻击者通过将攻击流量伪装成 HTTP 协议，从而绕过防火墙的隔离，从而实现对内部网络的渗透。

3. 操作系统漏洞

当下防火墙厂商众多，各种设备参差不齐，部分防火墙操作系统存在通用漏洞，一旦系统级漏洞被挖掘出现，将会对多个型号的防火墙造成巨大影响。

因此，防火墙自身的安全漏洞风险不可忽视，并且呈现涉及面广、影响范围大的特点。

4. 安全漏洞

防火墙也同时会提供相关的日志查询和 Web 服务，这些服务同样可能遭受攻击，并且通过底层提权方式得到防火墙的高级权限，从而控制防火墙。目前，防火墙设备的安全分析还主要依靠人工测试，无法满足相应检测需求。人工检测不仅效率低而且不同人员由于自身安全技能存在差别，造成分析结果差异性较大，同一个版本可能会有多种结果，很难有效地保证防火墙的安全性能得到充分检验。防火墙检测主要从异常分析和端口检测进行检测，通过研究相关自动化检测技术或方法实现对防火墙的安全风险分析及检测的目标。

（三）异常分析技术

异常分析技术是检测中的一种常用方法，通过对已有数据或者行为建立相关知识库，通过挖掘网络数据中存在的异常行为和异常点，对防火墙中可能存在的异常或者相关的安全威胁情况进行详细分析检测。由于防火墙自身数据存在多种格式，因此在进行异常分析和检测过程中，有必要进行分类和整理，并且针对不同的数据类型，选择合适的异常分析技术。

异常分析引擎作为异常检测技术的核心，首先可以通过相关数据获取，将获取的源数据根据数据的不同格式和类型，分门别类地存到数据库中，如防火墙文件、日志、网络信息等，然后针对不同内容的数据进行预处理，把各种数据中的关键信息提取出来放入二次数据库中。对于数据中不同的特征和异常点，各自进行有目的的筛选和分隔，并通过结合安全知识库，对存在的特征和行为进行分析，然后结合包含黑名单、信息的威胁情报库将分析结果中所涉及的线索按其威胁程度进行针对性的检测。当源数据中存在异常线索时，通过异常分析引擎就能够将其有效地检测出来，并根据检测对象的不同，及时地扩展相关的线索。

（四）端口检测技术

端口检测主要是通过向主机发送探测数据包并分析其响应来判断是否存在服务或者相关有用信息的。当前主要包括基于 TCP、UDP 以及 ICMP 的端口检测方法，其中 TCP 端口扫描方法最为常见，基本原理是利用 TCP 连接过程中的三次握手和四次挥手机制，进而进行响应式的检测和判断。

对于防火墙而言，各种开放端口不仅容易被渗透扫描和利用，而且也可能受到病毒或者 DoS 的攻击导致系统瘫痪，因此针对防火墙的端口检测可以从一些常见端口出发。

四、防火墙安全风险检测体系

通过层次分析和危害性分析（RMECA）方法对防火墙安全风险分析及检测技术进行了分析与研究，针对性地提出了防火墙安全风险检测体系。

（一）构建原则

根据研究基础和安全风险分析国家标准，防火墙安全风险检测体系的构建应该遵循以下基本原则。

①标准性原则：应按照风险分析中规定的威胁、脆弱性、危害性进行分析。

②针对性原则：应该以防火墙安全作为分析核心，并把相关风险检测数据作为研究重点。

③有效性原则：应该结合风险点和检测技术进行设计，保证体系的有效性。

④最小影响原则：应该尽量保障设备不被毁灭性破坏，降低在实际运行中的影响。

（二）防火墙安全风险检测体系

根据以上研究成果并结合相关标准，根据层次化分析法对防火墙安全进行分解，并结合 RMECA 机制和相关安全检测技术，提出防火墙安全风险检测体系，该体系由风险分析体系和安全检测体系构成。

风险分析体系主要是由威胁、脆弱性以及危害等部分构成，各自又进一步分解为下一层的多个风险点，这些风险点主要来源于近年来防火墙安全事件和相关标准要求的分析与研究。通过对防火墙风险的层次分解，可以从风险点对防火墙安全进行深入的研究，并且可以结合安全检测体系对风险点进行针对性的检测。

安全检测体系则是在风险分析体系的基础上，对具体的风险点进行检测。例如，网络攻击可以从端口、漏洞、异常文件等方面进行分析和检测。同理，借助层次分析法的聚合权值方法,通过多种检测方法共同实现防火墙系统的检测和分析。将分析的风险点同安全检测体系中的具体技术相结合,能较好地解决防火墙安全研究的问题。

风险分析体系从防火墙安全的需求端出发,而安全检测体系则从供给端出发,二者结合共同组成防火墙安全风险检测体系。防火墙安全风险等级如表5-1所示。

表 5-1   防火墙安全风险等级

危险等级	很高	较高	中等	较低	正常
描述	存在重大风险可能已被攻击	存在一定风险易被攻击	存在危险全面检查	可能存在危险需要加强维护	基本不存在危险

防火墙安全风险检测体系从安全问题出发,以风险分析方法指导安全检测实施,以具体检测技术作为实现风险分析的手段,共同完成对防火墙的安全研究。防火墙安全风险检测体系能够发现防火墙潜在的安全问题,帮助完善防火墙的防护机制,增强其防范恶意攻击的能力。

(三)风险检测数据

风险分析体系是整个分析的基础,该体系会对结果的准确性和有效性造成一定的影响。防火墙设备存在多个可能导致防火墙不安全的因素,通过结合防火墙检测技术,对设备的多方面因素进行综合考虑,选取并建立适用于防火墙的风险检测数据。风险检测数据主要从防火墙的自身风险分析点出发,将待分析数据进行分类整理,下面对各数据进行说明。

①系统信息:主要通过该数据同安全事件中泄露的型号进行匹配,判断是否存泄露。

②端口及服务信息:主要根据防火墙开放端口和服务,判断是否存在攻击。

③用户信息:通过对用户信息进行权限分析,判断是否存在可疑用户。

④配置管理信息:主要用来判断防火墙是否存在配置管理不当问题。

⑤漏洞信息:主要判断是否存在漏洞以及漏洞是否被利用。

⑥流量信息:判断是否存在异常外联 IP 以及威胁源。

⑦日志信息:判断是否存在越权操作和异常行为。

⑧文件信息:判断是否存在系统文件被篡改的情况。

⑨特殊信息:判断是否存病毒或者特殊木马。

通过将安全风险分析风险点转换为具体防火墙检测,结合相应检测技术,能够指导后续原型系统的设计和实现。

五、防火墙技术的发展趋势

防火墙是目前保证网络信息安全的首选,现已达到了比较成熟的应用阶段。日益猖獗的网络病毒正在不断地伺机侵害网络的健康,由此应运而生的防火墙技术也随之不断提升。随着计算机及其信息技术的普及与互联网技术的不断深入,计算机网络的使用越来越广泛,已经成为目前世界上最普遍的信息处理工具,但是在其为人们生产生活的各项工作带来便利的同时,也存在一些不法之徒依靠计算机网络安全漏洞攻击一些重要网络站点来获利的情况,这就为人们使用计算机网络的过程增加了不稳定性。

当前,计算机网络正呈高速发展的态势,而且据估计这种高速发展还将持续很长时间,在不远的将来,它将在真正意义上深入千家万户,计算机网络信息时代终将到来。但是在计算机技术发展的同时,计算机网络存在的安全问题令人担忧。广义上的计算机信息安全主要包括用户数据安全、网络数据安全与网络实体安全这三部分。而计算机网络安全就是为了保障计算机网络访问过程中,用户的个人信息安全,可以通过对网络访问进行管理控制等手段,并采取一些有针对性的防护措施来保证计算机网络环境的安全性,保证计算机用户个人数据的安全性与保密性。

尽管当前计算机网络技术已经在高速发展中,但其发展历史并不长,尚处于早期发展阶段。尽管一些安全防护技术已经趋近成熟,但仍存在很多漏洞,极易被不法分子利用。由于互联网是世界性的信息数据网络,因此网络攻击也不是区域性的事件。在这样严峻的网络安全现状下,必须要切实提高计算机网络安全工作的效率,保证计算机信息数据安全。在这一系列工作中,防火墙技术为计算机网络安全工作起到了极大推动作用。

(一)模式的转变

目前,大部分防火墙所设置的位置都在边界,可以是内外网之间也可以是子网之间,从而形成安全防护屏障。不过这种防火墙也存有很大的弊端,因为病毒等不安全因素攻击网络不单单是形成于外部网络,内部网络也潜藏着很大的危险因素。针对这种问题,前面所讨论的防火墙技术就不能完全保证网络的安全,因此现在很多研发者便将目光投放于更为严谨的防护方式。这种防火墙采用的是分布式的模式,对网络内外散布很多网络节点,广泛地覆盖网络区域的各个角落,保证每一个需要保护的角落细节都能得到防护,这种模式的转变大大提升了防火墙的自身价值与优点。防火墙有多种类型,每一种都各有千秋,故越来越多的厂商都趋于将不同类型的防火墙融为一种,用来弥补不足和提升优点。

（二）功能的扩展

以往的防火墙技术功能单一，应用过程中会遇到种种局限，因此对防火墙的功能进行扩展很有必要。目前广泛被整合的是将网络安全与防火墙融为一个整体，使其功能更加多元化，大幅度提高了防火墙的使用价值。例如，可以将入侵检测技术和防病毒技术等纳入一个防火墙内，这样对网络的管理性能会有很大的改善。

（三）性能的提升

防火墙未来的发展必定是朝着性能提升的方向前进的，随着用户需求量的不断增加，人们对防火墙性能的要求越来越现实，也越来越强烈。所以将多种独立性能并用合一的处理手段越来越受到人们的青睐。虽然几种性能的综合使系统负荷量日益增大，但是我们可以根据不同性能使用不同的处理器，有效地解决系统负载过大的问题，而且，根据不同性能使用不同的处理器，每种性能之间互不冲突，当某一种性能出现问题时，可以针对该性能寻找出对应的处理器，从而可以直接解决该问题，避免了许多麻烦。在提升防火墙硬件性能的同时，也不可忽视其软件的部分，只有软硬结合，才能达到全方位的防护效果。

（四）安全防护的升级

防火墙可以对某些重要行业的内部网络进行集中安全保护，这些内部网络中大多存储着涉及行政、医疗与教育等关系社会民生等的重要数据，对数据的保密性要求极高，同时这些内部网络的规模通常较大。因此可以通过将安全软件加入防火墙系统中，或者将一部分软件程序进行改写来实现对计算机信息数据安全性的保护。在这种保护过程中，可以将重要信息设置在防火墙内，以提高其保密性。

防火墙可以对网络中部分特殊站点的访问条件加以限制。在一些学术研究与商业竞争等工作中，为保证相关人员的个人利益，需要对信息进行保密处理。因此就需要防火墙在其内部主机进行数据访问与传输的过程中对其访问信息加以控制，防止信息泄露与资源被盗等情况发生，保证数据传输的保密性与安全性。

防火墙可以对网络访问中的一些不安全服务与操作进行限制。这种保护工作主要体现在个人用户日常网络访问的过程中，这些网络访问任务通常不涉及社会重要机密，但是却涉及用户个人的信息数据。因此在计算机进行内外网数据传输中，一些安全性较差的服务与操作在防火墙监测工作中得不到其授权，也得不到通过，这样就大大降低了计算机数据遭到外网攻击的概率。

防火墙可以对计算机访问内外网的信息进行监控，并将访问期间进行的数据传输进行记录统计，从中分析出该计算机操作者的访问偏好等关键数据，然后通过这一数据有针对性地执行网络安全防范工作，达到对一些安全漏洞问题进行提前预防的目的。

第二节　入侵检测技术

入侵检测系统是一个识别以及处理系统，该系统主要用来对各种入侵计算机系统的黑客或者病毒进行及时的识别和处理。入侵检测系统的应用能够有效地防止网络系统受到侵害，最大限度地保证网络系统的安全。

一、入侵检测软件

入侵检测软件有很多种，如 Secure IDS、Snort、RealSecure 等。这些软件都有各自的特点，其中 Snort 是一种开源的软件，该软件是使用 C 语言实现的，具有较好的移植性。RealSecure 是一个商业化的入侵检测软件，具有较好的检测性能，但是从系统资源使用情况分析，该软件的消耗较大。接下来重点分析一下 Snort。

（一）Snort 软件

Snort 被认为是一种轻量级的入侵检测软件，其中的轻量级并不是说该软件的功能不够强大，而是说该软件占用较低的系统资源。Snort 从产生发展到今天，它的工作模式已经发生了较大的变化，从最开始的简单的数据包嗅探器，发展到今天的复杂的入侵检测系统。目前这个软件使用范围广泛，很多研究和应用工作就是基于这个软件实现的，由于它是一个开源的软件，使得很多算法可以在该软件中实现。Snort 的设计者在设计的初期就是想创造一个能够有较大扩展性的软件，所以软件采用了模块体系结构，所有相对软件进行扩展或改进的操作都可以模块的形式组合进软件，通过这种功能使得该软件可以变得很复杂、很强大。同时该软件采取的是一种基于规则库的工作模式，通过对规则库的修改可以实现对入侵特征的添加修改，完善入侵检测的范围。Snort 由六个关键模块组成，这六个模块分别是抓包组件、数据包嗅探组件、预处理器、检测引擎、输出 / 报警模块、日志模块。这些模块的工作流程如下。

数据获取是所有 IDS 系统的基础，Snort 本身并没有完成数据包获取的能力，而是借助了 Libcap 进行抓包，Libcap 在获取数据包后送给解码器，解码器将数据包编成 Snort 能够使用的数据结构，之后由预处理器处理，这个阶段主要完成对报文的处理，实现对报文的校验、报文的重组，之后的数据送给检测引擎，通过检测引擎判断行为是否异常，根据判断的结果产生输出或报警，并把数据记录进日志。从工作过程可以分析出，数据的获取、分析、存储的过程，是从物理层开始的。数据来源于网络，网卡则实现了物理层和数据链路层的连通，所以 Libcap 或者 TCPDump 采集的数据是从数据链路层获取的，但是上层的软件并不能直接处理数据链路层的数据，需要对数据进行处理变成 Snort 能够直接处理的 IP 层的数据包，这个过程就是解码器实现的功能。预处理器处理 IP 层数据包之后，检测引擎主要针对 IP 层的内容进行过滤和判断，所以在这一层可以使用较多的算法和处理方式，根据检测引擎的判断结果决定输出。在这个过程中，Libcap 的数据获取速度和种类是至关重要的，Libcap 的获取种类决定了 Snort 的应用范围，当前 Snort 可以获取多种数据链路层的数据，扩大了 Snort 的使用范围。解码器的工作是后续工作的基础，解码器的性能一方面体现在解码的速度，另一方面是解码的正确性，能够把数据链路层的数据正确快速地变成 IP 层的数据是衡量解码器功能性能的一个重要标准。检测引擎是入侵检测系统的核心，网络入侵的检测是一种被动的检测过程，所以检测引擎对解码模块有很大的依赖，既依赖于解码的速度又依赖于解码的正确性，在解码器正确产生结果的基础上，需要对数据包的特征进行准确的分析，这个阶段可以使用大量的算法进行 IP 数据包的匹配。输出 / 报警模块，在匹配产生结果后，Snort 可以按着配置文件的要求进行输出，包括发送报警信息，可以有多种方式，既可以通过网络通信协议也可以通过 SNMP 协议和 Socket 协议进行输出。当前 Snort 输出的内容一般需要进行存储，较为通用的方式是通过网络存入 MySQL、Oracle 数据库，然后通过网络应用程序访问这些数据库展示给用户。

（二）Snort 算法

Snort 的不同发展阶段采用了不同的匹配算法，Snort 早期的版本使用的是数据包与规则库匹配的比较模式。这种模式相对简单，实现的算法是通过对规则树的遍历实现对内容的匹配检查，但是随着网络数据量的增大，每一次匹配如果都通过一次顺序完整的字符串匹配检查，将造成系统运行效率的低下，所以 Snort 新的版本采用了多模式搜索匹配的工作模式。它通过使用快速匹配集合和快速匹配检测技术，极大地减少了字符串匹配次数，提高了系统的效率。下面将对两种不同的匹配算法进行分析。

BM 算法是一种经典的单模式匹配算法。该算法字符从右到左进行移动，而模式串从左到右进行移动。存在模式串 S：s_0 s_1 s_2 s_3…s_m 存在文本串 W：w_0 w_1 w_2 w_3…w_n，开始时将两个串对齐，假设 s_0 与 w_0 对齐，判断 s_m 与 w_n 是否相同，

如相等左移判断 s_{m-1} 与 w_{n-1} 是否相等，直到发现不匹配或全匹配，当发现不匹配时采用坏字符规则和好后缀规则进行模式串右移。循环匹配过程，这种方式实现起来很简单，在单模式匹配中执行效率很高，但是在数据量很大时需要执行多次 BM，效率就下降了。

AC 算法是一种同时匹配多个模式的经典匹配算法。该算法是利用多个模式串构成一个自动匹配机，该匹配机具有结构化特征，同时该匹配机由有限个状态组成，每一个状态使用一个唯一的标志来表示。在匹配过程中出现不能匹配的字符时，使用失败链指向该状态。这种算法相对于 BM 提高了工作效率，但依然存在消耗资源过大的问题。

二、入侵检测技术的历史与现状

（一）入侵检测技术的发展历史

严格来讲，入侵检测技术最早是由詹姆斯·安德森（James Anderson）于1980年提出的。最早的入侵检测技术并不是在某个大型的学术会议上提出来的，而是在一个报告中提出来的，所以在最开始的时候入侵检测技术由于提出时的不严谨性，并没有受到人们的广泛关注，但是在这份报告当中却十分清晰地描述出了入侵检测技术的概念，人们心中也开始对入侵检测技术有了一个初步的认识。1984年到1986年，多萝西·丹宁（Dorothy Denning）和彼得·诺依曼（Peter Neumann）研究出了一个实时入侵检测系统模型，该模型的出现彻底改变了人们以往对入侵检测技术的看法，让人们能够更加直观地发现入侵检测系统的相关构成，入侵检测技术开始引起人们的广泛关注。在此之后，入侵检测技术开始作为一门热门技术逐渐走入人们的视野并且被学者不断研究，学界对于入侵检测技术的关注度也在不断地提升，相关研究如雨后春笋般出现在大家的面前，入侵检测技术变得越发成熟。在入侵检测技术的发展过程当中，也会存在很多的问题：首先就是误报现象，这也是比较突出的一个现象，入侵检测技术在刚刚出现的时候，对于相关数据的检测并不是非常的准确，导致误报现象时有发生；其次就是漏报现象，该现象的问题原因与误报现象的原因非常相似，主要是入侵检测技术的不成熟导致该问题的发生。后来，学术界为了弥补入侵检测技术的不足，开始积极探求在误报或者是漏报方面的突破，经过不懈的努力，终于研发出新一代入侵检测系统。该系统能够巧妙地解决相关信息误报或者漏报问题，能够更好地保障网络安全建设与维护，各大办公网络以及校园网络开始积极运用新的入侵检测技术。

入侵检测技术并不能独立地运行，必须和其他的硬件系统或者软件系统进行融合。

入侵检测系统是一个动态的系统，我们可以利用入侵检测系统检测相关网络安全的动态信息，但是对相关的静态信息却不能够及时进行捕捉，在这时就需要防火墙技术的配合。这是因为防火墙技术属于静态的网络安全维护系统，静态的网络安全维护系统能够捕捉某一个比较精确的画面，通过这种动态与静态的积极结合，我们可以很快检测出到底是哪一个环节出现问题，进而以最快的速度解决相应的问题，最大限度地避免相关损失的出现。在入侵检测技术发展过程中，还有一个比较明显的问题就是速度的问题。很多网络入侵情况都是突发性事件，入侵检测技术由于自身速度无法及时应对这些问题，所以这些问题慢慢累积，使得学术界开始积极进行探讨以解决此类问题，从而促使入侵检测技术的反应速度不断得到提升。标准化体系的构建一直以来都是入侵检测系统所追求的一个重要目标，这是因为如果入侵检测系统没有固定的标准的话，社会上就会出现各种各样的入侵检测系统，系统的纷繁复杂往往会导致入侵检测系统良莠不齐，这样在办公网络或者校园网络应用入侵检测系统的过程中，往往因为入侵检测系统的不同而无法统一，相关的问题也不能得到有效解决。

（二）入侵检测技术的发展现状

1. 操作系统的扩展性较差

计算机入侵检测技术虽然可以对计算机起到有效的保护作用，能够阻碍病毒的攻击和恶意软件对计算机的入侵，使计算的安全性得到显著的提升，但是在确保计算机安全性的同时，也会对计算机入侵检测系统造成一定的影响。因为入侵技术的智能性还不够完善，很多运行参数都是在人工研究和核定的基础上设定的，这就会消耗大量的人力、物力，造成资源浪费，再加上入侵检测系统需要定期由专门的人员进行升级和维护，会占用大量的检测时间，但是如果不对技术进行更新和升级，在网络技术迅速发展的大背景下，计算机运行过程中产生的病毒就会发生变异，形成一种新型的病毒威胁计算机的安全，影响计算机运行，而没有进行更新和升级的检测系统也就无法及时检测出存在的病毒，不能及时加强对计算机的保护。目前还存在一个不容忽视的现象就是，很多使用计算机软件的用户并不懂计算机，只是会使用一些基础的办公软件和游戏软件，安全意识和杀毒意识都非常的薄弱，不会采用正确的杀毒方式对病毒进行处理，严重威胁了计算机的安全性。

2. 检测系统的自我保护能力不够

随着时代的变化，网络技术在科学技术的推动下迅速发展起来，但其在给人们的生活和工作带来便利的同时，也增加了网络病毒变异的可能。病毒一旦变异，其破坏能力也会逐渐加强，严重影响计算机运行的速度，同时还会自我复制和传播，严重破坏计算机运行的数据，如果不及时进行安全防护，还会造成电脑硬件损坏。目前计算机入侵检测技术的核心技术和操作方法都还不够完善，无法对计算机做好有效的安全防护措施。现代网络技术的发展，使病毒变异速度逐渐提升，如果无法从技术上采取安全防护措施对病毒和恶意入侵计算机软件进行抵御和清除，就会加快病毒的变异速度，降低计算机运行过程中的安全系数，影响计算机的正常运行。计算机运行的安全性没有受到防护还有一个主要的原因就是，部分网络技术人员对入侵技术的操作原理和方法不够了解，而且安全防护意识也比较薄弱，降低了对计算机安全运行的防控力度，再加上入侵检测技术水平较低，系统化不够完善，计算机运行时一旦遭到病毒的入侵，检测系统就会立即瘫痪，也就无法及时检测程序中的病毒因素，阻止病毒入侵，更无法对计算机形成保护屏障，最终导致计算机无法安全、稳定地运行。

三、入侵检测技术的系统模型

系统模型的构建对于入侵检测系统而言属于里程碑式的一步，美国国防部高级研究计划局（DARPA）经过长达数月的研究，设计出了入侵检测系统的系统模型，具体的模型构成图如图 5-2 所示。

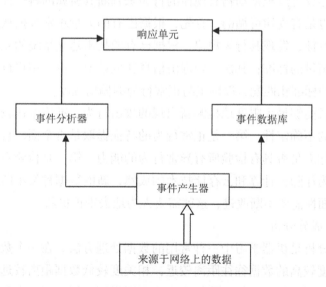

图 5-2 入侵检测系统模型

四、入侵检测技术的分类

（一）按技术划分

1. 异常检测模型

异常检测模型主要应用于网络安全系统中的各种异常问题的情况，包括黑客或者病毒软件的攻击，包括系统自身原因导致的各种问题出现，也包括某些不可抗力的人为因素。其工作机制是利用已经建立的特征数据库来匹配新的攻击数据。首先，将大量已知的入侵行为收集整合，根据专家经验对收集来的数据集合进行有效的特征提取，降低集合的维度，去除冗余的数据，建立专家系统，便于使用。检测数据集合的公信度和质量的高低完全取决于专家经验对入侵集合特征提取的方式。其次，当有网络数据传输进来时，专家系统会对新进的数据进行全方位的特征提取，将提取出来的特征和专家系统进行特征匹配，如果一致则说明是入侵行为，否则就是正常行为。这种方式的优点是对于专家系统中已经存在的入侵行为能够快速有效地匹配，不足之处是对于新出现的入侵数据会出现错误分类。

异常检测模型是目前入侵检测技术的主要研究方向，其特点是通过对系统异常行为的检测，发现未知的入侵行为模式。异常检测提取的是系统和网络数据的正常行为特征，从多方面设置衡量标准，每个标准对应一个阈值或范围。

正如自然界可以根据动物有规律的行为来判断其所属的科一样，假设正常的网络数据也是有规律可循的。首先，根据已有的大量正常数据从不同的方向抽取其行为特征，发现其行为规律，根据已有的技术建立系统的先验知识，从而设定一个衡量的标准；其次，处理由信息获取系统获得的用户行为，并将其与检测系统的标准相匹配，以确定与正常行为的偏离程度。

这种方式能够最大限度地检测新出现的攻击行为，准确率比较高，但是也存在着很多的不确定性：第一是正常行为的特征提取是否全面，直接关系到所设定的衡量标准是否具有检验所有异常行为的能力；第二是检测系统需要不断地更新，因为伴随云计算和云存储技术的成熟，新的数据种类不断增加，先验知识库的全面性需要不断改进，这就需要人为地去维护更新。

（1）主成分分析

主成分分析是机器学习中一种常用的数据处理方法。在一个数据集中通常会出现相关度较高的数据往往距离较近，相关度较低数据距离较远的情况。这就导致了同类别数据之间的方差较小，而不同类别数据之间的方差较大。这种算法将数据集以矩阵的形式表示并计算其协方差矩阵，随后计算协方差矩阵的特征值和对应的特征向量。通过去除一部分较小的特征值将高维的数据降至低维，并且由于这种算法保留了协方差矩阵中较大的特征值，使得数据即使被降维，其原始的信息也没有太大的损失，即保留了数据的主要特征。这个过程也被称作特征提取。

异常网络数据中除了包含正常的数据外，还包含大量的冗余信息，这些属性特征不相关的冗余信息，不仅对检测工作的准确率造成了干扰，而且分析这些大量的不相关冗余信息同样会使数据训练、检测的运算量大大增加，会降低系统分析异常数据的效率。因此，在对异常数据检测之前很有必要对这些数据进行"清洗"，即数据的预处理，将这些包含冗余属性的信息进行去除不相关属性，提取包含原始信息特征的数据，降低原始数据的维度，在信息安全异常数据检测方面是很有必要的。

统计方法中的主成分分析方法可以将数据中多个特征映射为少数几个主要特征，这几个主要特征能够在保留源数据的特征基础上，使数据的维度降低，且相较于其他降维方法，它提供了一种相对于原始特征信息比较高的贡献率特征，使原始数据的特征值得以保留，为异常数据检测的准确率提供了保障。

（2）神经网络

神经网络最初是对人类大脑工作的抽象和模拟的一门涉及生物学、计算机科学、数学等的交叉学科，在人工智能机器学习中应用十分广泛。人工神经网络是以层级概念区分由最基本的单元组神经元构成的一种并行的具备适应性可自主学习调节的互联网络。通过训练学习，人工神经网络可以模拟生物神经系统对具体的对象做出反馈，而其基本单元神经元是对生物神经元的一种简化和模拟，人工神经网络就是由这些简化和模拟生物神经元的人工神经元构成。

传统计算由于遵循的冯·诺依曼模型使存储和计算分开，随着计算性能和存储性能之间的差距越来越大，存储逐渐成了制约计算性能发挥的瓶颈。而人工神经网络中的人工神经元可以看作单独的处理机，这些大量并且并行分布的处理机通过训练即"学习"从外部环境中获得的经验知识和特征特性，通过权值的方式将它们存储在神经网络中，做到随用随取，将信息的存储和计算合二为一，从而解决传统的计算与存储之间由于速度不匹配造成的效率低下问题。而且由人工神经网络构成的分类器具有很好的预测、概括、类比、联想能力，网络内部部分权值丢失损伤，对全局的神经网络不会造成很大的影响，因此人工神经网络在容错性、鲁棒性方面有很大的优势。其自我学习能力，使其能够根据外部环境的变化通过改变权值的方式自我调节自我完善，因此人工神经网络在目前的人工智能、机器学习、目标识别等方面应用十分广泛。

将人工神经网络应用于网络安全领域，很好地解决了由于安全设备特征库不全无法对新型的异常数据做出阻断的缺陷。其所具备的自主学习和自适应能力以及高效的计算性能，使其面对入侵风险、异常数据时能够快速准确地做出判断。

因此，基于异常的入侵检测的思想是通过 CPU 使用率、内存占用率、网络带宽利用率等信息建立一条基准线，以此来区分正常行为与入侵行为。基于异常的入侵检测通常采用一系列数学模型对数据进行统计，从而建立一条基准线以区分正常行为和入侵行为。

2. 入侵诱骗技术

（1）蜜罐识别技术

蜜罐技术（Honeypot）是基于主动防御策略的新兴网络安全技术，它通过设置系统漏洞，诱捕来自网络上的攻击，然后获取其入侵方法、入侵手段及入侵工具，并将获取的入侵资源进行整合，最终实现提升网络安全的目的。蜜罐也是不安全的，随着网络安全技术的发展，黑客已经掌握了一些识别蜜罐的技术，这样蜜罐就会暴露，失去了其存在的价值。对蜜罐进行识别的依据是蜜罐系统和真实主机之间的某些特征是不同的，这是因为蜜罐无法完全模拟真实的操作系统，总会存在各种各样的漏洞。

1）低交互蜜罐识别

低交互蜜罐识别是一种简便的、灵活的蜜罐系统，一般是模拟一种特定的操作系统或者仅仅在应用层上模拟某种操作系统的行为特征，不支持全面交互。

①基于目标（Targets）的识别技术。Targets 蜜罐通过推迟响应来欺骗入侵者，可以放缓入侵者的进攻效率。搭建在各个网络层的蜜罐的识别技术是有所差别的，具体而言，如部署在第七网络层的蜜罐，攻击者可以查看应用服务响应的时间，如果有延迟，则可认定这是一个蜜罐，如果蜜罐部署在第四层，那么由于其延迟性，如果 TCP 滑动窗口大小是 0 的话，蜜罐由于延迟响应性，不会及时停止接收数据包，仍然会对收到的数据包予以响应，这就成为攻击者检测到蜜罐的依据。

②面向假代理的识别方法。此技术可以有效地识别出垃圾邮件蜜罐，它会开启邮件服务所对应的端口（一般情况下是 52 号端口），与它连接的每个 Email 服务器会对其发起反向连接，成功后会有正常的通信，蜜罐则不会进行后续的正常会话，基于这个特征可以分析出目标的身份。值得注意的是，如果蜜罐设置了发起连接的最大数，那么这种方法也就不能起到识别作用了。

2）高交互蜜罐识别

高交互蜜罐识别技术能较为全面地模拟真实系统的特征，功能全面，可以进行多种类型的交互，攻击者识别此类蜜罐较为困难，代价较大。而且高交互蜜罐为了更好地模拟真实环境，通常会与虚拟机、Honeywall 等软件搭配使用。

①塞贝克（Sebek）软件识别。Sebek 用于捕获敏感数据，高交互型蜜罐会利用 Sebek 工具收集加密信息，如 SSH 等信息。它在网络链接（Netlink）挂载点上挂载钩子回调函数，可以直接获取网络数据并进行各种所需的处理，如将数据包篡改为 UDP 数据包回应给攻击者。

②虚拟软件识别。虚拟机的主要作用是对操作系统所需的硬件环境进行模拟。虚拟中的操作系统消耗源小且易于管理，拥有很多的用户，大多数高交互蜜罐也使用虚拟机作为宿主。识别虚拟机相对于识别高交互蜜罐而言比较简单，当前成熟的虚拟机识别技术有：基于虚拟系统的特有操作和特殊通道识别虚拟机的技术；根据虚拟系统内存管理和内存分配原则识别虚拟机的技术；根据目标主机硬件特征判断是否为虚拟机的技术。

3）基于蜜罐特有行为的识别技术

蜜罐虽然已经尽可能全面地模拟真实主机，但是具体实现起来与真实主机还是有些差异的。所有的蜜罐都有某些与众不同的特征，当然也存在着相同的特性。

蜜罐归根结底是模拟网络和真实主机的，既然是模拟那么其与真实环境相比还是有许多差别的。蜜罐系统具有其自身的特性，不同的蜜罐之间也存在着诸多共性，可以将特征识别技术大致上分为两类。

①基于蜜罐个性特征的识别技术。每个蜜罐对真实主机的模拟程度或者模拟点是不同的，因此基于蜜罐个性特征的识别技术不是通用的，而是针对每种特定蜜罐的漏洞或者实现差异来开发的，如针对蜜罐重传的差异提出的识别和反识别技术。

②基于蜜罐共性特征的识别技术。绝大多数蜜罐都采用同样的网络协议栈仿冒技术以及其他与网络特征密切相关的仿冒技术，所以网络特征识别技术也分为这两类。

一是网络协议栈。扫描器利用 TCP/IP 协议栈来识别操作系统类型，有的蜜罐只是在应用层次上模拟操作系统，并没有在协议栈层面进行操作系统模拟，攻击者通过对目标进行详细周密的操作系统识别就能够判断出其是一个蜜罐。

二是网络特征。除了 TCP/IP 协议栈的特征之外，还包括最大重传次数、标志位可选项、最大报文长度等。

4）Honeywall 识别

第一代蜜网存在着诸多的缺陷和不足，相关研究人员从第二代蜜网开始将蜜罐的各个组成部分进行切割，细化各个模块的功能结构，其中最为卓越的是 Honeywall，它是外网和蜜罐网络的网关，能够实时处理全部的通信。针对 Honeywall 的识别是基于它严格的监控性，软件能够发现并拦截特定的数据包信息，倘若检测到数据包中隐藏入侵数据就会将数据包丢弃或者篡改攻击数据，从而致使该数据包丧失攻击功能。攻击者可以构造具有特定功能数据包，这些数据包可以识别网络数据库中的标识信息，最后将数据包发向远程操作系统，查看响应数据包就能够判断目标是否为 Honeywall。

5）基于系统内核的识别技术

高交互蜜罐最为看中的是其对真实主机的模拟程度，为了达到最佳效果，蜜罐必须能够模仿系统内核，当前大多数高交互蜜罐都采用了根工具包（Root Kit）等隐秘技术，以更好地模仿操作系统。基于内核的蜜罐识别技术大致有以下几种：

①识别统一建模语言（UML）。UML 也称为 Linux 客户系统模式，支持客户系统建立在 Linux 系统上，这一特性非常类似于虚拟机。一般情况下，客户系统被设计为高交互蜜罐，检查关于 UML 的系统配置文件即可发现蜜罐。

②检测隐藏技术。蜜罐基于屏蔽掉内核函数来实现隐藏，如查看内核进程是否存在着被非法更改等方式。

（2）蜜网识别技术

蜜网技术是继承了蜜罐技术并将其改进的一种技术手段，即使用若干蜜罐来搭建一个抓捕网络，该网络能够诱惑不法者进行非法攻击。通常该网络系统建立在一个可控的接入设备上，使入侵者可以探测和攻击蜜网系统里的蜜罐主机，以便获取入侵者的攻击信息。因此，研究如何劫持异常流量到蜜网系统，并对与蜜罐机交互后的行为进行分析识别具有重要意义。蜜网系统的攻击识别方法主要包括两个大类：一类是基于网络流量的特征做攻击识别；另一类是基于交互行为特征做网络渗透识别。

1）基于网络流量的攻击识别相关技术

基于网络流量的异常检测可以很好地挖掘网络中的潜在问题，是确保网络高效、完整运行的基础工作。根据流量特征参数处理方法的不同方式，有以下三种常规方法：

①基于统计分析的网络流量攻击识别。用随机子空间方法来检测互联网协议网络中的异常，该方法给出一个包含网络流信息的数据矩阵，在随机抽样方案的辅助下进行矩阵分解，然后利用统计发现异常子空间中的异常流量。它是一个有效的自适应的应对网络流量变化而导致的攻击识别方法，利用对网络协

议多层数据的统计分析来检测非常细微的流量变化，利用测试统计的阈值来实现固定的误报警率。这种方法有很多优点：利用自适应学习方法来训练，在各样的网络环境中都可以使用这种方法；这种方法可以以很快的速度来检测攻击，并且能够同时保证准确性；计算复杂度低。

②基于信号处理的网络流量攻击识别。基于分组头部记录综合分析的攻击识别技术把跟目的 IP 地址关联的元素提出，对其使用离散小波变换，再根据整理结果判断实时的网络流量异常。

利用行为建模对网络流量进行表征，根据能量分布来判断是否发生 DDoS 攻击流量。如果流量随时间保持其行为（无攻击情况），则随时间的能量分布变化有限；而在网络中出现攻击流量后将在一段时间内导致显著的能量分布偏差。

采用两级结构的系统，将传统的自适应阈值和累积和方法与连续小波变换的方法相结合，在准确率和误报率方面均有良好效果。

③基于数据挖掘的网络流量攻击识别。基于聚类算法的网络攻击识别方法的优点是它不需要使用有标记的攻击流量数据进行训练。使用聚类和决策树结合的方式来检查是否发生网络攻击。利用 K-Means 聚类算法训练所有的流量行为，然后使用 ID3 决策树来检测有无非正常流量现象，据此分析是否发生了攻击。

2）基于交互行为的网络渗透识别相关技术

目前，基于交互行为进行攻击识别的一般方式是使用蜜罐系统记录网络攻击的相关数据，然后对行为数据进行分析，常用技术有数据挖掘、机器学习等。

①通过部署运行计算机构建实验环境，设置容易被攻破的密码吸引攻击者，通过构建攻击者行为框架，获取攻击者采取的特定操作及其发生顺序，这些操作包括检查配置、更改密码、下载文件、安装/运行恶意代码以及更改系统配置。

②通过引入一种分析攻击者技巧和区分入侵者来源的方法来改进实验，在得到入侵信息的基础上分析并获取入侵者的核心目的。

③在客户端蜜罐使用自动状态机，而且将这种方法使用在预防网页攻击中，这种方法能够较好地预测攻击行为，同时通过实验验证了这种方法的适用性。

④采用数据挖掘技术对攻击行为进行分析，发现黑客的入侵模式，从而提升防御能力并升级已有的检测系统。

⑤除了上述主要研究对象是有关黑客攻击方法的数据，很多研究还分析了入侵后的数据。通过构建一个具有高交互性的蜜罐网络，捕获攻击者入侵主机后的交互行为数据，并构建攻击状态转换图，结合隐马尔可夫模型设计网络攻击行为预测模型。

（二）按对象划分

1.基于主机

通过监视与分析主机的审计记录可以检测入侵。对于系统来说，审计和日志功能是很重要的，可以把敏感的操作记录下来，用来分析和检测。该划分方式主要是与主机相结合，基于主机的划分方式可以使得入侵检测系统受网络的影响程度最低，相关问题也能够较容易地排查出来并且及时得到解决。

2.基于网络

基于网络方式需要积极运用到传感器或者数据包的积极配合，该方式与基于主机这种方式最大的区别是与互联网关系密切，能够实时监测网络系统的安全维护情况或者是受到侵害的情况。基于网络的 IDS 将检测网段中的各种数据包。如果基于网络的 IDS 设计得比较到位的话，就完全可以替代 IDS。

3.混合型

混合型模式出现的前提就是由于基于主机或者基于网络，这两种方式都存在着各自的优点以及缺点，采用混合型的目的就是结合两种方式的优点，同时克服两种方式的缺点，积极进行新型的入侵检测系统的研发，保障网络系统安全的维护与建设。

五、入侵检测技术应用模式

（一）网络实时监控系统技术

网络实时监控系统技术主要是对信息系统进行监控，对计算机终端进行安全防护，针对计算机终端的系统硬件进行数据实时监测，并将数据信息与硬件基线数据库进行对比，及时对不一致的信息进行警报，提示运维人员第一时间做出处理，避免计算机终端受到木马病毒等恶意代码的入侵或感染，避免造成严重的损失或损失扩大。其中信息收集是入侵检测技术的基础功能，通过对操作系统、网络、应用执行程序以及文件等进行数据收集、汇总、分析并将分析结果传送至控制反馈管理器，利用反馈管理器及时做出反应、发布消息，实现安全防护和安全预警。同时，随着网络实时监控系统技术不断向分布式部署模式发展，既能够应对当前复杂的网络安全形势，又在一定程度上提升了信息系统的运行安全。利用分布式优势，可使当前的入侵检测技术系统运行效率满足当前的系统资源与安全的需求，适应时代发展。

（二）防护墙技术应用

将入侵检测技术与防火墙技术进行结合是一种信息技术创新发展的趋势，

通过结合，能够优化整体功能。例如，防火墙技术在实际应用中可以依据规则配置对外界的异常访问数据进行防护，发挥出安全机制、安全体系、安全设备的作用并形成合力，从整体上提高安全防护水平。通过多重异构，从不同维度检测信息系统外部是否存在入侵源，内部是否存在入侵痕迹，安全防范是否存在可供入侵者利用的漏洞。入侵检测技术逐渐向人工智能化方向发展，较为常见的算法包括神经网络、遗传算法等，促使其检测水平不断提升，以满足当前的需求。

（三）信息加密技术应用

信息加密技术可以提升信息系统安全性，进而保证其正常运行，降低出现信息安全问题的风险，可以从整体上强化当前的信息安全性能。在工程实际中，应考虑当前密码方式的适用性，通过一定方式提升密码抗破译能力，继而提升其信息系统的安全系数，如设置动态密码、安全密钥等。通过设置校验特征值、软件版本基线和安全信源，能够防止木马病毒对信息系统的入侵。同时，机密信息安全全方位防御功能的完善、发展也可以提升信息系统安全性，促使其逐渐向普适化、多元化方向发展，降低用户受到信息安全威胁的程度，降低或避免因网信安全问题造成的严重损失。

六、大数据下入侵检测技术的发展趋势

在当前大数据时代，入侵检测技术应与集成学习、分布式处理等热点技术紧密结合起来，在以下几个方向上发展。

（一）分布式入侵检测

传统的入侵检测系统一般是以单一主机或网络设备为数据处理中心，将采集的数据集中到数据处理中心进行分析和处理，处理能力和计算效率较低。在大数据时代下，传统的入侵检测系统难以适应大规模网络的检测需求，而分布式集群在数据的整个处理流程有着明显的优势，不仅可以实现对数据的分布式采集、存储和分析处理，大幅度提升系统的吞吐能力和处理能力，而且可以提高检测系统的容错性。

（二）智能化入侵检测

随着互联网技术的发展，网络中的数据格式越来越多，数据结构也越来越复杂，网络攻击方式也在不断更新，因此，为了适应这些变化，一些智能学习的方法也开始应用到入侵检测中来，并且表现出较好的检测效率。当前，许多研究人员开始将遗传算法、机器学习、集成学习、模糊技术、人工免疫等技术应用到入侵检测中来，提出了各种智能的入侵检测算法。

（三）高效化入侵检测

当前，网络中的数据量剧增，数据传输速度也越来越高，已经超出了单一主机和网络设备的处理能力，传统的入侵检测系统在大规模的网络环境下，其处理能力和计算能力已经难以适应高速网络的需求，因此，许多学者开始研究高速网络下数据流的处理方法，并提出一系列高效的数据流处理算法，以提升入侵检测的效率。

七、入侵检测技术与多种技术的结合应用——以校园网为例

（一）数据挖掘技术和智能分布技术的应用

1.数据挖掘技术与入侵检测技术

数据库的优势在于能够大量检索已经存在的各类病毒或者黑客软件，在某些病毒或者黑客软件入侵校园网络系统之后，数据库系统能够迅速查找到该病毒或者黑客软件的类型，最大限度地避免各种损失的发生。网络入侵主要包括外部入侵和内部入侵两种方式：外部入侵方式主要指的是校园网络系统外部的系统或者病毒软件的入侵，该入侵方式相对来说较为复杂，这是因为外部系统对于校园网络系统并不是特别的熟悉；内部入侵方式相对外部入侵而言比较简单，这是因为内部入侵不会涉及非常复杂的步骤，往往都是校园网络系统的内部人员进行的入侵。研究数据显示，内部入侵的概率往往会大于外部入侵的概率，而且内部入侵的方式与外部入侵的方式存在着较大的差异。为了更好地区分两种入侵方式进而采取相应的措施，必须要进行数据库入侵检测模型的构建，具体构建思路如图 5-3 所示。

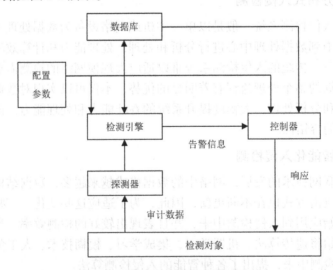

图 5-3　通用的数据库入侵检测模型

数据挖掘是指从大量的实体数据中抽出模型的数据。获取的校园网络环境中入侵检测技术的相关数据往往都是没有经过任何处理的数据，这些数据往往杂乱无章，所以我们首先要对这些数据进行分类汇总，看看这些数据应该归到哪种类型之下；紧接着，在入侵校园网络安全系统的数据分类汇总之后，要对这些数据进行分析与挖掘，探究这些数据背后的含义，以期找到相应的规律并且采取相应的措施来解决这些问题。

2. 智能分布技术是入侵检测技术的重要构成内容

智能分布技术一经问世，便受到了学术界的广泛讨论。智能分布技术运用智能化的手段，使得入侵检测技术变得更加的智能，在面对多个端口遭受到入侵的情况下，智能分布技术可以利用分布在各个端口的传感器进行排查，第一时间解决入侵问题，最大限度减少校园网络入侵所造成的损失。

（二）信息回应与防火墙系统的合理应用

信息回应是通过入侵检测技术检测到的校园网络受到侵害的信息反馈到校园网络总的控制台，然后总的控制台再对反馈过来信息进行及时的处理并且将分析结果整理出来。防火墙系统属于动态的监测系统，在以往的体系当中往往只是单独地发挥作用，但是伴随着网络技术的不断发展以及各种各样的黑客软件或者病毒的更新，单纯的防火墙技术已经不能够阻断这些威胁来源，这时，防火墙系统与入侵检测系统的结合变成了一种最实用而且最保险的阻断方式，通过这两种方式的结合，能够确保校园网络系统得到安全的维护与建设。

（三）协议分析技术和移动代理技术的应用

协议分析技术是入侵检测技术的一个重要类型，与之前的入侵检测技术相比，协议分析技术便利性更高，针对黑客软件或者病毒的处理效率也会更高，同时精确性与敏锐性也变得更高。协议分析技术充分利用网络协议的高度规则性，对报头中相应位置的协议信息进行分析，并结合高速数据包捕获和规则解析，快速检测某个攻击特征是否存在。协议分析技术不用对每个字节进行比较，极大地减少了计算量，提高了检测效率，节约了资源。移动代理技术指的是可以代替客户或者其他程序进行计算机网络系统安全监测的技术，该技术的问世最大限度地节约了人力、物力、财力资源，实现了低成本检测校园网络安全系统这一技能。

第六章　云计算平台及关键技术

　　云计算是当今 IT 产业发展的重要趋势，它改变了传统的服务方式，实现了 IT 基础设施的资源化和服务化，在各行各业中得到了广泛的应用。云计算平台是实现云计算主要方式之一，为了促进云计算的发展，对云平台及其关键技术进行了解十分必要。本章分为主要云计算平台、云安全架构体系、云服务域安全、云终端域安全、云监管域安全五部分，主要包括微软的 Windows Azure 平台、云安全架构体系的设计目标、IaaS 安全、云终端设备安全、云监管概述等方面的内容。

第一节　主要云计算平台

一、微软的 Windows Azure 平台

（一）Azure 的主要功能

　　无论是传统的虚拟化、存储等功能，还是前沿的区块链、物联网（IoT）、人工智能（AI）领域，Microsoft Azure 都有较为完备的解决方案。目前，Azure 平台为用户提供了丰富的服务种类，具体如下：一是计算服务，如虚拟机服务、桌面虚拟化服务、容器服务等；二是应用服务，如支持 Web 和移动应用的 App 服务、无服务器（Serverless）的逻辑应用程序（Logic App）服务、支持大型应用的应用程序结构（App Fabric）等；三是存储服务，如支持四种基本存储类型的 Azure Storage 服务和支持远程字典服务（Redis）、SQL Server 等多种数据库种类的数据库服务；四是分析服务，如数据获取、数据分析和数据存储等服务；五是网络服务，如 VPN 网关、应用程序网关、防火墙等服务；六是身份标识，如 Azure AD、Azure AD 外部标识等服务；七是管理服务，如密钥库（Key Vault）凭据管理器、自动化服务、安全中心（Security Center）等服务。

（二）Azure 的资源管理器模式

　　早期 Azure 采用经典模型管理云端资产，在此模型中资源彼此独立，因此在管理同一个解决方案时需要手动将资源组织到一起。

　　从 2014 年起，Azure 引入了资源管理器模型，该模型通过"管理组、订阅、资源组和资源"四种范围管理了彼此有关联的资产，通过资源管理模板优化了

解决方案的基础结构，通过资源间的依赖关系确保了资源部署的正确顺序，通过基于角色的访问控制（Role-Based Access Control，RBAC）限制了资源的访问权限，有效改进了 Azure 云端资产的管理效率。

（三）Azure 的访问控制

为了方便管理云上资源，Azure 采用了 RBAC。Azure RBAC 的核心思想在于角色的分配，其中包含了三个要素：安全主体（Security Principal）、角色定义（Role Definition）和对象范围（Scope），即安全主体在访问某个范围的对象时具备了哪些角色。

安全主体表示发起资源访问请求的对象，可以是用户、组、服务主体或托管标识。用户表示 Azure AD 中的一个用户账户；组代表一组用户，当给用户组分配角色时，组中每个用户都将继承得到该角色；服务主体是应用程序或服务发起资源访问时所使用的账户；托管标识用于云应用程序向 Azure 服务进行身份认证。

角色定义用于列出某个安全主体所拥有的权限。Azure 内置了多种角色，最基础的四种包括所有者（Owner）、参与者（Contributer）、读取者（Reader）和用户访问管理员（User-access-administrator）。所有者具有所管理资源的完全访问权限，参与者不拥有分配角色的权限，读取者可以查看资源但不能修改，用户访问管理员仅管理其他用户的访问权限。除了内置角色外，Azure 还允许用户创建自定义角色。

对象范围采用父子关系结构，包括管理组、订阅、资源组和资源四种范围，用于定义所分配对象的范围。父级别范围分配的角色也会顺次继承给子范围，同一范围内的角色采取叠加的计算方法。

二、Amazon 弹性计算云

Amazon 弹性计算云（Elastic Compute Cloud，EC2）是一个让使用者可以租用云端计算机运行所需应用的系统，提供基础设施层次的服务（IaaS）。EC2 提供了可定制化的云计算能力，这是专为简化开发者开发 Web 伸缩性计算而设计的，EC2 借由提供 Web 服务的方式让使用者可以弹性地运行自己的 Amazon 虚拟机，使用者将可以在这个虚拟机上运行任何自己想要的软件或应用程序。Amazon 为 EC2 提供简单的 Web 服务界面，让用户轻松地获取和配置资源。用户以虚拟机为单位租用 Amazon 的服务器资源，并且可以全面掌控自身的计算资源。

三、阿里云

阿里云是阿里巴巴集团研发的一款公共、开放的云计算服务平台，能够提供多线的边界网关协议（BGP）骨干网接入和互联网第二平面（CN2）高速集群网络。飞天系统（简称飞天OS）架构是阿里云平台的理论核心，飞天OS是复杂的集成化系统，包括了云数据存储、云计算服务、云操作系统及云智能移动操作等部分。该架构基于Linux内核以及Web Kit、Open GL和SQLite等多种开源库，结合阿里多年的技术积累提供可靠的计算、存储及调度等底层服务支持，保证上层用户可感知的服务正常进行。阿里的底层服务主要围绕分布式系统展开，主要包括了协调服务、远程过程调用、安全管理、资源管理等常用的底层服务。

四、开源云计算平台

（一）OpenStack

1. OpenStack 简述

OpenStack是由Rackspace公司和美国国家航空航天局（NASA）合作开发的一种开源云计算平台，可以为私有云和公有云提供可扩展的弹性云计算服务，且有着操作简单、可拓展性强、标准统一等优点，已经被IT行业广泛运用于云计算平台开发过程中。

2. OpenStack 构成组件

OpenStack是一个提供云计算平台部署的工具箱，旨在便捷且迅速地构造公有云和私有云平台。截至目前，OpenStack的Quene版本中，主要的功能组件包括计算功能组件（Nova）、块存储功能组件（Cinder）、网络功能组件（Neutron）、镜像管理功能组件（Glance）、认证功能组件（Keystone）、对象存储功能组件（Swift）、界面管理功能组件（Horizon）、监测值管理功能组件（Ceilometer）、自动化平台配置功能组件（Heat）、数据库管理功能组件（Trove）。

Nova作为OpenStack项目的核心服务之一，是一个完备的OpenStack计算资源管理和访问的工具集，其中包括虚拟机（VM）实例整个存在历程的管理，对外提供计算请求的RESTful API。OpenStack自身并不具备任何VM建立功能，而是通过调用其他虚拟化方法来完成的。Nova服务自OpenStack框架生成之初便集成到项目框架中。

Cinder通过调用自主服务API为VM例程提供长期的块存储服务。Cinder

实现自 volume 建立到清除整个存在历程的管理。在早期的 OpenStack 项目中，使用 nova-volume 为云平台中的 VM 例程提供较长时间的块存储服务。但是自 Folsom 版本开始，将 nova-volume 从 Nova 功能组件中抽取、分离出来，定义为具有独立功能的块存储组件。

Neutron 是 OpenStack 的核心服务之一，实现其他各个服务的 Internet 访问功能。Neutron 是从计算服务中分离出来的 nova-networking，经过 Quantum 优化后最终形成 Neutron。最初的 Neutron 仅提供 IP 地址管理、网络功能和安全管理功能，发展到现在可以提供多租户隔离、2 层代理支持、3 层转发、负载均衡、隧道支持等功能。

Glance 用于提供 VM 建立时所需的镜像文件，即准许用户发现、备案和查找 VM 镜像。该服务拥有了一个 REST API 接口，允许通过检索 VM 镜像的元数据（Metadata）来获取真实镜像文件。

Keystone 用于为 OpenStack 中的其他组件提供统一的认证服务，包括身份的认证，令牌的签发和核查，服务列表、用户使用权限设定等。OpenStack 中各服务组件都依赖于 Keystone 的认证服务。

Swift 通常应用于大型的分布式系统中，内置冗余及高容错机制，实现对象存储功能。该服务可以实现文件的搜索或数据存储功能，并可为 Image 服务提供 Glance 存储功能，也为块存储器（Block Storage）服务提供 volume 拷贝功能。该服务也是自 OpenStack 框架生成之初便集成到项目框架中。

Horizon 提供一个可视化界面，便于管理员和用户对 OpenStack 云平台中各类资源和服务进行监测和管理。它简化了管理人员和租户对云平台的操作，管理人员通过该服务可以管理、监控云资源，实现虚拟设备的启动、虚拟设备资源的分配、虚拟资源的访问控制协议等。Ceilometer 用于获取、保存和监控 OpenStack 的各种检测值，并根据检测值进行示警。这些检测值可以保存下来，脱离平台限制，通过进一步的整理、审查或描述，可更加有效地应用于实际项目中。该服务自 Havana 版本后集成到 OpenStack 项目中。

Heat 通过调用 OpenStack 框架中的接口实现项目所需组件的模板式部署。该服务使 OpenStack 平台的研发人员可通过使用特制的插件实现编排服务的集成。简而言之，就是用户可通过提前定义任务执行模式，Heat 就会按一定的顺序执行 Heat 模板中定义的任务，完成项目所需的平台配置部署任务。

Trove 提供具有扩展功能和高可靠性的云部署关系型和非关系型数据库引擎的功能。用户可以快速、轻松地利用数据库的特点，而无须掌控繁杂的云平台配置方案，云平台的用户和数据库管理员可以实现项目中所需的多个数据库的管理和配置任务。

（二）Eucalyptus

Eucalyptus 是一种开源的软件基础结构，用来通过计算集群或工作站群实现弹性的云计算。它最初是加利福尼亚大学为进行云计算研究而开发的 Amazon EC2 的一个开源实现，它与 EC2 和 S3 的服务接口兼容，使用这些接口的几乎所有现有工具都可以与基于 Eucalyptus 的云协同工作。与 EC2 一样，Eucalyptus 依赖于 Linux 和 Xen 进行操作系统虚拟化。其现在已经商业化，发展成为 Eucalyptus Systems Inc。不过，Eucalyptus 仍然按开源项目进行维护和开发。

第二节　云安全架构体系

一、IBM、WMware 云安全架构

（一）IBM 云安全系统架构

在 IBM 公司中，重点研发了基于企业信息安全框架的云安全架构，其主要内容涉及以下方面：用户身份认证方面，要求只有通过严格认证的合法用户才可以进行数据访问，杜绝出现非法用户访问；在数据保护以及隔离方面，则提出通过设置相应的共享设备，以保障实现预期的存储安全保护等方面的要求，充分发挥好存储设备自身的安全措施要求，进而能有效开展相应的存储数据的访问权限，进行合理化设置，这样能全面保护数据信息的安全；当相应的用户数据存储在云计算平台的情况下，则应通过合理化的机制内容，特别是涉及相应的云服务中的资源申请、监控以及变更等内容，则选择通过统一化的流程管理模式。在实践中，推行多级权限控制措施，这样就可以结合实际需求将相应的资源访问及管理工作落实在不同的安全领域中，并据此提出相对应的权限控制措施。具体来说，可以设置为机房管理和维护人员、云计算管理人员、云计算维护人员、系统管理人员等几种。实现安全保护网络、服务器以及终端，能有效实现隔离措施，通过实现双机备份的方式来保障重要的服务工作，保障应用的可靠性得到全面提升，顺利实现预期的应用需求。同时，也应对存储设备进行隔离，落实好存储数据的安全性要求。还可以通过单独存储设备的方式，从而在本质上全方位保障物理层面实现有效的数据隔离，明确提出数据安全性的相关要求；在开展系统灾备的环节，则应借助云安全系统的优势，保证集中灾备技术能应用到具体的情境中，以保障满足实现用户的业务和数据的恢复服务，使用户能构建本地的远距离的容灾中心。容灾中心和云计算中心应通过专用的网络链接方式来满足相应的数据传输要求。

（二）WMware 云安全系统架构

对威睿（WMware）公司提出的云安全系统架构进行分析，其主要特点涉及以下几方面：在保护云计算中的虚拟数据中心的过程中，重点可以使其免于外界网络安全的威胁；结合整个数据中心内部的实际需求，重点开展相应的安全保护工作；在开展虚拟机的安全保护工作中，可以重点防范相应的恶意软件、病毒的攻击。具体来说，威睿云安全系统架构涉及一系列的安全产品，其都具有不同的侧重点，能有效实现相应的安全功能，并通过 WMware vShield Manager 开展统一化的管理。

二、云安全构架体系的设计目标

（一）建立安全防护技术体系

建立安全防护技术体系主要从计算环境、通信网络、区域边界等方面出发，以防火墙、入侵检测系统、网络审计系统等安全设备为抓手，实现基于通用安全技术和云平台安全建设的系统安全保护工作，保证云平台的可用性、可靠性和可控性。

（二）建立完善的安全管理体系

建立完善的安全管理体系包括完善网络安全责任体系、制定网络安全管理制度、设置网络安全检查机制等内容。安全管理体系主要从安全建设管理和安全管理两个方面对安全管理制度、资产和事件等多方面进行协调管理，贯穿于云平台的规划、建设、运维、废弃等阶段。

（三）建设安全运维体系

建立安全运维体系是指通过风险评估、等保测评、渗透测试、代码审计、安全巡检、应急处置、安全加固、安全培训等安全服务，加强对云平台内部资产脆弱性的发现和分析，不断审核和调整安全策略，不断降低云平台在运行中安全风险发生的概率，防止潜在的威胁给未来业务的安全稳定运行造成不利影响或重大损失。

三、云安全构架体系的设计原则

对于云安全构架体系要进行"统一规划、统一布局、统一设计"。在实施策略上，根据实际需要，有针对性地进行重点防护，保证系统建设的完整性和有效性。

（一）标准化和规范化原则

严格遵循国家网络安全等级保护相关法规和技术规范要求，按照等级保护第三级标准要求，从物理安全、通信网络安全、计算环境安全、区域边界安全以及安全管理体系等多个方面进行安全设计，充分体现标准化和规范化。

（二）易用性及可维护性原则

从具体的应用角度出发，满足业务和管理的需要。一方面，安全系统本身易于集中管理并可维护；另一方面，安全系统对其管理对象的管理是方便的、简单的，同时安全措施的采用不会影响原有系统的正常运行。

（三）动态性原则

遵循动态性原则，以适应信息技术的不断发展和不断变化的内外部环境，能够及时地、不断地改进和完善系统的安全保障措施。采用先进的网络技术和网络安全产品，网络安全成品能够适应信息技术的迅速发展，具有良好的技术先进性、可扩展性和整体性，保证较长的使用寿命，保证不成为整个系统的瓶颈，能够满足同类信息系统跨平台的移植和扩展需要。

（四）经济性原则

在充分计划时间和利用现有资源基础的前提条件下，充分保证系统建设的经济性，提高投资效率，避免重复建设。

四、云安全架构

（一）基础架构

设计的信息系统安全保障体系总框架结合国家网络安全法律法规、网络安全等级保护标准等，在网络安全等级保护第三级整体要求的前提下，与现有业务架构、数据应用紧密结合，从技术、管理与运维三个层面进行说明和设计，它是整体安全保障体系的指导性架构。安全保障体系框架整体上包括安全技术体系、安全管理体系、安全运维体系三个部分。

1.安全技术体系

安全技术体系设计主要从通信网络、区域边界、计算环境等方面出发，实现基于通用安全技术和云平台安全建设的系统安全保护工作。通信网络安全主要包括网络结构安全、通信机密性和完整性安全，重在防止对数据通信网的攻击，对数据存储系统进行安全审计，保证信息系统的可用性、可靠性和可控性。区域边界主要从边界访问控制、边界完整性保护、入侵防范、恶意代码防范、网络接入等方面进行设计。计算环境主要保障应用安全与数据安全，确保应用软件及系统在身份鉴别、访问控制、系统安全审计、入侵防范、恶意代码容错等方面的安全，保障数据完整性、保密性以及备份恢复。

2. 安全管理体系

安全管理体系建设，以智能化升级项目数据平台为服务对象，建立完善的安全管理体系。安全管理体系主要包括对组织、人员、制度、资产和事件等多方面的协调管理，贯穿于信息系统的规划、建设、运维、废弃等阶段。

3. 安全运维体系

网络安全运维体系由常态化安全运维服务构成，包括代码安全审计、渗透测试、漏洞扫描、安全基线核查、安全巡检、风险评估、安全管理制度修订、安全培训等内容。

（二）功能架构

云安全管理平台通过安全资源池为云环境提供统一的云安全服务。云安全管理平台统一管理部署在安全资源池内的各种安全设备，并面向云计算的租户和管理员提供租户管理、自服务、订单审批、安全策略配置等功能。云安全管理平台为云租户和云运维管理人员提供一个服务平台，实现租户在线安全服务申请、自定义安全策略配置、统一设备管理、统一日志收集展现的功能。同时可以为平台运营人员实现安全服务的服务目录配置、服务申请审批、租户创建等功能。

安全资源池为所有租户申请的安全服务提供运行环境。安全资源池建立在独立硬件环境上，与已有的云平台完全解耦，可以与多种云平台实现共存。租户申请的安全服务以网络功能虚拟化（NFV）设备的形式运行在安全资源池内，不同的租户之间通过 2 层 VLAN 实现逻辑上的隔离，安全资源池集成丰富的安全组件供用户使用。

第三节　云服务域安全

一、IaaS 安全

（一）IaaS

基础设施即服务（IaaS），指的是用户通过互联网在云计算中心获得虚拟主机、存储服务、网络服务等计算机基础设施服务，实现计算即服务、存储即服务、网络即服务。IaaS 云计算实现机制是指用户使用 Web 服务的方式提供交互接口，根据用户的需求通过管理平台分配恰当的资源，提供可使用的服务目录，并进行相应的监视和统计。

（二）IaaS 关键支撑技术

1. 服务器虚拟化

虚拟化技术在计算机网络体系中，一般代表着硬件层与应用层中间的一个过渡区域，它通过将应用层上的信息资源映射到此类过渡区域的物理资源模块上，然后进行资源的虚拟整合，当相关信息参数符合运行基准以后，再将信息资源传输到硬件层。从技术角度来看，虚拟化实质为资源的逻辑产生地，其不受物理存储空间的限制，且在实际运行中可将信息资源进行透明化。虚拟化技术在实现过程中可将单独的物理设备进行虚拟空间的映射，每一个建构的虚拟环境都可以对不同业务进行处理。服务器虚拟化是以服务器为载体实现虚拟化技术的应用，在信息资源处理时，可将不同属性的信息资源转变为逻辑资源，在资源逻辑性运作下令服务器具有多虚拟环境同步运行的特征，与此同时，不同虚拟环境，运行时可与物理服务器内部的信息资源进行共享，以此来提高数据信息的处理效率。

2. 存储虚拟化

（1）存储虚拟化的定义

存储虚拟化是将传统的计算机硬件数据储存转化为虚拟储存的过程。存储虚拟化将系统内的单一功能进行集成化处理，提升了系统的全面性。存储虚拟化技术就是进行存储虚拟化的一种手段，它将复杂多样的现实技术设备以抽象的方式进行虚拟化，并实现对现实物理设备的良好控制。从使用者的角度来看，存储虚拟化是将原有的磁盘、硬盘存储数据技术进行虚拟化，将应用的数据全部通过虚拟化存储，使用者不用再考虑存储位置以及存储安全性。从企业管理者的角度来看，存储虚拟化将企业数据信息全部都存储在虚拟化的存储池中，并且对信息集成管理，使企业管理者更加快捷高效地使用信息。

（2）存储虚拟化的技术方法

首先是基于主机的虚拟储存技术。如今，存储虚拟化技术已经形成了具体的方式和方法，并开始量化生产。存储虚拟化技术首先应该是基于计算机主机的虚拟存储方法。计算机主机虚拟存储技术方法是建立在技术管理软件的基础上实现的虚拟储存，一般情况下主机虚拟储存软件安装在计算机系统的主机上，而主机数量可能是单独的管理员主机系统，也可能是多个主机系统相连，通过在各个主机或者主机组中安装管理软件，实现存储虚拟化管理。在实际的存储虚拟化过程中，存储虚拟软件在主机中运行，导致存储虚拟化软件的运行会占用主机的一部分运行内存和处理时间。这也是主机存储虚拟化技术的一点弊端，由于存储虚拟化软件要占用主机运行空间，所以其本身的存储扩充性能相对较差。另外，在实际的主机存储虚拟化过程中，主机自身也要进行很多的信息处理工作，所以这种虚拟化技术方法的性能稳定性比较差。

其次是基于存储设备的虚拟储存技术。实现存储虚拟化的另一种方法就是存储设备虚拟化。计算机系统运行需要应用大量的数据信息同时还需要进行数据处理，所以计算机系统的内部就安装有独立的存储设备。计算机系统内部的相关存储设备是在计算机系统内相对独立的原件，承担着计算机系统的数据信息存储任务。但是，独立的硬件存储设备的存储功能是有界限的，它要根据计算机系统的性能来设定自身储存能力的大小。计算机系统可以通过增加内部存储设备数量的方法来提高自身的存储能力，但是对计算机系统来说，其增加储存设备也会带来一定的弊端，因为存储设备系统的运行都采用同样的工作原理，也同样要接收信号进行信息储存，所以数量比较多的存储设备共同工作会造成互相的信号干扰，会给信息数据存储带来不稳定因素。存储设备虚拟化过程并没有应用到相关的存储虚拟化技术软件，而是通过相应方案对存储模块进行虚拟化。存储子系统虚拟化的过程主要通过调节系统内部磁盘陈阵的资源来实现对存储设备的保护。

最后是基于网络的虚拟储存技术方法。网络虚拟化是将计算机系统内的网络设备进行虚拟化的过程，可以利用存储区域网络（SAN）进行虚拟化，即在计算机 SAN 网络中添加虚拟网关，从而实现网络虚拟存储。在增设虚拟网关之后，SAN 网络可以在虚拟存储池中建立不同储存容量的存储卷，存储卷可以对存储数据进行虚拟管理。另外，根据网络虚拟化设备的不同，网络虚拟化技术可以分为互联网设备虚拟化以及路由器虚拟化两种方式。

①互联网设备虚拟化。在互联网设备虚拟化过程中，控制信息和数据经过的存储路径是否一致取决于互联网设备虚拟化技术方法是否具有对称性。在应用对称性的互联网设备虚拟化过程中，互联网设备成为虚拟化技术实施的关键。由于互联网要使用计算机系统内部的许多软件，所以实施对称性的存储虚拟化有一定的困难。而对互联网设备采用非对称性存储虚拟化的方法，由于其信息控制与数据收集并不在同一路径上，所以，与对称性方法相比，非对称性方法更容易实现，且存储扩展性能更好。

②路由器虚拟化。路由器虚拟化方法是在路由器元件上进行存储虚拟化功能的创造，可以与主机虚拟化方法配合完成。在进行路由器存储虚拟化过程中，将路由器安置在主机存储网络通道中，实现存储虚拟化建设，可以对主机发出的网络存储命令进行获取。

因此，通过路由器虚拟化方法，路由器成为主机的服务者，是计算机系统真正的数据虚拟化存储者，绝大部分的虚拟存储模块安装在路由器元件中。与互联网设备虚拟化相比，路由器存储虚拟化更加独立，也更加稳定，受到的影响较少。虽然，路由器存储虚拟化过程也可能会对主机保护的数据进行陌生访问，但其仅针对与路由器相连的主机。

（3）网络虚拟化

网络虚拟化技术是一种专用的网络虚拟技术，它既可以让一个物理网络支持多个逻辑网络，也可以让多个物理网络抽象成一个虚拟网络。网络虚拟化对网络设计中原有的层次结构、数据通道和所能提供的服务进行了保留，用户对虚拟网络的体验和其专属的物理网络是一样的。动态组织网络虚拟化技术下的计算资源，将硬件体系结构和软件系统的依赖关系进行隔离，实现计算机系统架构的透明化和可扩展性。网络虚拟化是一个过程，也是一系列技术的统称，采用网络虚拟化技术可以共享网络资源，有效提升网络资源的利用效率。网络虚拟可以简化网络结构，使网络管理的复杂性降低，网络设备的可靠性和利用率有明显的提高。同时，网络虚拟化可以实现对网络硬件层的抽象与控制，拓宽用户端口数量，从而可以对网络资源进行集中管理。

二、PaaS 安全

（一）PaaS 的概念

平台即服务（PaaS），指将软件研发的平台（或业务基础平台）作为一种服务，以软件即服务（SaaS）的模式提交给用户。PaaS 的实质是将互联网的资源服务化为可编程接口，为第三方开发者提供有商业价值的资源和服务平台。

（二）PaaS 安全的措施

1. 为数据分配数值

在进入云之前，甚至在与供应商达成协议之前，应确定用户将在云存储数据的数值。简单来说，就是一些数据并不适合在共享环境中存储。即便数据已经过加密处理，这一点依然适用，除此之外还要考虑其他数据的数值，如通常不会考虑雇员数据。

2. 强制执行最小权限

所有的用户都应被授予确保系统正常运行的最低权限。这是重复的，因为在历史上当软件开发人员进行内部软件开发时，开发人员已经被授予了在隔离主机上的访问特权。当云模式创建和销毁一个临时环境时，发生错误、出现漏洞以及创建永久对象的潜力都为限制访问提供了足够的理由。

三、SaaS 安全

（一）SaaS 模式的定义

软件即服务（SaaS）模式，是一种以互联网为载体，通过网络传播来提供软件应用服务的新型软件应用服务模式。在传统软件服务模式下需要用户购买软件整体，而在 SaaS 模式下则改为用户租用 SaaS 企业提供的软件服务，软件应用服务通过互联网提供给软件服务需求者，需求者仅按需购买软件服务就可以了。实质上 SaaS 软件服务模式是软件应用交付形式的一次变革。在这种模式下，软件服务的租用者可以忽略软件部署、运维、升级等问题，由 SaaS 软件服务提供商负责为租用者提供正常服务所运用的软件、硬件平台以及组建专业的 IT 团队。重要的是企业从自建信息系统到租用 SaaS 服务系统基本没有区别，而企业采用 SaaS 服务模式可节省大笔花费在 IT 产品及其相关领域的费用，通过这种模式可大幅度地降低中小企业信息化的门槛与风险。SaaS 服务商在优化整合企业内部资源的同时通过服务收费进一步提高软件利用率，基于网络提供服务及网络售卖的方便性可以使企业将更多的精力用于关键技术的攻破与服务质量的改善。

（二）SaaS 模式的特征

1. 满足多租户的需求

在 SaaS 模式下，不管为多少个消费者供应软件，往往都会运用一个统一的规则体系。为了使消费者的隐私和使用安全得到保障，就需要在租户和租户间设置高安全系数的阻隔，在保证基本的运作环境安全的前提下，为了增强用户体验，就需要满足各个租户对于软件使用的多种要求。

2. 具有互联网特性

在 SaaS 模式下服务供应方为消费者供应软件是以网络为输送渠道，这符合互联网最具代表性的特征。此外，在此模式下服务供应方与消费者之间的间隔不再受传统物理空间的限制，可以实现在不一样的地域的用户享受同种质量的服务，不受时间和地域的限制，在需要时，软件可以通过一个浏览器实现跨互联网的全球性可用。

3. 服务特性

在 SaaS 模式下，服务供应方向消费者供应的往往是通过网络提供的可使用软件的服务，而非软件实物本身，与传统模式相比较有所不同。在此模式中关于服务运用的数量和所需支付的费用计算、提供的品质以及合同的协商等都需要充分考量。

4. 按需收费

在 SaaS 模式下服务供应方往往是根据消费者对软件的实际需要的硬件单元来计算费用的，所以消费者完全能够按照自己的实际情况购买对应数量的服务，并且与传统软件供应方卖出软件后不再对其维持和升级的情况不同，SaaS 的提供方会承担软件的安置、维持和升级，所提供的服务更加全面。

5. 低成本

在 SaaS 模式中软件布置在同一个服务器，降低甚至不再收取授权给用户使用软件的费用，消费者也就不再需要支付购买硬件或者维护使用环境安全以及升级软件的费用，仅仅负责自己所使用的计算机硬件和连接网络的费用就能够运用网络，享受到供应方提供的服务。此外，大量的新技术，提供了更简单、更灵活、更实用的 SaaS。

6. 开放性

SaaS 模式的开放性是指软件性能、数据交接和组单元的聚合都可以在平台上得到实现。

（三）SaaS 平台安全设计

1. 安全性原则

保持安全环境的过程分成两个相关的阶段：获得安全和保持安全。获得安全保障和保持该安全状态都是管理操作。若要获得安全保障，必须进行有效的部署。它包含部署最新的安全补丁程序和最新的服务包以使系统进入安全状态。

第一个阶段称为"获得安全"。该阶段的主要目的是使企业达到适当的安全级别。在实施安全机制时，有许多必须规划和实施的领域。

第二个阶段称为"保持安全"。创建一个最初安全的环境只是安全的一个方面。但是，一旦环境建立并运行起来，如何长期保持环境安全，采取针对威胁的预防性措施，并在发生威胁时有效地做出响应，这就完全是另外一回事了。保持安全状态包含：跟踪系统的状态；确保应用了正确的补丁程序；确保在特定的时候可得到最新的更新；确保没有安装会破坏系统安全性的其他应用程序。这种监控和跟踪也是管理操作。

2. 安全方案设计

（1）创建逻辑隔离的安全区域

SaaS 管理平台将采用创建安全区域的方式对系统进行逻辑隔离。安全区域是一种包含一个或多个层的逻辑实体。区域可以包含其他安全区域，可以是其他安全区域的成员，也可以跨越其他安全区域。安全区域的目的是提供一个逻辑容器，以便于可以定义缓解风险的策略。

（2）边缘层及网络层防御防火墙

SaaS 管理平台将采用 ISA Server 2016 作为边缘层和网络层的防火墙。ISA Server 2016 是微软公司（Microsoft）应用层防火墙、虚拟专用网和 Web 缓存解决方案，提供了更高的安全性，同时提供了优良的性能表现。

（3）应用服务器防护

防垃圾邮件与恶意代码过滤系统是一种针对计算机网络中数据内容安全的检测与防护系统。其中恶意代码过滤，可以说是防病毒的扩展，主要针对"蠕虫""特洛伊木马"，或利用 ActiveX、Java 和脚本语言编写的与内容安全策略相冲突的代码。

（4）操作系统安全防护

微软前沿客户端安全系统（Microsoft Forefront Client Security）为企业台式机、便携式计算机和服务器操作系统提供易于管理和控制的统一恶意软件保护。它通过集中的管理来实现简化的管理以及提供对威胁和漏洞的可见性管理，能够更高效地保护企业客户端的安全。

（5）统一安全管理平台

统一安全管理平台，为整个信息安全体系中管理和技术两个层面如何贯穿起来提供有效的保障，使整个安全事件的处理和响应成为一个流程化、可管理、可考核的完整体系，提供集中管理能力。

四、DaaS 安全

（一）DaaS 的概念

桌面即服务（DaaS）也是一种云计算服务，桌面即服务运营商通过互联网对外提供虚拟桌面服务，用户可以按需订阅该服务。桌面即服务架构以服务器虚拟化为基础，共享 CPU、内存、网络和硬盘等底层物理资源，以虚拟机的形式创建用户订阅的操作系统，并将桌面虚拟化，作为用户操作接口。这种架构将虚拟机彼此隔离开来，同时可以实现计算和存储资源的精确分配，用户系统的独立性确保免受其他用户在活动中造成的操作系统崩溃或应用软件故障的影响。桌面即服务可以面向个人订阅，也可以面向企业、组织订阅，类似企业邮箱一样的服务。根据个人、组织的个性化需求，包括硬件、操作系统、软件、网络等，向桌面即服务运营商订阅个性化虚拟桌面服务。

桌面即服务的优点如下：

一是与个人电脑一致的体验。用户可以在任何时间、任何地点从终端设备灵活地通过互联网访问与个人电脑功能一样地虚拟桌面。

二是降低总体拥有成本。计算和存储资源集约化有效降低软硬件和管理成本。

三是集控制和管理能力于一身。虚拟桌面集中运行在公有云数据中心，管理员可以轻松地对其创建、部署、管理和维护。

（二）DaaS 的构架

1. 连接管理中间件模块

连接管理中间件模块是位于虚拟桌面服务器和用户终端中间的关键部件，它能够作为一个中间件将云桌面用户和订阅的虚拟桌面连接起来。连接管理中间件对池化的软硬件资源进行连接、协调、管理，为云桌面用户订阅的虚拟桌面分配虚拟机所需的软硬件资源，然后将虚拟机进行加载、启动，确保用户终端与虚拟桌面的对应关系及资源分配对应情况。连接管理中间件一般使用浏览器 / 服务器模式（B/S）架构，提供一个可视化界面以满足系统后台管理者的资源调度和用户管理。例如，用户访问虚拟桌面的权限设置、虚拟机的配置部署、虚拟机的活跃度监控、虚拟机和用户终端的通信协议（如 TCP/SSL）配置、会话状态和日志管理等。

2. 资源池化模块

资源池必须监督管理大容量软件资源，如操作系统、应用软件和用户配置文件。这些软件资源是流式的，且部署在专用的虚拟机上。这些软件资源构成应用商店，几乎囊括了常用的操作系统、应用软件，如果需要在原来基础上安装更多软件，云桌面用户需要在应用商店中订阅，也可以安装第三方源软件，来满足灵活的工作、学习、生活需求。

3. 虚拟机基础设施模块

虚拟机基础设施模块的功能目标是创建虚拟机和管理硬件资源。资源被虚拟化成可动态分配的资源池，使得对资源自由调控成为可能。在虚拟化桌面服务器上的管理程序针对软件的需求程度动态部署硬件资源。也就是说，虚拟机基础设施模块从虚拟机中创建虚拟桌面，以满足云计算服务用户的使用。

4. 虚拟桌面传送模块

虚拟桌面传送模块的主要功能是将虚拟机系统环境信息压缩，将虚拟桌面的展示信息通过桌面显示协议在网络中传送到远端的用户终端设备上，并且接收用户终端的键盘、鼠标和其他输入输出外部设备的操作信息。虚拟桌面显示协议用来调配传送通道，虚拟机和用户终端的交互活动通过传送通道来发送和接收信息。

五、数据安全

（一）云数据加密

数据的加密存储是保证用户数据在云存储系统中安全的一种非常有效的技术。加密后存储的目录和文件，实现了用户数据在传输中及存储中的机密性保护。根据云存储系统中的数据形态和应用特点的差异，云数据加密又分为静态数据加密和动态数据加密两类。

1. 静态数据加密

对需要长期存放在云存储系统中的数据可采用数字认证的方式进行认证和加密。用户先在云端进行身份认证，然后将在本地进行数据加密后的数据上传到云中存储，最后将对称加密密钥使用证书公钥加密。用户只要保管好加密后的密钥即可，当需要访问数据时先将云中密文下载到本地，再解密该数据。该模式保证了数据的私密性，但对用户保管密钥有较高的要求，一旦密钥丢失，数据将无法恢复。

2. 动态数据加密

动态数据加密是指在使用云存储平台过程中产生的数据实现自动加密或解密操作，在整个过程中不需要用户干预，该模式下的加密操作对合法用户"透明"。使用这些数据时与使用没加密时的数据一样。用户不需要太多的加密干预就可以实现与正常操作习惯一样。该模式下用户不用保管各种密钥，统一交由云计算平台管理，通过平台提供的云计算密钥管理框架，用户能很方便地实现各种密钥操作。

（二）数据隔离

在云计算环境下需要建立有效的数据隔离机制，保障云数据安全。云数据隔离，通常的工作思路是先对数据进行分级和标记，然后根据数据的安全等级和标记去制定相应的访问控制策略，来防止非授权用户查看和修改其他用户的数据。数据隔离涵盖用户应用数据隔离、数据库隔离、虚拟机隔离等内容。数据分级是按照数据本身的价值及其对个人、组织、社会、国家等的敏感程度和关键程度，将数据分成不同的安全等级，以便对数据制定不同的存储及访问控制策略。

（三）云数据加密检索

在云数据安全共享和处理中使用加密技术，无法将原始的明文保存下来，因此需要应用到加密检索技术，以此对云端海量的数据信息进行快速检索和安全共享，是当前应用比较多的一种辅助技术。

现如今，从我国当前的云技术发展现状来看，常用的加密检索技术包括线性检索、关键词检索、安全检索以及基于全同态加密的检索等几种类型。在具体操作的过程中，以上这几种不同的加密检索技术，有些使用了一次一密的检索算法，有些则使用了公钥和私钥检索算法，同时，还有部分检索算法利用了每一个数据信息中的关键词出现的频率，并采取保存加密算法进行加密处理。不同的检索技术和算法各有优缺点，在具体使用时需要根据加密检索的实际需求进行选择。

从整体上看，在对云数据进行安全共享和处理过程中使用加密检索技术时，优势比较明显的技术类型是基于全同态加密的检索算法，这种检索算法能够在不恢复明文的前提下，将有关的数据文件检索出来并反馈给用户，兼具安全和检索功能，使用效果更加突出。

（四）云数据访问控制

云数据安全共享和处理过程中的访问权限管理，需要在访问控制技术应用下实现。云数据访问控制技术的应用核心在于管理用户系统的权限以及数据访问权限，从而根据不同的授权去访问特定的云数据资源。在实际运行时，访问控制技术的实现与应用需要根据加密和云数据存储服务商提供的安全运行机制进行工作，首先需要对云数据进行加密处理，然后在访问数据时分发密钥，更新访问权限。其中，在应用访问控制技术时，需要考虑到用户身份验证方法，包括单点登录验证以及联合身份验证等。单点登录验证指的是用户在完成登录后，云计算平台中的其他系统可以同一时间对用户身份进行核实，无须进入其他服务器再次验证，操作简单。而联合身份验证则需要在多个系统中建立联合关系，这样一来只需在其中一个系统进行登录，就可以完成多个系统的身份验证。

（五）云数据传输安全

客户端到服务端、服务端之间的数据经常需要通过公共信息通道传输，因此，传输中的数据保护尤为重要，可通过以下方式实现保护：

一是采用VPN。VPN用于在远端用户和虚拟私有云（VPC）之间建立一条安全加密通信隧道，可将已有数据中心无缝扩展到云平台上，提供给租户端到端的数据传输机密性保障。通过 VPN 在传统数据中心与 VPC 之间建立通信隧道，租户可方便地使用云平台的云服务器、块存储等资源；应用程序转移到云中、启动额外的 Web 服务器、增加网络的计算容量，从而实现企业的混合云架构，降低企业核心数据非法扩散的风险。

二是应用层使用传输层安全协议（TLS）与证书管理，采用 REST 和 Highway 方式进行数据传输。REST 网络通道是将服务以标准 RESTful 的形式向外发布，调用端直接使用 HTTP 客户端，通过标准 RESTful 形式对 API 进行调用，实现数据传输；Highway 通道是高性能私有协议通道，在有特殊性能需求场景时可选用。上述两种数据传输方式均支持使用 TLS 1.2 版本进行加密传输，同时也支持基于 X.509 证书的目标网站身份认证。证书管理服务（SSL）则为租户提供一站式 SSL 证书的全生命周期管理服务，实现目标网站的可信身份认证与安全数据传输。

（六）云数据备份

1. 云数据备份方式

（1）虚拟机备份

目前，主流的虚拟化技术以 VMware、Hyper-V、KVM 为主流，由于 KVM 是开源的，国内的云产品均基于 KVM 虚拟化开发，种类繁多。由于众多的基于 KVM 开发的产品并没有统一的规范，导致很多配套的产品并不能使用。数据备份厂家根据不同的虚拟化场景提供不同的方案，满足客户个性化需求。

（2）备份方式

虚拟机的备份方式有两种，一种是有代理备份，一种是无代理备份。有代理备份需要虚拟机安装备份插件，优点是备份架构部署简单，备份与恢复操作简单，适用于大多数虚拟化环境。无代理备份不需要虚拟机安装备份插件，不同的虚拟化技术实现不同。其中 VMware、Hyper-V 的无代理备份最为成熟。

2. 数据备份策略

（1）常用备份策略

数据备份策略一般分为全量备份、差异备份和增量备份。不同的备份环境需要采取不同的备份策略，有时需要同时使用多种备份策略，如一个虚拟机每天一个增量备份，每周一个全量备份，这样就可以既保证数据的安全性又能够节省备份容量。不同的备份策略对生产环境的影响是不同的，全量备份影响最大，增量备份最小。

备份策略也可理解为整机备份、实时备份、定时备份。整机备份是指对整个虚拟机备份，需要考虑备份所需时间、带宽占用、数据量，以便制定更加详细的策略。实时备份是指在备份源发生变化后，备份任务会立即对改变的源文件进行备份，实现数据的实时备份。由于实时备份任务一直处于监听状态，会一直占用计算资源，适用于非常重要的系统。定时备份是指设置备份启动时间，在固定的时间开始备份，能够避开生产系统繁忙时间。

（2）数据备份需求

基于 X86 架构的用户备份需求一般有三种：虚拟机备份、数据库备份和文件备份。虚拟机备份可以实现整个操作系统以及软件环境、数据等一同备份，以便在恢复的时候可以还原原有环境。操作系统有 Window 和 Linux 两大类，Window Server 有多个版本，基于 Linux 内核有红帽、乌班图（Ubuntu）等系列，并且每种都包含很多版本，给备份造成很多不便。数据库包括 Oracle、MySQL、SQLServer 等，每一种也包含多个版本。文件备份相对简单，只需要提供需要备份的文件路径，如果都是图像或者视频格式的，备份方式又有很多不同。

云平台应用系统非常多，数据的恢复要求各有不同。在资源有限情况下，需要将业务系统按照非常重要、重要、一般进行分类。非常重要的系统在系统崩溃或数据丢失的情况下，想要在短时间内恢复业务，这就需要对整个操作系统进行备份，同时要对业务数据进行备份，做到双重保险，实现生产环境和数据同时备份。

（3）数据备份架构

云平台由多个集群组成，每个集群包含多个计算节点，每个计算节点包含分布式存储和计算资源。云存储使用光纤通道 – 存储区域网络 FC-SAN 集中存储和 Ceph 分布式存储相结合的方式实现。备份服务器需要业务网络和数据网络，业务网络必须和云平台网络相连通，数据网络直接和光缆交接箱连接。单集群备份架构均一致，并以其中一个集群备份为主备份节点，其余集群为副备份节点。这样就能够实现一个备份控制中心管理云平台多个集群的数据备份，实现运维、管理的智能化。

（七）云数据安全审计

安全审计技术的应用是为了确保云数据的完整性和安全性，并且可以保证云数据审计结果公正、准确，保护好用户的个人隐私信息。安全审计技术包括可验证数据完整性的可证明数据持有方案和可证明数据恢复证明方案，两种方案的根本差异在于前者不提供数据恢复服务。一般情况下，在进行云数据安全共享和处理操作时，通常会引入可信任的第三方去开展安全审计操作，对云数据的存储安全性、传输安全性、共享安全性和使用安全性等方面进行综合验证，保证审计结果的公开性以及可信度。同时，在完成安全审计操作以后，第三方云数据安全审计部门需要对云数据的安全共享和处理服务进行客观和独立的评估，并从独立的角度去审计云数据平台，形成审计报告，以此才能提高云数据共享和处理的安全性。

（八）云数据删除与销毁

①内存删除。在云操作系统将内存重新分配给其他用户之前，对之前分配的内存进行清零操作，即写"零"处理，从而保障在新启动的虚拟机中恶意内存检测软件无法检测到有用信息，防止通过物理内存恢复删除数据造成的数据泄露。

②数据安全删除。提供对废弃数据的逻辑删除功能。

③磁盘数据删除。对销户虚拟卷采用清零措施，确保数据不可恢复，有效防止恶意租户使用数据恢复软件读出磁盘数据。

④物理磁盘报废。当物理磁盘报废时，云平台通过对存储介质进行消磁、折弯或破碎等方式清除数据，并对数据清除操作保存完整记录，满足行业标准，确保用户隐私数据不被未授权访问。

第四节　云终端域安全

一、云终端设备安全

首先，需要采用安全芯片、安全硬件/固件、安全终端软件和终端安全证书等技术来提高云终端设备的安全性，并确保云终端设备不被非法修改和添加恶意功能，同时保证云终端设备的可溯源性。

其次，合理部署安全软件是保障云计算环境下信息安全的第一道屏障。云终端设备在软件方面需要部署安全软件，包括防病毒、个人防火墙，以及其他类型查杀移动恶意代码的软件，以保证系统软件和应用软件的安全性，同时安全软件需要具有自动安全更新功能，能够定期完成补丁的修复与更新。

二、云终端身份管理

在动态和开放的云计算系统中，云终端可以通过多种方式访问云计算资源，身份管理不仅可以用来保护身份，还可以用来促进认证和授权过程。而认证和授权在多租户的环境下可以保证云计算服务的安全访问。通过整合认证和授权服务，可以防止由于攻击和漏洞暴露而造成的身份泄漏和盗窃。身份保护用于防止身份假冒，授权用于防止云计算资源（如网络、设备、存储系统和信息等）的未授权访问。

随着身份管理技术的发展，融合生物识别技术的强用户认证和基于 Web 应用的单点登录被应用于云终端。基于用户的生物特征身份认证比传统输入用户名和密码的方式更加安全。用户可以利用手机上配备的生物特征采集设备（如摄像头、指纹扫描器等）输入自身具有唯一性的生物特征（如人脸图像、指纹等）进行用户登录。而多因素认证则将生物认证、一次性验证码与密码技术结合，提供给用户更加安全的用户登录服务。

第五节　云监管域安全

一、云监管概述

由于不法分子可以利用云平台来危害国家、社会、个人安全，因此必须对其进行监管。但云平台上的信息发布和传播具有不同于以往的特点，给信息监管带来了巨大挑战。为了监控云用户域与云服务域安全，需要在云监管域构建云安全管理平台。一般来说，云安全管理平台需满足以下需求。

首先是运行监控和管理。一是通过简便的方法监控流量大小、带宽、CPU 利用率、服务器运行状态、自动发现软件、存储空间、多服务器部署及托管应用程序的出错率等；二是实现资源配置管理，为用户提供数据库、虚拟服务器检测、VPN 的弹性和动态管理、软件配置、负荷管理、软件审计、补丁管理、运行时配置管理、通知及报警等。

其次是恶意行为监控。云计算安全管理平台能够判断用户的非恰当使用、滥用和恶意使用云计算服务的场景，阻止这些现象的发生，并且识别出这些异常用户。例如，阻止恶意用户使用云计算系统发起洪水攻击、发送垃圾邮件、非法暴力破解密码等。

二、云安全管理平台设计

（一）云安全管理平台架构设计

1. 平台技术架构

云安全管理平台整体架构从下往上分为硬件层、云安全资源层、云安全服务层和云安全管理层，各层之间相互协同又相对隔离，彼此解耦，提供良好的稳定性和扩展性。

（1）硬件层

基于业内主流的通用 X86 架构服务器组建分布式集群，为上层的安全服务能力提供运行环境和所需的 CPU、内存、存储等硬件计算资源。

（2）云安全资源层

基于业界主流的云计算虚拟化技术，打造超融合系统，通过系统把硬件层提供的 CPU、内存和硬盘存储等各类型资源进行虚拟化、抽象化和资源池化，为上层安全能力应用提供所需的虚拟化运行资源。把多样化的传统安全产品能力进行改造，让其适配云计算虚拟化这种特殊运行环境，合入业内主流的安全产品能力，构建一个统一管理、弹性扩容、按需分配、安全能力完善的云安全资源池。

（3）云安全服务层

对已构建好的云安全资源池进行服务化改造，实现云安全能力资源化、云安全资源服务化、云安全服务目录化，提供包含云监测、云防御、云审计等覆盖全生命周期的云安全产品能力，形成具有业务属性的网络详细记录（IPDR）综合安全服务体系，全方位构建涵盖事前监测、事中防护、事后审计的云安全闭环防护体系，全面满足云上用户多样化的云安全需求。

（4）云安全管理层

基于底层的各种安全资源和安全能力，为云上用户提供了一个统一的云安全管理平台。平台可提供超过 10 种的云安全能力服务，赋能于云，全面接管云上的安全资源和能力，对云内的整体安全态势统一分析和呈现。

平台提供超级管理员和租户管理员两种视角：超级管理员进行全局的统一管理，实时监控和了解云内整体的安全态势及运维态势等；租户管理员则自主化管理和建设自己的云安全资源，按需申请和使用，掌握自身业务的安全动态。

2. 平台部署方式

平台采用旁路部署的方式，通过在通用 X86 服务器上安装部署云安全资源池相关软件的方式，部署到云平台机房，旁挂在云平台核心交换机上。再通过网络引流的技术将云平台的业务系统流量牵引至云安全资源池内进行清洗，如云防火墙、云 Web 应用防护系统（WAF）、云 DDoS 等安全服务，流量清洗完成后再将正常流量原路回注回去，最终到达云平台内的业务云主机上，从而实现云上业务安全防护的目的。还有部分安全产品则不需要网络引流来实现，只需把安全资源池与云内业务虚拟机之间网络打通即可，如云堡垒机、云日志

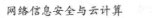
审计、综合扫描等安全服务，从而实现子云平台上云业务安全监测和审计的目的。总之，云安全管理平台的整个部署及实现过程对用户现有网络无任何影响。

3.平台功能架构

云安全管理平台汇聚了十余种主流的安全能力，解决了传统安全建设方式中设备零散、使用不便、维护困难和安全能力固化等问题，为云上用户提供了一种云安全的最佳落地实践模式，解决了用户安全资源管理困难和维护成本过高的难题。云安全管理平台功能架构大致可归纳总结为四点。

（1）一个平台

为云上用户提供了一个统一的云安全管理平台，提供10多种云安全能力，赋能于云，对云内的整体安全态势统一分析和呈现。

（2）两种视角

提供超级管理员和租户管理员两种视角，进行全局的统一管理，实时监控和了解云内整体的安全态势及运维态势等，掌握自身业务的安全动态。

（3）三方能力

云安全管理平台把底层云安全资源池中各种安全产品组件进行归一化和标准化，实现云安全能力的资源化、服务化和目录化，最终以云安全服务的方式赋能给云平台，帮助云上业务快速安全合规。

（4）四大模块

云安全管理平台可提供包含云监测、云防御、云审计等覆盖全生命周期的云安全产品能力，辅以云安全专家服务，满足用户多样化的云安全需求，全方位构建立体化的综合云安全纵深防护体系。

（二）平台关键技术

1.安全能力服务化，即开即用

云安全管理平台通过主流云计算虚拟化技术的加持，把传统安全产品的能力进行抽象化，将传统安全硬件设备的能力进行软硬件解耦，打包软件核心能力并使其适配云计算虚拟化环境，最终尽数汇聚到一个统一的弹性安全资源池中，以便用户按需获取所需的安全资源及能力。云安全管理平台把安全能力解耦并进行服务化改造，使其具备包含云监测、云防御、云审计等覆盖全生命周期的云安全能力服务。云安全管理平台提供了非常友好的可视化拓扑交互图，用户可根据自己业务的安全需求，按需开通安全产品即可快速配置和使用对应的安全服务。

云安全管理平台中所有的安全子产品均可通过通用许可授权方式进行激活，通用许可本身并不限制安全子产品的能力，开通不同的安全子产品时，会按需消耗不同数量的通用许可授权，并且，已开通的安全子产品回收后，其占用的通用许可会自动释放回收，可进行再利用，真正实现安全服务的即开即用。

2. 云安全能力统管，可视可控

云安全管理平台为云上用户提供了便捷统一的安全管理入口，通过平台，可实现对所有安全产品能力的自助开通、统一管理、智能编排、策略管理、运维监控和安全分析等。平台提供可视化的大屏呈现，为用户实时展示云平台及云上业务系统的安全态势和运维态势，方便用户进行统一把控。对于平台管理员来说，其拥有属于自己的业务界面和功能目录，可以整体掌控和了解云内的安全攻击风险态势和租户安全建设情况等；租户管理员则可以通过自身的业务界面自行管理和建设属于自己业务需求的云安全能力资源，掌握自身业务的整体安全动态。

3. 大数据智能安全分析

云安全管理平台借助大数据安全分析手段，深入挖掘云内各资源的流量、日志等数据信息，结合 AI 算法、深度学习模型和实时分析模块进行多维关联分析，对多维度的信息和多源数据进行整合、关联、分析和研判，及时发现潜在的未知安全威胁和高隐蔽性攻击，把最关键的信息和最重要的威胁展现给用户，同时，预测即将发生的安全事件并与安全防护能力形成联动，一键封堵处置，为用户呈现全网可视化的安全风险态势。

（三）平台核心优势

1. 方案灵活

解决私有云、公有云和混合云等不同云计算服务模式下云上用户的安全建设需求，满足政务云、金融云、教育云、企业云等不同行业领域的云上不同业务的复杂性需求，能够针对不同行业的不同云场景形成针对性的特色云安全解决方案，帮助用户以最科学合理的方式完成云安全建设。

2. 快速合规

平台为云上用户提供专属的等级保护二级、三级合规推荐套餐，套餐包含等级保护合规建设所需的安全能力及安全服务，能够全方位满足用户不同业务需求场景下的等级保护要求，帮助用户快速完成安全合规建设，助力云上业务稳定高效发展。

3. 立体防护

平台内融合了各种基于云虚拟化设备的安全防护手段，由业务安全监测体系、业务安全防御体系与业务安全审计体系共同组成，为用户提供包含虚拟网络安全、虚拟主机安全、业务应用安全、数据安全等各维度和各层面的安全防护手段，彼此之间相互协同工作，也彼此解耦，安全能力可基于云上业务的属性和特点灵活调整。例如，针对云上的 Web 业务应用，只需采用虚拟防火墙、虚拟 Web 应用防火墙和网页防篡改等安全模块，就可针对性解决业务安全需求。

4. 产品成熟

经过多年的云计算技术深入研究和风险分析，结合众多的项目实践和安全领域的经验积淀，云安全管理平台已经为超过数十个行业的客户提供完善的一站式云安全综合解决方案，具备无缝快速对接国内外主流的 10 多种云平台的能力，并且，为许多重大会议活动提供全面的云安全监测、防护和审计能力。

第七章　计算机网络病毒防范技术

随着计算机网络技术的飞速发展，计算机网络病毒也随之而来。加强计算机网络防护中的病毒防护技术逐渐受到社会各界的支持，由于人们在日常的生活与学习过程中，应用计算机的频率越来越高，使人们更加重视计算机网络安全问题，以避免因病毒扩散带来的威胁。本章分为计算机网络病毒的特点与危害、计算机网络病毒的常用技术、计算机网络病毒防护典型模式三部分，主要包括计算机网络病毒的定义及特点、计算机网络病毒的危害等方面的内容。

第一节　计算机网络病毒的特点与危害

电子计算机，一般指计算机，俗称电脑，是二十世纪最伟大的发明之一，它掀起的第三次工业革命，彻底改变了人们工作与思考的形态。世界上第一台计算机埃尼阿克（ENIAC）问世于 1946 年 2 月，由美国宾夕法尼亚大学研制，主要发明人是电气工程师埃克特和物理学家奥克利博士，其中"现代计算机之父"——美籍匈牙利数学家冯·诺依曼关于计算机的设计思想以及"计算机科学之父"——英国数学家图灵关于计算机的理论和模型起到了关键作用。随着制造技术的不断提升，计算机经历了四个重要的发展阶段：电子管计算机（1946年至 1957 年），晶体管计算机（1958 年至 1964 年），集成电路计算机（1965年至 1970 年），大、中、小规模集成电路和超大规模集成电路计算机（1971年至今）。计算机加快了社会数字化的脚步，几乎社会的每一个层面都可以看到计算机的身影。

由于单台计算机的工作效率是有限的，很难满足人们工作和生活的需求，因此，人们就在思考：如果多台计算机能协同工作，效率岂不是会大大提高？于是计算机网络诞生了。计算机网络，简称网络，其最简单的定义是，一些互相连接的、以共享资源为目的的、自治的计算机的集合。网络与网络之间以一组通用的协议串连成覆盖全世界的全球性网络，即互联网，其前身是美国的阿帕网（ARPANET）。互联网是二十世纪又一伟大发明，它的出现使人们重新认识了"网络"。

一、计算机网络病毒的发展进程

第二次世界大战后，科学技术的发展进入了新的历史阶段，计算机科学家冯·诺依曼对计算机病毒（简称病毒）进行了定义，着重描述了其自我复制性。鉴于当时还没有电子计算机的概念，病毒被称为一种能够实现复制自身的自动机，这是人类首次界定病毒的定义。1960 年美国的约翰·霍顿·康威（John Horton Conway）在编写"生命游戏"程序时，首先实现了程序的自我复制。

随后，一款叫作"磁芯大战"的游戏震撼发布，此游戏的三位年轻创造者正是受到了冯·诺依曼理论的启发。这个游戏的胜利方式为在系统设定的时间范围内，玩家要疯狂编写出大量的应用程序，这种应用程序的特征就是可以进行自我复制，并且争夺磁芯存储器，复制的最多、抢占的最多的玩家，就会是最终的赢家。此时的应用程序已经拥有了病毒的最早期雏形。1988 年，罗伯特·莫里斯利用 UNIX 操作系统的硬件、软件、协议的具体实现和系统安全策略上存在的缺陷编写了一个非常迷你的程序，这个迷你程序能够连续不断地进行自我复制，就犹如一条蠕虫一般在互联网的前身阿帕网上四处游动，几乎在一瞬间就把阿帕网上的所有资源消耗殆尽。此事件直到现在都被认为是计算机病毒发展进程中极具影响力的存在。

计算机病毒随着家用计算机和国际互联网在九十年代初的普及，其危害程度迅速加剧。此时以家用计算机为主要侵染对象的计算机病毒开始在全世界广泛传播。

计算机病毒对计算机数据的破坏作用，是在一款名为"黑色星期五"恶性病毒在全球范围大规模爆发时才第一次正式刺激到了人类的神经。

"黑色星期五"顾名思义是在某一个月份的 13 日又是星期五的情况下计算机病毒就会即刻爆发，当 13 日又是星期五时打开计算机的用户会被病毒立刻格式化相应的硬盘，自此之后的很长一段时间，人们都对其谈虎色变。

在我国，对病毒的官方定义来自国务院颁布的《计算机信息系统安全保护条例》，主要体现为破坏性和自我复制性。该条例颁布于 1994 年，并一直沿用至今。

宏病毒的出现加快了互联网病毒的传染速度，并且迅速在全世界的范围内扩散。1966 年 12 月 13 日，一种被称为"台湾 1 号"的病毒同时在北京和深圳被发现，很快就有了大量的 Word 文档文件被感染，这是首次在我国出现的宏病毒。

1998 年 6 月 2 日，首例 CIH 病毒在中国台湾地区出现，1998 年 7 月 26 日，其在美国大范围传播,1998年8月26日,其实现了在全球范围的蔓延。自此之后,病毒浪潮接踵而至,全世界计算机的个人及企业用户都不会忘记这些病毒名字:梅丽莎(Melissa)、红色代码(Code Red)、尼姆达(Nimda)、冲击波(Worm.Blaster)、震荡波(Worm.Sasser)等。

二、计算机网络病毒的定义与特点

(一)计算机网络病毒的定义

自进入互联网时代以来,人们便享受着互联网给予的各种好处,如生活的改善以及工作效率的提高。人们对互联网的依赖程度越来越大,很难想象,假如没有了互联网,人们的生活和工作将会是怎样的。任何一项技术的出现都是一把双刃剑,关键在于开发和使用该技术的人。互联网在给人们带来极大便利的同时,也给那些试图通过互联网谋取不正当利益的个人或组织开辟了一条捷径,各种网络安全事件频频爆发,对人们的生命财产构成了极大的威胁。网络安全事件是指针对网络或计算机发起的、能够对网络中的数据或系统的完整性、保密性和可用性造成损害的攻击事件。计算机网络病毒攻击是在我们的日常工作和生活中发生最频繁的网络安全事件。计算机病毒(简称病毒)是指编制或者在计算机程序中插入的破坏计算机功能或者毁坏数据影响计算机使用,并能自我复制的一组计算机指令或者程序代码。这类病毒属于狭义的计算机病毒,通常寄生在宿主文件中,随着宿主文件的传播达到传染目的。

(二)计算机网络病毒的特点

1. 可执行性

计算机病毒,究其本质而言,是计算机程序,形式上和普通的程序没什么区别。但与普通程序相比,计算机病毒以实施破坏行为为目的,为了实现这一目标,病毒必须是可执行的,只有在被感染的宿主机上成功运行才能进行破坏。可执行性是计算机病毒最基本的特征。

2. 繁殖性

计算机病毒可以像生物病毒一样进行繁殖,当病毒程序运行时快速地进行自我复制。计算机病毒的自我复制能力是普通程序所不具备的,繁殖性是判断一个程序是否为病毒的基本条件之一,同时也是计算机病毒具有传染性的基础。

3. 传染性

计算机病毒通常有两种传播方式:第一种,病毒有很强的自我复制能力,可以进行自我传播;第二种,病毒通过宿主文件的传播(如文件的拷贝及交换)

进行传播。病毒通常存在于硬盘、U盘、光盘等存储介质中。随着开发技术的不断升级，如今的病毒已经不局限在某一特定的操作系统（如 Windows 系统和 Linux 系统）上传播，而是可以跨平台进行传播。计算机病毒的传染性和生物病毒的传染性很相似，是普通程序所不具备的。传染性是计算机病毒最显著的特征，同时也是检测一个程序是否为病毒的主要评判标准之一。

4. 隐蔽性

计算机病毒为了实施破坏行为，在爆发之前，就要想方设法不被发现。病毒成功感染宿主程序后，表现得和普通程序并无差别，因此，能够在用户没有授权或毫无察觉的情况下，悄然地进行传染。病毒的隐蔽性主要体现在两方面：第一，存在形式隐蔽，病毒寄生的宿主程序其形式和结构与正常的普通程序并无明显差别，用户很难发现自己运行的程序是否已经被感染；第二，传播行为隐蔽，病毒在爆发之前，会尽最大可能感染更多的文件，以造成更大的破坏，而用户同样很难发现自己有多少文件已经被感染。有些病毒拥有很强的隐蔽性，甚至变化无常，导致杀毒软件都检查不出来，对其无能为力。隐蔽性是计算机病毒能够长期潜伏不被发现的前提条件。

5. 潜伏性

为了造成更大的破坏，有的计算机病毒在感染了某个宿主机后，不会马上发作，而是长期驻留在该宿主机中。潜伏性越好，病毒驻留在宿主机中的时间就越久，感染的文件就越多，爆发时造成的破坏就越大。病毒潜伏的时间不固定，有的几个小时、有的几天、有的甚至几年，直到"时机成熟"才会爆发，这个"时机"体现了病毒的爆发需要触发条件。

6. 衍生性

计算机病毒与生物病毒类似，会发生变异、变种。随着反病毒技术的不断进步，反病毒软件已经可以识别一些常见的病毒。为了躲避反病毒软件的查杀，计算机病毒设计者借鉴了"生物病毒通过变异来应对免疫系统产生的抗体"这一思想，在原有病毒的基础上进行修改和升级，升级后的病毒在传播的过程中还可以被其他人修改，经过不断地修改、升级，最终产生的新病毒，其形式和结构已经非常复杂，很难被反病毒软件检测到。因此，变种后的计算机病毒的破坏力更大。

7. 破坏性

病毒一旦发作就会造成不同程度的破坏，包括：删除文件数据、篡改正常操作、占用系统资源、造成系统崩溃、导致硬件损坏等。这些破坏行为往往以获取经济利益，甚至政治和军事利益为主要目的。

计算机病毒在传播过程中存在两种状态：静态和动态。静态病毒存在于辅助存储介质中，如硬盘、U盘、光盘等，一般不能执行病毒的破坏或表现功能。当病毒完成初始引导，进入内存后，便处于动态，动态病毒本身处于运行状态。动态病毒有两种状态：可激活态和激活态。当内存中的病毒代码能够被系统的正常运行机制所执行时，动态病毒就处于可激活态。系统正在执行病毒代码时，动态病毒就处于激活态。处于激活态的病毒不一定进行传染和破坏；但当病毒进行传染和破坏时，必然处于激活态。如今的计算机病毒还具有网络蠕虫和木马程序的特点，并且能够利用互联网进行传播，其传播能力和破坏能力更强，通常驻留在各种电子设备中，如服务器、个人计算机（PC）、笔记本电脑、智能手机、平板电脑、POS机甚至车载电脑等。

8. 可触发性

计算机病毒通常因某个事件的发生，才会实施感染或进行攻击。计算机病毒为了隐藏自己，在潜伏的时候，就不能进行过多的操作，以免被发现。但是，如果一直潜伏，什么也不做，潜伏就失去了意义。病毒既要隐蔽又要造成一定的破坏，就必须具有可触发性。触发机制主要控制病毒感染和破坏行为的频率。病毒具有多种预定的触发条件，包括时间、日期、键盘、访问磁盘次数、文件类型、主板型号、某些特定数据等。当病毒运行时，触发机制会检测触发条件是否满足：如果满足，实施感染或进行攻击；如果不满足，病毒继续潜伏。

9. 不可预见性

计算机病毒种类繁多，层出不穷，甚至在不断发生变异、变种，表现形式令人难以捉摸，而且数量在逐年上升。从某种意义上讲，针对新型病毒的反病毒软件的研发及发布永远滞后于该病毒的出现。因此，仅仅依靠技术手段来防御病毒是不够的，还需要通过数学建模试图探索病毒的传播规律，为宏观策略的制定提供理论依据。

三、计算机网络病毒的传播

通过调查研究发现计算机病毒主要通过以下几种方式传播，具体如下：

①计算机病毒可以通过我们平常所用的外部设备，即移动存储设备来进行病毒的传播，如我们经常用到的U盘、移动硬盘等，在使用这类设备的过程中，计算机病毒都可以通过它来进行传播。由于这类设备会经常被使用者使用以及携带，这类设备也更容易受到计算机病毒的攻击，从而使此类设备成为计算机病毒的携带者。

②计算机病毒可以通过计算机网络来进行病毒的传播。随着计算机网络技术以迅雷不及掩耳之势进行发展，计算机病毒的传播途径也发生了质的改变。

随手打开的网页、经常使用的聊天工具以及电子邮件等都可能是计算机病毒的传播途径。

③计算机病毒除了可以通过移动存储设备和计算机网络进行传播之外，计算机病毒还可利用计算机系统的漏洞以及应用软件的弱点进行病毒的传播。

四、计算机网络病毒的危害

计算机病毒之所以令人感到恐慌，主要是因为其具有巨大的危害性，从个人到组织、企业，甚至到国家都随时面临着病毒构成的威胁。在计算机病毒出现的初期，病毒通常是直接对用户计算机系统造成破坏，包括格式化硬盘、删除文件、篡改数据、毁坏系统等。随着计算机技术的飞速发展，病毒造成的危害也越来越严重。

出现过的比较著名的计算机病毒有黑色星期五病毒、CIH、爱虫（Vbs. Loveletter）病毒、红色代码病毒、熊猫烧香病毒等，这些病毒都具有很强的破坏力。近几年最为猖獗的病毒就是勒索病毒，调查显示：我国绝大部分用户认为勒索病毒普遍存在，主要影响 PC、手机两种设备。早期的计算机病毒往往是为了满足个人利益，比如，为了满足个人的好奇心以及恶作剧的心理需求，有的病毒会在其他计算机上显示一些特殊的声音、图像、视频等，这种病毒的破坏力一般不大；为了满足个人的报复心理需求，中国台湾地区学生陈盈豪编制了著名的 CIH 病毒，对全球许多计算机用户造成了巨大的损失。随着越来越多的人开始关注计算机病毒，病毒制造者的目的也越来越复杂，其中，获取经济利益成为他们的主要目的，如梅丽莎病毒、爱虫病毒、红色代码病毒、巨无霸病毒、熊猫烧香病毒、勒索病毒等。

有的病毒是为了获取经济利益，有的则是为了达到政治和军事目的，如超级工厂（Stuxnet）病毒。这种病毒于 2010 年 6 月首次被检测出来，目的是定向攻击基础（能源）设施，如核电站、水坝、国家电网等。这种病毒可能是新时期信息战争的一种武器。

我国互联网用户也深受计算机病毒带来的威胁。根据 CNNIC 数据显示，我国已是全球互联网用户规模最大的国家。截至 2020 年底，我国网民数量达 9.89 亿，其中移动终端用户占网民总数的 95.1%，互联网普及率达到 70.4%。我国历年计算机用户遭受病毒感染情况都比较严重，其中，2020 年病毒感染率比 2019 年下降了 6 个百分点，这主要得益于广大计算机用户安全意识的提升、安全产品的普及和多级防护体系的建立。调查显示：2020 年我国计算机病毒传播的主要途径依次为网络下载或浏览、局域网传播、移动存储介质和电子邮件；

造成的主要危害包括浏览器配置被修改、系统（网络）无法使用、密码与账号被盗、受到远程控制和数据受损或丢失。进入物联网时代，人们日常生活的大部分家电设备都将高度智能化和网络化。病毒一旦入侵这些设备，甚至会直接威胁到人身安全，造成无法想象的后果。进入移动互联网时代，各种移动智能设备（如平板电脑、智能手机、智能手环）的使用越来越普遍，甚至人们只需一部智能手机就可以解决生活中的所有需求，如用手机交友、购物、交易、炒股等。然而，针对移动端的病毒也随之而来。

　　总的来说，计算机病毒是由个人或组织研发，并且出于经济、政治以及军事等目的，来获取一定利益的有效武器。提到计算机病毒，不禁会联想到网络安全，乃至国家安全。各国在积极研究防御病毒策略的同时，也在加快开发强有力的病毒，究其本质而言，计算机病毒战就是人与人的斗争。

　　计算机病毒既然能够造成巨大的、甚至毁灭性的破坏，那么怎样才能在病毒爆发前进行有效防御，或者在病毒爆发后尽可能快速地消灭病毒、降低损失呢？反病毒软件（又名杀毒软件）的问世，在很大程度上解决了上述问题。反病毒软件是目前最为有效的预防和阻止病毒传播的主要手段之一。当一种病毒出现时，反病毒软件先要分析病毒的代码结构、提取病毒特征，若在病毒库中成功比对，则立即将其查杀掉；否则，要投入更多的资源处理病毒。由此可见，反病毒软件不是万能的，不可能查杀所有病毒，当一种新型的、结构复杂的病毒出现时，也许要耗费很长的时间才能将其消灭掉。因此，仅仅依靠反病毒软件是远远不够的，还应对病毒的传播行为进行分析与研究，为宏观策略的制定提供理论依据。

五、计算机网络病毒的产生和黑客的关系

　　随着全球互联网的兴起，黑客主要的攻击目标已经从系统攻击转变为网络攻击。黑客这个词原木指具有高超的计算机技术的人，音译自英文 Hacker。现阶段来自互联网的安全隐患大多与黑客攻击有关。他们通常是一些程序员，并且熟练掌握操作系统的编程知识等高级技术。他们可以从系统中发现硬件、软件、协议的具体实现或系统安全策略上存在的缺陷，并且以此硬件、软件、协议的具体实现或系统安全策略上存在的缺陷为源头进行深入攻击。

　　网络攻击黑客正如硬币的两面：在崇拜者眼中，黑客是一群聪明绝顶，每日游荡于网络自由空间的精灵；在受害者看来，黑客则是一些无法管理的、作恶多端之人，以及网络安全的主要敌人。在信息时代，黑客群体的绝对数量并不算多，但是他们的影响力却十分巨大，黑客所拥有的攻击能力与普通计算机

用户的防御能力是极不对等的，一旦黑客的技术用于非法途径，进行所谓的攻击行动，其危害程度往往超过人们想象。

在20世纪60年代，黑客已经能够利用计算机技术对计算机网络进行干扰，但鉴于当时能够接触计算机的人很少，对计算机的攻击并不能形成规模化与市场化，人们尚无法从编写病毒中获利。在20世纪70年代，包括黑客在内的计算机爱好者提出了计算机应该为人们所用，计算机不再属于专业人士，这也意味着计算机的使用门槛在逐步降低。直到20世纪80年代，计算机变得不再稀有，同时随着欧美国家经济增长，网络技术也在蓬勃发展，基于此，当时的黑客更崇尚信息共享，这种崇高的理想到20世纪90年代开始改变，黑客技术开始用于非正当用途。不同的历史背景及特征决定着黑客的行为，其中也包含病毒的创造者。互联网虽然为我们提供了非常多的便利，但是人们使用得多了，普通人的计算机技术在不断提升，在以前属于少数技术人群的技术开始变得普遍化，这也催动着黑客群体思想的改变。不同时期的黑客对技术目标的理解迥然不同。

在当今时代，黑客常常会选择网络系统作为主要攻击目标，通过网络攻击取得计算机控制权后，可以得到心理上的满足，或者用以进行现实的破坏或窃取行为。一般而言，黑客会优先选择对目标计算机植入特洛伊木马病毒，这也是当下最为流行的病毒种类。除此以外，黑客也会针对计算机硬件、软件协议等存在的缺陷而针对性使用计算机服务设备攻击或Web攻击等方式来达到入侵的效果。特洛伊木马病毒取名自古希腊传说，用以描述这种病毒在计算机中潜伏并从内部攻击计算机的特征。病毒主要是针对操作系统漏洞而编写的，因此针对特定系统编写的病毒可以对所有使用该系统的计算机产生影响。

另外，不少计算机爱好者对操作系统漏洞的破解成果在短时间内会被一些不法黑客利用，并编写出具有危害性的计算机病毒。

第二节　计算机网络病毒的常用技术

病毒侵入计算机主要分为引导、传播及破坏几部分。引导是计算机病毒的初级阶段，试图将计算机病毒直接拉进内存以达到目的，为计算机病毒的扩散创造条件，使其处于较为活跃的环境中。传播是加速病毒的复制，使病毒在一个相对稳定的状况下直接扩散到另一个载体中，目的是将计算机病毒扩散到全部系统中，扩大病毒传播效果。破坏发挥着最重要的作用，是将计算机病毒直接作用于系统内部，产生比较明显的破坏效果。病毒会通过屏幕直接告诉机主发生的问题，告知病毒的存在，一些病毒会导致数据丢失，产生极为严重的后果。特别是有些计算机病毒侵入能力较强，会造成计算机系统严重损坏。加强对计算机病毒的分析，掌握计算机病毒的传播和复制方式，使用合理手段可抑制计算机病毒的快速传播。应加强对安全工作的管理，确保计算机病毒的防控效果，为计算机设备的正常运转提供保障。

一、漏洞扫描技术

漏洞在操作系统和应用程序软件中都是不可避免的。这些漏洞存在安全风险。因此，处理新发现的漏洞并及时完成系统升级和补丁非常重要。漏洞扫描技术可从系统内检测系统配置中的缺陷。它可以检测系统中黑客利用的各种错误配置和系统漏洞。它是一个自动检测本地或远程主机中的安全漏洞的程序。漏洞扫描技术通常包括邮局协议第 3 版（POP3）漏洞扫描、图片传输协议（FTP）漏洞扫描、安全外壳协议（SSH）漏洞扫描和超文本传输协议（HTTP）漏洞扫描等技术。

二、超级病毒技术

超级病毒技术是一种很先进的病毒技术，其主要目的是对抗计算机病毒的预防技术。信息共享使病毒与正常程序有了汇合点。病毒借助于信息共享能够获得感染正常程序、实施破坏的机会。反病毒工具与病毒之间的关系也是如此。如果病毒作者能找到一种方法，当一个计算机病毒进行感染、破坏时，让反病毒工具无法接触到病毒，消除两者交互的机会，那么反病毒工具便失去了捕获病毒的机会，从而使病毒的感染、破坏过程得以顺利完成。

三、病毒免疫技术

病毒具有传染性。通常而言，病毒程序在传染完一个对象后，都要给被传染对象加上感染标记。传染条件的判断就是检测被攻击对象是否存在这种标记，若存在这种标记，则病毒程序不对该对象进行传染，若不存在这种标记，病毒程序就对该对象实施传染。

最初的病毒免疫技术就是利用病毒传染这一机理，给正常对象加上这种标记，使之具有免疫力，从而可以不被病毒传染。因此，当感染标记用作免疫时，也叫免疫标记。

但是，有些病毒在传染时不判断是否存在感染标记，病毒只要找到一个可传染对象就进行一次传染，一个文件能被该病毒反复传染多次，像滚雪球一样越滚越大。"黑色星期五"病毒的程序中具有判别感染标记的代码，但由于程序设计错误，使判断失效，形成现在的情况，会导致对文件反复感染，感染标记形同虚设。

四、插入性病毒技术

病毒感染文件时，一般将病毒代码放在文件头部，或者放在尾部，虽然可能对宿主代码做某些改变，但总的来说，病毒与宿主程序有明确界限。

插入性病毒在不了解宿主程序的功能及结构的情况下，能够将宿主程序拦腰截断。在宿主程序中插入病毒程序，此类病毒的编写也是相当困难的。如果对宿主程序的切断处理不当，很容易导致死机。

五、隐蔽性病毒技术

病毒在传播过程中不需要特殊的隐蔽技术就可以达到广泛传播的目的。而且这种隐蔽性病毒刚开始的时候不易被发现，病毒可以长时间地存在计算机系统中，逐渐扩大感染范围从而造成大范围的破坏。因此隐蔽性病毒技术就是病毒能够很好地隐蔽自己而不被发现。

这种病毒也是针对计算机病毒检测的。隐蔽性病毒出现就会有一套成熟的检测病毒的方法，隐蔽性病毒在广泛传播的过程中也就会利用自身的技术优势躲避针对性的病毒检测，成功地潜入计算机系统的运行环境中，采用特殊的隐形技术隐蔽自己的行踪，计算机用户感觉不到病毒的存在，计算机病毒检测工具也难以检测到此类病毒的存在。

六、多态性病毒技术

多态性病毒技术是指采用特殊加密技术编写的病毒。这种病毒每感染一个对象，就采用随机方法对病毒主体进行加密，不断改变其自身代码，这样放入宿主程序中的代码互不相同，不断变化，同一种病毒就具有了多种形态。

多态性病毒的出现给传统的特征代码检测法带来了巨大的冲击，所有采用特征代码法的检测工具和清除病毒工具都不能识别它们。被多态性病毒感染的文件中附带着病毒代码，每次感染都使用随机生成的算法将病毒代码密码化。由于其组合的状态多得不计其数，所以不可能从该类病毒中抽出可作为依据的特征代码。

多态性病毒也存在一些无法弥补的缺陷，所以，反病毒技术不能停留在先等待被病毒感染，然后用查毒软件扫描病毒，最后再杀掉病毒这样被动的状态，而应该采取主动防御的措施，采用病毒行为跟踪的方法，在病毒要进行传染、破坏时发出警报，及时阻止病毒做出任何有害操作。

多态性病毒的技术手段更加高明。这种计算机病毒能够在自我复制时，主动改变自身代码以及其存储形式。由于这种病毒具有变形的能力，所以它们没有特定的指令和数据，因此通过特征代码来检测这类病毒也是不可行的。

这种病毒的变形过程由变形引擎负责。多态变形引擎主要由代码等价变换和代码重排两个功能部分组成。其中代码等价变换的工作是把一些指令用执行效果相同的其他指令替换。在病毒代码经过等价变换后，其长度会发生变化，并且有些病毒还会采用随机插入废指令、变换指令顺序、替换寄存器等方式进一步变形代码。所以接下来，代码重排需要做的就是重新排列代码以调整偏移寻址的指令偏移量。

第三节　计算机网络病毒防护典型模式

一、计算机网络病毒防护模式

（一）基于网关级病毒防护

基于网关级病毒防护是指在网络出口处设置了有效的病毒过滤系统，防火墙将数据提交给网关杀毒系统进行检查，如有病毒入侵，网关防毒系统将通知防火墙立刻阻断病毒攻击的 IP。同步查毒几乎不影响网络带宽，此种过滤方式能够过滤多种数据库和邮件中的病毒。利用防火墙实时分离数据包，交给网关专用病毒处理器处理，如果是病毒则阻断病毒传播。这种防病毒系统能减少大量的病毒传播机会，能让用户放心上网。网关杀毒是杀毒软件与防火墙技术的完美结合，是网络多种安全产品协同工作的一种全新方式。

（二）基于邮件网关病毒防护

1. 邮件反病毒技术的历史与现状

电子邮件产生于 20 世纪 70 年代，随着计算机网络的普及逐渐得到广泛的应用，其操作方便、传递迅速、便于存储，成为一种重要的通信方式。然而电子邮件系统本身存在诸多安全隐患，通信数据以明文方式进行传输，存在被截获、篡改、伪造等安全风险，而邮件病毒则是其中最严重的安全威胁之一。邮件病毒通常隐藏于电子邮件附件中，当接收者打开邮件附件时发作，破坏本地计算机系统，并进行自我复制，继续通过邮件系统或者其他网络途径进行传播，造成大面积的计算机病毒感染与破坏，导致巨大的经济损失。邮件病毒具有体积小、隐蔽性强、传播速度快、难以检测、扩散范围大、清除困难等特征，对于电子邮件通信的安全性构成了巨大的威胁，需要有效的邮件病毒反制技术来保证安全可靠的电子邮件信息传输。

反病毒技术主要是通过一定的技术手段识别并清除计算机病毒，总体上可以分为四个方面：检测、清除、预防、免疫。反病毒技术的主要难点在于病毒的检测，能够准确高效地检测出病毒是反病毒技术的关键。

早期的反病毒产品主要是针对特定病毒的专杀工具，只能防治特定的病毒，缺乏通用性，一些所谓的通用反病毒软件也仅仅是将一些病毒专杀工具捆绑到一起，其病毒防治功能也很有限。后来逐渐出现了通用防病毒产品，将病毒检测引擎与病毒库分离，将大量病毒分析提取共同特征码生成病毒库，可以实时更新，能检测出大部分病毒，效果比较理想。随着加密变形病毒、多态病毒的出现，传统反病毒技术变得无能为力，产生了基于虚拟机的病毒检测技术。它以软件模拟计算机硬件设备如 CPU、内存等来虚拟执行文件，同时监测执行情况，经过分析能检测出加密变形病毒，其特点是病毒检测准确性高，但耗费资源大，同时速度相对比较慢，因此其应用不如传统的病毒检测引擎技术广泛。后来还出现了行为监测法，对程序执行期间的行为进行监测，如监测修改删除文件、获取权限、修改注册表等动作，或者监控程序执行时的系统调用顺序，对比病毒判断标准，能监测出多态变形病毒，病毒检出率高，但同时误报率也高，因而有待完善。还有的病毒通过压缩、加壳等技术躲避监测，随之而产生了解压缩、脱壳等技术来对抗病毒。还有通过 CRC 校验来检测可能存在的病毒，其效果一般，也存在误报的可能性。

邮件反病毒技术在通用的反病毒技术基础上进行了一些改进，针对邮件病毒的特点做了一些特殊的处理与优化，结合了邮件协议分析及邮件结构解析定位等技术，检测邮件通信中的数据流量，对电子邮件内容进行扫描，发现并清除邮件病毒。早期的邮件病毒主要利用电子邮件系统存在的一些漏洞。电子邮件协议本身不完善，存在一些漏洞缺陷，特别是以明文传送的命令和状态码容易被截获并修改。这一时期的邮件反病毒技术主要是根据电子邮件系统的漏洞进行病毒扫描，检测并清除邮件附件中发现的病毒。比较具有代表性的病毒——"梅丽莎"病毒便出现于这一时期，其背景是互联网络的普及和电子邮件的广泛使用。这一病毒通过电子邮件和 Office 文件进行大量传播，发作当天就感染了数千台电脑，造成了巨大的经济损失，也暴露了电子邮件技术的不完善。2000 年 5 月"爱虫"病毒爆发，通过 Microsoft Outlook 电子邮件系统进行大面积的传播，它包含一个病毒附件，一旦在微软邮件客户端上打开此邮件，系统就会自动复制并向地址簿中的所有邮件地址发送这个病毒。其本质是一种病毒蠕虫，可以改写本地及网络硬盘上的某些文件，用户机器染毒以后，邮件系统运行起来就会变慢，并且有可能导致整个网络系统堵塞甚至崩溃。它在很短的时间内便感染了全球无以计数的电脑，并且重点攻击了具有较高 IT 资源价值的电脑系统，如美国国防部、中情局，英国国会等政府机构和多个跨国子公司的电子邮件系统。"爱虫"病毒的泛滥直接导致了邮件病毒查杀技术的产生与发展，在国内以瑞星公司推出的系列反病毒软件为标志。这一阶段的邮件反病毒即进行主动扫描，在客户端进行病毒扫描，检测用户邮箱中的每一封电子邮件，找出可疑的文件并清除。

随着电子邮件系统的改进，改进后的邮件病毒很少仅仅依赖于邮件系统的漏洞，而是利用一些欺骗手段、密码猜测等方式，引入了许多"社会工程学"的方法，使得邮件病毒更加复杂，难于检测。针对这些情况，对邮件通信的监控变得重要，一些邮件反病毒产品对主机上的邮件通信进行监控，记录并分析命令行、状态码、邮件信封、邮件头等部分，同时改进了邮件病毒扫描技术，加入了一些智能的手段进行分析，比早期的反病毒技术有了较大的提升。这一时期的邮件病毒多在主题正文或者附件名中包含一些具有吸引力的词语，如"个人简历"，有的还对附件进行伪装，将文件类型修改成多媒体文件或者图片，利用用户的好奇心，造成了大量的邮件病毒传播与破坏。与之伴随的还有大量的垃圾邮件的出现，对邮件用户造成了很大的麻烦。邮件监控技术在这一时期逐渐发展，它能在服务器中转站上进行邮件监控，过滤带病毒的邮件。一些智能的邮件反病毒产品还能根据病毒爆发的情况进行推测，在用户收到不明邮件时分析后给出建议。邮件反病毒产品的位置也从以客户端为主发展到邮件服务器和客户端并重。

反病毒技术广泛应用后，计算机病毒的技术手段逐渐改进，借鉴了木马、后门等新兴的技术手段，给反病毒技术带了更大的挑战；病毒程序自身也在不断改进，能逃避反病毒软件的扫描识别，如一些加密、变形病毒能轻易地躲过病毒扫描不被发现，一些加壳病毒也能轻易绕过反病毒软件，即使要发现此类病毒也要耗费更多的软硬件资源和时间；与此同时，邮件病毒也加入了这些因素，邮件病毒技术开始向智能化、复合化的方向发展，变得更加难以检测。对应的邮件反病毒技术也在不断演化发展，加入了更多的智能分析判断，综合了多种防病毒措施，在查杀病毒的同时检测木马、后门；反病毒引擎技术也在逐渐优化，引入了检测新型病毒的虚拟机技术、CRC 校验技术、压缩与去壳技术等；有的产品还对邮件通信连接进行分析、统计，评估预测病毒感染情况，通过针对邮件病毒的特点限制邮件通信的一些功能来达到较高的安全性。对邮件通信的实时监控成为保障邮件系统安全的一个有力手段，很多防火墙、邮件网关、安全产品即具备了邮件通信监控与病毒检测功能，能分析邮件协议中所有的可疑信息，查杀病毒，使邮件反病毒技术具备了智能化、全面化、集成化、高效率、灵活可变等特点。

人们对网络安全的逐渐重视和反病毒产品的改进使得病毒制造者不断改善病毒的制造技术，与此同时反病毒技术也在不断地改进发展，在这一矛与盾的较量中，反病毒技术始终要稍微落后于病毒技术的发展，在新的病毒爆发以后，才会出现相应的针对性强的反病毒产品。邮件病毒的更新换代也在向多元化发展，攻击的方式越来越多样：结合木马、远程控制等技术，加密变形技术、加壳技术等使得病毒更加隐蔽；邮件病毒的传播逐渐结合黑客技术，充分利用系统漏洞以及邮件协议的脆弱性进行传播破坏；邮件病毒结合一些其他的攻击手段，占用网络资源，降低系统速度，造成网络拥堵，这些情况的发生对邮件反病毒技术提出了更高的要求。

2.邮件反病毒网关技术

（1）邮件反病毒技术对比

早期的邮件反病毒产品主要部署在邮件客户端计算机和邮件服务器上。个人计算机上通常安装有反病毒工具，对进入主机的网络流量进行扫描，实现基于主机的安全防护，可以在接收电子邮件时对其进行扫描，过滤邮件病毒。这类工具一般是商业反病毒软件，在主机上实现综合的安全防护，对邮件的安全防护针对性不强，检测邮件病毒的准确度不高，并且会耗费主机资源，造成一定的时间延迟，有时会影响邮件客户端的正常使用；而且在各个客户端分散进行邮件病毒过滤效率较低，经常重复扫描同一封邮件，浪费系统资源。因而此方案效果不理想，现在应用的较少。在邮件服务器上部署反病毒产品，对网络上经过邮件服务器投递的邮件进行集中的病毒过滤，避免了客户端重复扫描，提高了过滤效率，减少了客户端的负担。由于邮件投递过程中一般要经过多个邮件服务器的中转，在服务器端过滤病毒，能有效地防止邮件病毒的扩散，其效果优于邮件客户端病毒防护。

现如今大多数邮件服务器都安装有反病毒软件，能够对电子邮件进行病毒过滤，有的邮件服务程序自身就带有反病毒扫描过滤模块，可以在一定程度上保障邮件系统的安全。但是这种应用也存在一定的不足之处，在邮件服务器端进行病毒扫描，需要耗费较多的服务器资源，尤其是在服务器的邮件流量较大时，会造成较大的负担，导致邮件服务器运行缓慢、死机等情况出现，影响服务器的正常服务和运行，有时为了实现邮件服务器的稳定性而放弃病毒扫描，因而服务器端的邮件反病毒方案并不完善。随着网关防火墙的广泛应用和嵌入式系统技术的成熟，出现了在网关上实现的邮件反病毒系统。网关通常采用专用的嵌入式硬件平台，配置经过优化剪裁的操作系统和专用的应用软件，实现具有较强针对性的安全防护，除了具有传统安全产品的包过滤、状态检测等功能外，还具备应用层的安全防护，能实现基于应用协议的病毒过滤、虚拟专网、入侵防护等功能。网关部署在局域网边界，扫描进出内部网络的所有网络信息，防止病毒入侵与黑客攻击，过滤不安全信息，控制网络流量，能有效地保障内部网络安全。在服务器前端配置网关设备，代替服务器扫描网络流量，能够减轻服务器的负担，提高服务效率与质量，增强服务器的稳定性，减少服务器管理员的工作量。网关反病毒使得反病毒处理从服务器和客户端计算机独立出来集中进行，可以有效地提高反病毒的效率，能在病毒进入内部网络之前将其过滤掉。同时网关能够进行各网络层次的优化配置，可以屏蔽内部网络细节，减少内部网络关键部位受到攻击的可能性。

另外，网关一般集成多项安全功能，如防火墙、IDS 等，实现综合全面的安全保护，针对各种可能的攻击进行防御，其效果优于在服务器端进行安全防护。邮件反病毒网关系统主要工作在应用层，在专用软硬件平台上针对电子邮件协议进行病毒过滤，其功能针对性强，能够高效准确地过滤邮件病毒，有效减轻邮件服务器的杀毒负担，对网络内部的邮件接收端也能起到很好的保护。该系统相对独立，便于实现模块化，便于配置管理和优化升级。因而在网关上实现邮件反病毒功能相对客户端和服务器端的邮件反病毒方案而言具有较多的优势，在邮件反病毒领域具有较高的应用价值。

（2）邮件反病毒网关技术改进需求

现如今邮件反病毒网关技术得到了一定范围的应用，然而其技术不够成熟，应用面不够广泛，还有许多有待完善之处。网关平台搭建需要选取合适的软硬件，嵌入式硬件的设计和操作系统的移植难度较大，嵌入式技术本身有待改进；网关过滤病毒，针对网络协议进行分析处理，有时会影响网络的正常通信，造成网络拥堵和不稳定；系统透明度不够高，有时通信两端的时延较大，给网络用户造成一定的不适应。邮件反病毒网关系统专门处理邮件信息，移植较多的邮件服务功能模块，由于网关的软硬件资源有限，有时其处理效果不理想，特别是在网络环境时常变化、安全需求多变的环境下，检测病毒的准确性和全面性等方面有待提高。邮件协议本身具有较多的安全隐患，进行邮件协议分析与邮件内容解析时，有可能存在不易察觉的漏洞，造成反病毒功能的部分失效，该项处理的技术需要根据网络环境、病毒类型以及过滤效果进行改进。邮件反病毒系统中的病毒过滤模块比较关键，相对通用的反病毒软件而言技术要求更高，需要在稳定性、全面性、效率、准确度等方面进行权衡，其中的病毒扫描算法、安全策略需要灵活配置，对邮件结构分析、编解码、病毒定位与清除、邮件重组等方面也需要合理完善的设计。网关设备的技术比较复杂，配置维护需要专业化的知识技能，具有一定的难度，其配置系统的易用性和界面友好性等均需要不断改进；由于技术专业性较强，在优化改进与升级更新方面不及通用邮件反病毒产品方便，该技术也需要不断完善升级以适应网络环境和病毒技术的变化。因此，针对邮件反病毒网关系统有较多的方面值得研究改进。

3. 邮件反病毒网关系统总体设计

（1）系统的总体流程

反病毒网关系统的主要功能是扫描通过的电子邮件信息，过滤邮件病毒。系统的基本处理过程如图 7-1 所示。

图 7-1　系统基本处理过程

该系统工作在 TCP/IP 的应用层，针对应用层网络协议——SMTP、POP3、互联网消息访问协议（IMAP）进行安全检测，发现并清除邮件病毒。该系统检测网络流量、监控邮件协议的相关特征，发现邮件通信命令与数据后开始分析，接收邮件数据并进行相关的编解码、结构解析等处理，随后对相应的部分进行病毒扫描，允许正常信息通过，如果发现病毒即进行病毒定位与清除，随后重组邮件后投递。

（2）软硬件平台选取

在系统硬件平台的选取上，一般采用专用的硬件平台，针对网关功能集中、稳定性和性能需求高的特点，在常规平台上进行适当的裁剪，选取基于 X86 系列处理器的集成硬件系统。系统软件的选取需充分考虑各种因素。首先是操作系统的选取。嵌入式操作系统有很多种：威克沃（Vxworks）稳定性高，实时性能好，但价格昂贵；嵌入式 Windows CE 操作系统价格稍低，对应用的支持好，方便进行交叉开发调试，但是系统内核代码不可见，网络核心代码等调试困难，同时系统稳定性不够高；嵌入式 Linux 操作系统容易移植，并且完全免费，源代码可见，稳定性、实时性较高，对网络的支持好，相关系统工具丰富，资料充实，并且有大量企业和个人对嵌入式 Linux 系统进行研究完善，在嵌入式技术领域得到广泛应用，适合作为嵌入式操作系统，便于对网络协议进行分析，与硬件的兼用性好，基于 Linux 的防火墙系统代码开放，方便进行参考，基于 Linux 的系统与应用软件丰富且便于移植，能够有效地辅助系统的开发与测试，比较适合作为反病毒网关系统的操作系统。因此选择嵌入式 Linux 作为反病毒网关系统的操作系统，移植其内核和相关的网络支持以及必要的应用程序，结合应用需求进行剪裁。

（3）系统的功能需求

反病毒网关系统主要进行邮件安全防护，过滤邮件病毒，有以下的功能需求：

①具有较高的稳定性，适应各种复杂的网络环境和应用，能够准确高效地检测出各种邮件病毒。

②实现尽可能完善的邮件协议与数据分析功能，准确地进行病毒定位与清除，达到尽量小的时延和相对用户透明的处理。

③系统应该具有完善的安全策略和方便合理的配置系统，便于管理员针对具体环境进行优化配置。

④系统本身需要具有较高的模块化特征，能够灵活调整和裁剪，易于升级维护，并配备充分的调试分析接口，易于修改完善。

⑤应具备详细的日志记录功能，方便管理员查看历史记录，并能进行相应的统计分析。

4.邮件反病毒网关系统结构设计

网络安全产品在结构上主要有安全控制、配置管理、日志等部分，本系统结合常用的网关防火墙的结构进行分析，划分为安全过滤部分、系统配置部分和日志部分，然后对安全过滤部分进行划分，按照系统的处理过程和模块化需求，将该部分划分为邮件协议与数据分析部分和邮件病毒过滤部分，具体的结构划分为四个模块：系统配置模块、邮件协议与数据分析模块、邮件病毒过滤模块、日志统计模块，如图 7-2 所示。

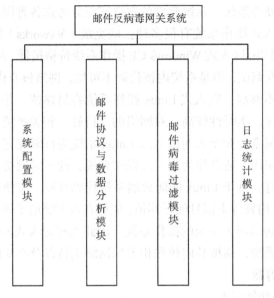

图 7-2　系统结构图

系统配置模块：管理员与系统的接口，管理员可以根据具体的网络应用环境和安全需求进行配置。系统提供针对不同安全等级的安全策略，对电子邮件协议和邮件结构的相关特征进行分类判断，提供给用户一系列的选项，以适应不同的需求，同时应尽可能地屏蔽内部的技术细节，设置友好的配置界面，方便用户操作管理。

邮件协议与数据分析模块：监控通过网关的网络通信，检测其中的邮件信息，分析邮件通信中的命令、状态码和邮件内容，对邮件内容进行解码、格式重构等一系列操作，获取原始邮件信息。

邮件病毒过滤模块：对邮件协议与数据分析模块得来的原始邮件信息进行全面的病毒检测，投递正常邮件，如果发现病毒则进行病毒定位与清除操作，然后重组邮件并继续投递。

日志统计模块：对邮件通信连接、流量、邮件数量、病毒扫描结果等处理进行记录，以可读的格式反映给管理员；能够针对邮件处理的情况以及病毒数量等进行统计分析，得出直观的结果。

5. 邮件反病毒网关系统安全策略设计

（1）安全策略介绍

一般的网络安全产品都设计有一系列的安全选项，以实现多层次的安全防护，用户可以根据实际情况进行选择配置，适应具体的应用环境、网络流量、安全需求等，并可以随着网络环境的改变而灵活变动。

安全策略提供一系列选项，由管理员进行配置，对网络信息进行相应处理，可以检查网络通信、禁止不安全应用、限制通信流量等。针对邮件通信安全，可以采用访问控制的一些手段限制通信双方的地址、通信端口；可以通过扫描邮件附件过滤大部分常规病毒，也可以通过禁止邮件附件通过或者禁止部分可疑附件，如加密附件、格式异常附件来提高邮件系统的安全性；还可以禁止电子邮件主题、正文或附件名中的可疑词语防止邮件病毒木马攻击。

（2）系统的安全策略设计

本系统的安全策略分为以下几点：

①是否扫描电子邮件。

②是否限制电子邮件大小。

③是否限制电子邮件协议新建连接数量与流量。

④是否禁止邮件附件通过。

⑤是否禁止异常附件通过（含加密、可疑格式附件）。

⑥是否开启访问控制（通信地址与端口限制）。

⑦是否禁止邮件主题、正文、附件名含有异常词汇等选项。

系统检测网络通信，发现邮件协议通信后首先检查系统的安全策略，根据安全策略判断是否需要限制邮件通信和病毒扫描，然后进行相应的处理。这里先考虑最重要的安全策略，在详细设计以及实现的过程中，还需根据需要扩充许多有关系统处理细节的安全策略，以实现完善的安全策略和灵活可配置的处理过程。

（三）防火墙联动病毒防护

防火墙联动机制依托于网关的安全策略，在网关中侦测到异常情况之后，告知防火墙阻止病毒侵入，而防火墙做出的决定将反馈给网关，如果确定病毒的存在，则将该病毒阻隔到网关之外，这种方式可以减少网络内部的压力，减少病毒在计算机之间传播的可能性。将病毒检测功能放到网关，可以更加高效地对抗来自网络的病毒，是当下最高效的病毒防御机制。

（四）局域网病毒防护

局域网病毒防护是指在局域网病毒防御的基础上构建连接不同地区某一区域内由多台计算机互联成的计算机组或城域网计算机通信的远程网总部病毒报警查看系统，监控本地、远程异地某一区域内由多台计算机互联成的计算机组病毒防御情况，统计分析整个连接不同地区某一区域内由多台计算机互联成的计算机组或城域网计算机通信的远程网的病毒爆发种类、发生频度、易发生源等信息。连接不同地区某一区域内由多台计算机互联成的计算机组或城域网计算机通信的远程网病毒防御策略基于三级管理模式：单机终端杀毒—某一区域内由多台计算机互联成的计算机组集中监控—连接不同地区某一区域内由多台计算机互联成的计算机组或城域网计算机通信的远程网总部管理。

二、计算机网络病毒控制策略

众所周知，计算机网络病毒几乎时时刻刻都在困扰着人们的工作和生活。正所谓"魔高一尺，道高一丈"，人们应想方设法抑制病毒传播。对用户而言，应提高安全意识，避免浏览可疑网站，及时更新杀毒软件、补丁程序；对网络安全公司而言，应提升杀毒软件的查杀能力，及时发布病毒警报并开发新型补丁；对政府部门而言，应制定更为详细的法律法规等。

由此可见，任何一种病毒终将灭亡，但与病毒的斗争将一直存在。计算机病毒传播动力学旨在根据计算机病毒的特殊属性和影响病毒传播的关键因素，建立相应的动力系统模型，分析病毒的传播规律，提出有效的控制措施。因此，为了制定控制病毒传播的有效策略，在构建模型时，除了要考虑病毒的自身特点，还应考虑反制措施对病毒传播的影响。计算机病毒控制策略大致可以分为两种类型：网络节点免疫和系统参数调节。

（一）网络节点免疫

前面讲到，对个体用户而言，杀毒软件是最经济、最直接的抑制病毒传播的有效措施。因此，将最新补丁及时地分发给各个节点，成为遏制病毒传播的首选策略。一般而言，网络中度数较大的节点在网络有着较高的地位，同时，被病毒感染的风险也较高；度数较小的节点则相反。

节点免疫策略主要有以下三种类型。

1. 随机免疫

随机免疫的基本思想：从网络中随机地选取部分节点进行免疫。结合相关研究成果，可以推得这样一个结论：若在无标度网络中采用随机免疫策略，且最终要想消灭病毒，那么就需要免疫网络中几乎所有节点。由此可见，随机免疫策略存在明显的缺点。

2. 目标免疫

目标免疫的基本思想：从网络中选取少量度数较大的节点进行免疫。2000年，有研究人员首次提出了针对计算机病毒的目标免疫策略。随后，又有人提出了无标度网络上的目标免疫策略。通过研究发现，只要免疫少量度数较大的节点就能消除病毒扩散。这两项研究成果均表明，目标免疫策略明显优于随机免疫策略。尽管目标免疫策略相对有效，但需要了解网络中各节点的度信息，对于规模庞大的真实网络而言，是很难做到的。

3. 熟人免疫

熟人免疫的基本思想：从网络中先随机地选取部分节点进行免疫，然后这些被免疫的节点随机地选择部分邻居节点进行免疫。2003 年，科恩（Cohen）等人首次提出了针对计算机病毒的熟人免疫策略。并通过实验发现，熟人免疫策略远优于随机免疫策略，略逊于目标免疫策略，但该策略避免了目标免疫策略中需要了解网络全局信息（每个节点的度）的问题。从本质上看，随机免疫和目标免疫都是集中式免疫策略，而熟人免疫是分布式免疫策略。由于互联网的分布式特性，一般情况下会优先考虑熟人免疫策略。

（二）系统参数调节

连续时间病毒传播模型主要包括了状态变量和系统参数两部分。其中，部分系统参数是可控的，通过调节这些可控参数来遏制计算机病毒的传播。

系统参数调节策略大致可分为以下两种类型。

1. 静态参数调节

静态参数调节，就是在成本限定的情况下，运用最优化技术或算法得到参数调节方案，以达到更有效地抑制病毒传播的目的。这种策略的最大优点是计算量较小；缺点是参数调节方案一旦确定将不再改变，不能适应网络状态不断变化的场合。

2. 动态参数调节

动态参数调节，就是将可控参数视作关于时间的函数，运用最优化控制相关理论和方法求得参数调节方案，用较低的成本，达到较好的遏制病毒传播的效果。这种策略的优点是适用于网络状态不断变化的场合；缺点是计算量较大（但对于高性能计算机集群或云计算来说，可以忽略这一缺点）。针对计算机病毒的动态参数调节的研究近些年才引起学者们的关注，从基于整个互联网络的控制策略，发展到基于无标度网络的控制策略，再发展到基于任意网络的控制策略。

三、计算机网络病毒的防范措施

我们平常在使用计算机的过程中，一旦计算机感染病毒，为把损失降低到最小，可以通过以下几方面来减少计算机网络病毒对计算机带来的破坏，具体如下。

（一）安装防火墙

用户在使用计算机前应当建立合适的防火墙，给计算机提供全面的防护。防火墙能够及时地发现计算机运行中所存在的各类风险因素，并可以多数据传输，以进行有效的隔离及保护，同时该技术还能够将各项操作进行实时记录及分析，并在发现危险因素时，能发出相应的警报，以此起到警醒作用。防护墙可对一些攻击进行过滤，并采取相应的措施进行阻止，避免各类病毒对计算机的攻击。由此可见，安装防火墙程序是非常有必要的。

（二）安装杀毒软件

选择合适的杀毒软件至关重要，在选择杀毒软件时应注意以下几点：针对疑似被感染病毒的位置，准确查杀病毒；优先选择具有快速查找能力的杀毒软件；针对特定病毒，如果有专用查杀工具，可以结合查杀；针对寄宿发作特点的病毒，需要彻底查杀；当下载不明成分的压缩包时，杀毒软件需要对压缩包进行全面透彻的分析；选择具有实时监控功能的杀毒软件可以降低计算机被感染风险；针对突发病毒，杀毒软件能够快速更新其病毒库进行查杀，应该优先选择具有定期更新病毒库的杀毒软件；当感染病毒后，如果可以进行应急修复，则可以减轻病毒的危害；当感染病毒后，选择专家指定推荐的杀毒工具可以提高杀毒率。

开放的互联网环境无法完全杜绝计算机病毒的传播，为了防止病毒对计算机内部信息和数据的伤害，我们必须未雨绸缪，提高个人预警意识，同时采取切实有效的预防措施减少计算机病毒的发生率。当计算机系统遭到病毒入侵时，及时采取应急修复措施，可以最大限度地降低损害。

（三）防止病毒传播

计算机病毒是网络空间中一种十分常见的攻击手段。攻击者编写病毒程序并发布到网络中，一旦感染网络中的某些终端设备，那么就有可能进行大规模传播，直至感染更大范围的网络空间。病毒可以执行一些恶意操作，如篡改数据、删除文件等，因此可能造成极大的经济损失。卡巴斯基在 2019 年第一季度共拦截 843096461 次攻击，遍及全球 203 个国家和地区。由此可见，病毒攻击已成为全球范围内人们共同关注的一类网络空间安全威胁。因此，抵御计算机病毒是网络空间安全领域中一项长期的任务。

与疾病类似，病毒同样具有传播性。正因为如此，蓬勃发展的网络传播动力学为研究病毒在网络空间中的传播提供了恰当的研究途径。仓室级模型、网络度模型和节点级模型均被广泛用于研究病毒的传播规律中。通过这些研究，人们能够较好地理解病毒在网络空间中的传播规律，从而能够提出有效的病毒控制策略。

为了减小病毒造成的负面影响，防御者必须采取适当的病毒控制策略。当前，从防御者的角度来看，病毒的控制策略可以大致分为两类：静态控制策略和动态控制策略。当防御者希望采取静态控制策略时，病毒的控制问题将是一类最优化问题，其目的是要寻找一种静态控制策略，使得病毒造成的负面影响降到最小。当防御者希望采取动态控制策略时，病毒的控制问题将是一类最优控制问题，其目的是要寻找一种动态控制策略，使得病毒造成的负面影响降到最小。一般而言，由于病毒传播是随时间不断变化的，因此，最优控制理论被广泛应用于研究各种病毒的控制问题中。

由于病毒具有多样性，因此可以在不同类型的网络中进行传播。随着 5G 的快速发展，智慧城市正快步到来，迎来物联网的新纪元。无线传感器网络（Wireless Sensor Network，WSN）作为物联网的重要支撑之一，其主要目的是采集、处理和传输数据。WSN 具有广泛的应用场景，突显了其在现代社会中的重要地位。然而，由于 WSN 的各种限制，如能量限制等，使得 WSN 容易遭受病毒入侵。在 WSN 中，病毒可以进行传播，从而破坏 WSN 的正常运行。病毒在 WSN 中造成的危害可以说是非常巨大的。例如，在无人驾驶中，大量的传感器将采集大量的环境数据用于智能决策，在遇到紧急情况时，这些数据能够为汽车做出最佳响应提供充足的依据。想象一下，一旦无人驾驶汽车中的传感器被病毒感染，那么就有可能使汽车做出错误的决策，导致严重的交通事故。因此，抵御病毒在 WSN 中的传播就成了当前网络科学领域中的一个研究热点。

近年来，研究者们提出了许多针对 WSN 的病毒传播模型。在这些工作中，通常假定传感器被均匀地撒在一个规则区域中，如矩形、圆形等，然后在遭受病毒攻击的背景下，研究不同状态的传感器所占比例随时间的演化规律。因此，这些传播模型均属于仓室级模型。然而，在实际中，WSN 可以具有任意的结构，因此，更细粒度的节点级模型能够更加准确地刻画传感器网络结构对病毒传播的影响。

（四）及时对计算机系统更新

计算机会定期检测自身的不足与漏洞，并发布系统的补丁，计算机的网络用户需要及时下载这些补丁，并安装，避免网络病毒通过系统漏洞入侵到计算机中，进而造成无法估计的损失。计算机用户需要及时地对系统进行更新升级，维护计算机的安全，此外关闭不用的计算机端口，并及时升级系统安装的杀毒软件，利用这些杀毒软件有效地监控网络病毒，从而对病毒进行有效的防范。

（五）培养自觉的信息安全意识

由于移动存储设备也是计算机病毒的携带者，为减少不必要的损失，用户在使用 U 盘、移动硬盘等存储设备时，应尽可能不去共享这类设备。在条件许可的情况下做到专机专用。

（六）及时备份重要的数据文件

因不同的人群的操作习惯有着较大的差异性，若想保障计算机内数据信息的安全，避免因病毒入侵导致数据丢失、乱码等一系列问题发生，用户需养成定期备份的习惯，及时将计算机内重要的数据文件等进行备份。该方式可有效降低病毒入侵计算机所带来的损失，保证用户的个人利益。

（七）掌握一些必要的计算机技术能力

随着科学技术的迅速发展，计算机已经被广泛运用在各行各业中，虽然该技术手段能够给用户的工作及生活带来较大的便利，但同时它也是一把双刃剑，给别有用心之人搭建了桥梁，因此若未能做好严格把控工作，会给用户带来较差的使用体验。针对个人用户而言，需掌握一些必要的计算机技术能力，并了解与此相关的知识。当计算机内感染病毒时，能够及时被使用者发现，并采取有效的措施解决此类问题，最大限度地降低计算机病毒所带来的危害。

（八）计算机使用者应培养良好的上网习惯

不要随意打开来历不明的电子邮件，不要因为好奇去随便登录或者浏览陌生的网站和网页等。这是因为现在有很多非法网站，一旦计算机使用者因为好奇点击进去，就会被植入病毒或者木马，从而使使用者造成一定的损失。同时在下载软件时，用户须在官方网站或者正规的网站操作，以免给别有用心之人可乘之机。

随着计算机病毒的类型越来越多，为使用户免受计算机病毒的危害，创造一个良好的使用环境，使用者在使用计算机的过程中，应提高网络安全意识，保持良好的上网习惯，定期对计算机进行病毒查杀，从而维护使用者的数据及个人信息的安全。

第八章　云计算环境下的网络安全问题

随着信息技术日新月异的发展，人类社会已经进入云计算时代，云计算技术作为一种新兴的技术得到了广泛的应用，其独有的技术特性，给企业、政府乃至个人带来了巨大的实用价值，但在使用中也不断暴露出其存在的安全隐患。本章针对云计算体系环境下的网络安全问题进行了简要的论述。本章主要分为云计算安全研究现状、云计算面临的网络安全问题、云计算安全技术的解决方案、云计算的应用及发展展望四部分，主要包括身份认证存在的问题、云计算的身份认证技术、云计算在教育领域中的应用等内容。

第一节　云计算安全研究现状

随着计算机软硬件技术的高速发展，新的计算模式也相继出现，继分布式计算、并行计算、网格计算、效用计算等模式之后，近两年计算机界又提出了一种新的计算模式——云计算。目前对它的定义和内涵还没有公认的界定。云计算有众多的定义，其中一种定义："云计算是一种由规模经济驱动的大规模分布式计算模式，通过这种计算模式，实现抽象的、虚拟的、可动态扩展的、可管理的计算、存储、平台和服务等资源池，由互联网按需提供给外部用户。"云计算将网络中的计算资源整合起来形成超大规模的资源池，以各种形式按需提供给用户，它既是一个学术概念又是一个商业概念。

云计算将计算推到了云中，也将人们的日常生活与"云"紧密联系在一起。因为云计算从一开始定位的服务对象就是所有普通用户，可以是个人，也可以是商业性质的企业或组织。在远程的数据中心里，成千上万台电脑和服务器连接成一片电脑云。因此，云计算甚至可以让用户体验每秒万亿次的计算能力。拥有这么强大的计算能力，可以用来模拟核爆炸、气候变化预测和市场发展趋势。用户可通过台式电脑、笔记本电脑、手机、PDA等智能终端接入数据中心，按自己的需求进行运算。云计算提供了较可靠的数据存储中心，用户不用再担心数据丢失、病毒入侵等麻烦。它对客户端的设备要求很低，使用起来比较方便。它可以轻松实现不同设备间的数据与应用共享，为我们使用网络提供了几乎无限多的可能。

云计算是一种全新的计算模型，它将互联的大规模计算资源进行有效的整合，并把计算资源以服务的形式提供给用户。用户可以随时按需求访问虚拟的计算机和存储系统，而不需要考虑复杂的底层实现与管理，大大降低了用户的实现难度与硬件投资。而且，通过服务整合和资源虚拟，云计算有效地将实际物理资源与虚拟服务分离，提升了资源的利用率，减小了服务代价，并有效地屏蔽了单个资源出错的问题。

云计算的出现可以降低用户电脑的成本，让用户体验更高的性能和无限的存储容量。利用云计算，用户不必担心机器上创建的文档是否与其他用户的应用程序或操作系统兼容。当每个人都在云中共享数据或应用程序时，格式不兼容的问题将不复存在。由于云计算拥有高可用性、易扩展性和服务代价小等优点，其获得了广大 IT 企业用户的青睐。但是云计算的概念是在近几年才得到了广泛的关注，相关技术仍不够成熟，还没有得到广泛的应用。

尽管很多研究机构认为云计算提供了最可靠、最安全的数据存储中心，但安全问题仍是云计算存在的主要问题之一。从表面上看，云计算好像是安全的，但仔细分析，云计算系统对外部来讲其实是不透明的。云计算的服务提供商并没有为用户提供诸多细节的具体说明，如其所在地、员工情况、所采用的技术以及运作方式等。当计算服务是由一系列的服务商来提供（计算服务可能被依次外包）时，每一家接受外包的服务商基本上是以不可见的方式为上一家服务商提供计算处理或数据存储的服务，这样，每家服务商使用的技术其实是不可控的，甚至有可能某家服务商会以用户未知的方式越权访问用户数据。

虽然每一家云计算方案提供商都强调使用加密技术来保护用户数据，但即使对数据进行加密，也仅仅是指数据在网络上是加密传输的，数据在处理和存储时的保护问题仍然没有得到解决。尤其是在数据存储的时候，由于这时数据通常已解密，如何保护的问题就很难解决。

目前关于云计算安全系统的研究不多。亚马逊、谷歌等云计算发起者也不断曝出各种安全事故。2009 年 3 月谷歌公司发生大批用户文件外泄事件，2009 年 2 月和 7 月，亚马逊公司的"简单存储服务"（Simple Storage Service, S3）两次中断导致依赖网络单一存储服务的网站被迫瘫痪等。现在云计算安全系统还处于一个不是很成熟的阶段，云计算在欧美等国家已经得到政府的大力支持和推广，云计算安全和风险问题也得到各国政府的广泛关注。2010 年 11 月，美国政府首席信息官（CIO）委员会发布关于政府机构采用云计算的政府文件，阐述了云计算带来的挑战以及针对云计算安全的防护。2010 年 3 月，参加欧洲议会讨论的欧洲各国网络法律专家及领导人呼吁制定一个关于数据保护的全球协议，来解决云计算的数据安全弱点。欧洲网络与信息安全局（ENISA）也表示，将推动管理部门要求云计算提供商通知客户有关安全攻击状况。日本政府启动了官民合作项目，组织信息技术企业与有关部门对于云计算的实际应用开展安全性测试，以提高日本使用云计算的安全水平，向中小企业普及云计算，确保企业和个人数据的安全。在中国，2010 年 5 月，时任工业和信息化部副部长的娄勤俭在第二届中国云计算大会上表示，我国应加强云计算信息安全研究，解决共性技术问题，保证云计算产业健康、可持续的发展。

国外已经有越来越多的标准组织开始着手制定云计算及其安全标准，以求增强互操作性和安全性，减少重复投资或重新发明，如 ITU-T SG 17 研究组、结构化信息标准促进组织与分布式管理任务组等都启动了云计算标准的制定工作。此外，专门成立的组织如云安全联盟也在云计算安全标准化方面取得了一定的进展。

云安全联盟（Cloud Security Alliance，CAS）是在 2009 年的 RSA 大会上宣布成立的一个非营利性组织，其宗旨是"促进云计算安全技术的最佳实践应用，并提供云计算的使用培训，帮助保护其他形式的计算"。自成立以后，CSA 迅速获得了业界的广泛认可，其企业成员涵盖了国际领先的电信运营商、IT 和网络设备厂商、网络安全厂商、云计算提供商等。目前，云计算安全联盟已完成《云计算 11 大威胁报告》《云控制矩阵》《云计算关键领域安全指南》等研究报告，并发布了云计算安全定义。这些报告从技术、操作、数据等方面来强调云计算安全的重要性、保证安全性应当考虑的问题以及相应的解决方案，对形成云计算安全行业规范具有重要的影响。

第二节　云计算面临的网络安全问题

一、身份认证存在的问题

在科学技术发展过程中，身份认证是重要研发内容之一，虽然其获得了显著的成果，但是仍然存在一定缺陷，若是在网络数据库管理中应用身份认证技术，容易被不法分子所攻击，导致被窃取重要信息，或者信息直接被恶意篡改，将会严重危害数据的安全性与真实性，导致造成巨大的损失。例如，苹果手机曾经出现隐私泄露情况，主要原因是黑客利用身份认证技术，擅自更改了用户信息，由于该技术的缺陷与漏洞，用户恶意入侵云计算系统，获取了用户的身份信息，进而直接登录与访问网站，不但容易造成身份信息的泄露，而且可能还会造成经济方面的损失，为后续工作埋下安全隐患。

二、数据安全风险

（一）数据传输风险

在进行云计算数据传输时，主要是由电脑设备，以及电缆线等各种设施，将数据传输出去，从而体现出网络数字化的特点。在传输过程中，一旦数据出现漏洞，或是其他失误，则容易遭到黑客的故意入侵和破坏，从而产生数据传输过程中的风险。数据在进行传输时，从输出端到输入端，都要经过一系列的设备，这个过程中，如果设备出现问题，也会出现信息泄露或损坏的情况。如果在传输数据的过程中，磁场受到损害，或因电磁波的干扰，也可能造成云系统数据的泄露，这是因为在输送数据时，网络线路被不法分子监听，最终导致数据在传输中遭到恶意破坏，从而产生数据传输风险。

（二）数据泄露风险

数据泄露风险大多是网络技术出现的问题，出现这种情况主要有三种原因：人为因素、技术因素、黑客入侵。人为因素主要是由于部分不法分子在数据的存储和收集过程中进行暗箱操作，主要目的是谋取私利，满足自己的私欲，这种行为是严重违反纪律的，严重者还会触及相关法律法规。技术因素主要是在数据安全技术上不到位，由于技术人员的专业技能不够，或是对于数据存储的安全防范意识不强，导致在技术上的实施不到位，不能有效防止病毒的入侵，导致大量的数据泄露，产生安全风险问题。黑客入侵是目前数据泄露风险中最常见的一种方式，随着现代科学技术的发展，云计算存储的技术越来越好时，也致使一部分网络技术人才朝着不好的方向发展。黑客的专业技术很强，能够通过边信道的时间信息，借助相关代码入侵一台虚拟机器，再通过虚拟机攻击或者拦截同一台服务器上的其他虚拟机，从而获得加密钥匙，以及相应的数据信息，导致大量数据被窃取，出现数据泄露的风险。

（三）数据存储风险

在云计算数据计算处理的过程中，各种资源和数据信息都是存储到云端，而云端好比一个庞大的数据库系统，容纳了各种各样的数据，并且对数据进行了统一的管理和存储，防止数据太过零散。云端系统在对这些数据进行存储时，必须保证其安全性，要在数据存储的过程中，实行实时监控，确保数据在进入云端时，没有其他信息的干扰和破坏，达到正常传输的状态。数据在进入云端的过程中，如果相关设备出现问题，也会影响到数据的存储安全性，包括数据相关设备出现老化，或者久未更新的情况，都会让数据存储的过程受到影响，即便是数据已经储存到云端，也会发生数据泄露危险。

（四）数据丢失风险

在数据安全风险的类型中，数据丢失风险是相当重要的一个因素，也是发生频率较高的一个原因。在输入数据、查询数据、输出数据的过程中，会因为技术问题或人为因素等各种原因造成操作上的失误，从而使数据被清空删除，导致数据的丢失，也有可能因为人为对数据系统进行恶意破坏，也会导致数据的丢失。如果数据没有进行备份，丢失后的数据是很难恢复的，如果想要重新获取数据的信息，需要对其进行重新采集、整理、分析等一系列过程，在这个过程中，需要耗费大量的人力和物力，但最后也无法保证数据能够完全恢复。因此，数据丢失风险是相当严重的一项安全风险，在进行数据储存的过程中，应当从源头开始对数据信息进行监控，避免出现此风险。

三、云应用安全风险

用户对云应用安全的感受是最直接的，云应用安全直接关系云计算产业的发展。云应用技术脱胎于传统单机应用，因此，传统的网络攻击手段同样给云应用带来巨大的安全威胁，甚至由于云计算的开放性等特点，其还需要面对隐私保护等方面的问题，面临的安全威胁更大。

云应用安全在很大程度上依赖于所属网络的安全环境，因此所有针对传统操作系统的网络攻击也同样适用于云应用平台，常见的拒绝服务攻击、僵尸网络攻击、APT攻击和音频隐写攻击等会对云应用造成较大的安全威胁。另外，云应用软件的漏洞和代码缺陷也给了攻击者利用漏洞进行渗透和恶意攻击的可能。所以说，云应用的安全问题与传统应用软件在很多方面有相似之处。

另外，云应用的计算主要在云服务平台，云服务商需要在保护数据安全和隐私的前提下完成计算任务并将计算结果返给用户。如何保障这些外包计算的可验证性仍有许多问题亟待解决。可见，云应用较传统应用面临更多的安全风险。

总的来说，由于服务外包和云端对数据的安全控制力度不够，已存在的安全漏洞可能被利用，云服务商的可信性不易评估，云计算较之传统计算方式面临的安全威胁更大，而不断发生的云安全事故使得用户和云服务商之间的信任并不牢靠，这些都制约着云计算产业的发展壮大。

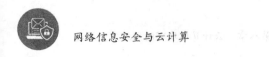

第三节 云计算安全技术的解决方案

一、云计算的身份认证技术

云计算的身份认证技术主要有三种：基于公钥基础设施（PKL）的身份认证技术、基于身份的加密（IBE）的身份认证技术和两者混合的身份认证技术。

（一）基于 PKL 的身份认证技术

PKL 体系由认证权威机构（CA）、注册中心（RA）、证书及证书撤销列表（CRL）等组成，证书是 PKL 最基本的基本要素。首先，用户通过浏览器在 RA 上进行云服务的注册；其次，在用户通过审核后，RA 将用户的信息以安全的途径传给 CA；最后，CA 利用自己私钥签发证书，保存至证书库中，同时将证书发送给 RA 和用户。在一个基于 PKL 技术的系统中，用户和云服务商的证书均由同一个 CA 签发，因此二者可利用私钥签名和证书来相互认证身份。PKL 体系能提供的安全服务包括身份识别、数据加密、数字签名以及证书管理等，因此被广泛用于云计算中。

虽然 PKL 体系能够使云服务提供者方便地验证用户的身份，但对公钥证书的依赖，迫使用户在每次发送信息前都需要向认证中心申请公钥证书，使得认证过程烦琐。面对巨大的用户群，大量的公钥证书给认证中心带来了很大的负担。另外，用户私钥整体更换时，庞大的计算量将严重影响系统的性能。

（二）IBE 的身份认证技术

在 IBE 系统中，用户不需要获得对方的公钥证书，而是直接使用对方的标识实现信息加密。

2002 年，斯马特（Smart）提出基于双线性对的身份认证密钥协商协议，该协议使用密钥生成机制，并计算出会话密钥。随后，大量基于身份的密钥协商协议被提出。在国外，Voltage 公司与邮件和安全服务提供商合作，将 IBE 运用到安全邮件系统中，同时应用 IBE 技术开发了一套网络安全平台，提供文件安全传输、安全即时通信和安全 VOIP 服务等。

（三）混合的身份认证技术

混合的身份认证技术，主要是在云系统的内部采用基于 IBE 的认证方式，而在云系统间采用基于 PKL 的认证方式。云系统内部包括安装包配置（PKG）、属性库、认证代理和用户等实体，其中认证代理拥有两个密钥对：云 PKG 产生的 IBE 公私钥对和数字证书对应的 PKL 公私钥对。认证代理通过 IBE 技术实现对云内用户的身份认证。如果不法分子假冒服务器，而用户又没有对服务器进行验证，将会出现不可预测的后果，轻则用户收到来自假冒服务器的错误消息，重则用户将泄露一些私密信息，如信用卡号码、常用密码等。因此，双向认证是在云环境中必需的认证方式。

二、云计算数据安全存储技术

（一）云存储的概述

在计算机技术不断发展的基础上，云存储作为一种新的数据存储技术得到了快速发展与应用。云存储不同于传统存储技术，两者存在本质上的区别。云存储的特点主要是其存储空间非常大，同时数据的安全性也得到了更好的保障。对于用户来说，云存储可以满足其对存储容量以及存储安全的需要。从数据信息的安全技术层面来看，云计算的优势十分明显，其通过分布式处理的方式，借助虚拟技术来更安全地处理网络数据。云计算技术可以对数据的安全性提供保障，在借助网络技术优势的基础上实现数据共享。云计算技术的应用并没有对网络设备的性能提出过高的要求。在数据追踪以及软件监控的基础上，云计算数据的稳定性得到了显著提升，网络数据的损失程度将大大降低。网络数据通过云计算的方式来进行处理，可以保障其数据的完整性。在广域网结合局域网的基础上，备份信息数据资料，可有效避免数据发生丢失的情况发生，数据的安全性得到了保障。以云计算为基础的信息安全技术，并未对计算机的性能提出过高的要求，这就为数据的共享提供了便利，同时也能在确保安全的基础上实现数据的大规模共享。以云计算为基础的信息安全技术，可以对数据展开有效的监控与追踪，为数据的安全性提供更有效的保障，减少因数据丢失而引发的不可估量的损失，为云存储数据提供更高的稳定性和安全性。

（二）云计算数据存储技术的构成要素分析

1. 存储层

存储层是计算机云计算数据存储技术得以发展的基础，众所周知，存储设备的类型是非常多样的，在数量上也是非常多的。工作人员结合实际需要来对存储设备进行合理化选择，这样可以更好地发挥云计算的价值功能，帮助自己更好地开展工作。由于使用区域存在差别性，所以，存储设备会使用不同的手段来进行连接，比如说，互联网手段、光纤手段等。现阶段，存储设备是创建云计算存储设备管理系统的基础，这就在很大程度上提高了存储设备管理的合理性，同时也能实现存储设备的多链路冗余管理。除此之外，在云计算数据存储技术中，存储设备管理系统能够对用户的硬件设备故障问题进行更及时的发现，对硬件设备的运行情况进行实时监督。

2. 基础管理层

基础管理层在计算机云计算数据存储技术中属于是最核心的构成要素。在云计算数据存储技术中，想要实现基础管理层是存在很大难度的，但是相关的技术人员还是要不断地进行探索研究，提出有效的解决方案。为了能够让多种类型的存储设备同时为多个客服端进行基础性服务：第一，云计算存储设备中的各个部分实现协同操作；第二，不同设备协同操作的同时，还要保证系统能够流畅地运行，所有访客都能对云计算存储技术进行流畅的运用。要想实现上述目标，就要在基础管理层次上实施集群处理，或者也可以借助先进高端的网络技术来进行相应的处理。

3. 应用接口层

应用接口层在云计算数据存储技术中，属于一个比较小、比较灵活的设备。应用接口层可以接入网络。应用接口层拥有用户认证授权功能。市场中的存储设备种类非常多，不同的企业对存储设备的需求各不相同，这就需要工作人员在了解企业实际需求的基础上，帮助企业选择最合适的应用接口，让用户感受更优质的服务。相关技术人员可以根据应用接口的特点来开发更多的云存储服务，提供给用户不同应用领域的优质服务。

4. 访问层

访问层不仅可以让符合标准要求的应用接口用户进行登录，还能让用户对云计算数据存储中的各种服务进行直接享受。在访问过程中，工作人员要对云计算数据存储的具体运用单位进行明确；在开展设计过程中，设计人员要对访问类型进行全面掌控，选择最合适的访问方式。

（三）云计算的数据存储应用要点分析

1. 数据存储结构的创建要确保完善性

在云存储系统中，负责存储与处理数据的关键位置就是数据中心。为了确保数据中心能够高效工作，云服务接口在有关特定协议达成之后，必须能够同步形成可以实现数据管理和存储的相关架构。这里需要注意的是，这里所提到的管理系统主要是文件分布式相关管理系统。对于所有的计算机用户来说，只需要拥有一台具有较高可靠性的 PC 设备，在服务器、客户机等进行有效配合之后，就可以对云存储系统进行利用，存储管理大规模的数据。在存储数据的全过程中，需要强调的是，要确保服务器结构拥有健全的应用形态，为数据的存储和数据的处理提供更高的可靠性。在长期使用云存储系统进行工作的过程中，要重视对集群系统的依赖，为文件存储的完整性提供保障。总的来说，为了实现信息数据的高效存储及高效调取，要对数据存储结构的完善性提出更高的要求，在此基础上，更好地满足不同需求永续的个性化需要，提供个性化的数据访问服务。

2. 提高数据存储技术的效率

为了将云存储数据的传输功能最大化地发挥出来，差异化的数据处理系统必须统一化地完成传送协议，能够在异质化平台中实现数据的共享，同时还要对服务器进行合理利用。因此，数据在进行云存储的过程中，要重视对计算机系统的积极优化。在对相关数据库以及应用程序进行实践应用的过程中，可以利用宽带向数据库系统来传输特定文件、数据信息等，这样可以让客户端将特定数据通过分页模式记录到存储器中。总的来说，对云计算数据存储体系进行应用，可以更加高效地将系统信息进行存储，数据传输的效率也将不断提升。

3. 以数据处理中心为基础来提高运营的可靠性

云存储凭借具有较强可靠性的数据处理中心的优势，有效发挥了自身的作用与价值，受到了广泛的认可与应用，因此，在应用云计算数据存储技术时，要重视数据处理中心的优化建立，为数据的计算、存储、管理等各项工作的开展提供可靠性更高的保障。总的来说，要想在市场中获得更高的占有率，云计算数据存储就要不断提高自身对于数据应用的可靠性以及数据本身的安全性。在具体应用过程中，对于大型企业来说，可以利用云计算数据存储技术及其相关技术更加高效地对数据进行利用，为数据的存储与传输提供可靠保障。对于系统中包含的与用户个人信息密切相关的重要数据，可以通过数据处理中心对运营工作的开展实施特定加密。在实际应用过程中，要使用密钥技术、算法技术等具有更高可靠性的技术，为重要数据提供更为安全的保障。相关数据文件在加密之后，传输给指定用户，指定用户在收到相关数据文件后，通过相关算法来实施解密操作，其他用户是不能对这些加密数据文件进行查看及利用的，这就对数据的安全性提供了更有力的保障。

三、云计算数据管理技术

现阶段科学技术水平不断进步，使得互联网技术愈加成熟，而这都在客观上促进了云计算技术的发展，但是云计算技术的发展并不是一帆风顺的，它在发展的过程中也出现了一些问题，而这些问题对于发展云计算技术起着很大的阻碍作用。例如，在众多用户之间，将数据进行分隔的问题，数据的安全性、数据修复技术等问题，这些都不利于云计算技术的发展。

云计算管理系统本身并不能处理关系型的数据，因此我们为了能够使相关数据系统更加多样化，就需要相应地提高它的数据牵引功能和查询功能。云计算数据管理技术主要有以下几种技术。

（一）GFS 技术

谷歌文件系统（GFS）本身属于那些分布式的大型文件系统，它可以储存大量的谷歌云计算数据，与此同时它还合理地融合了 BigTable&Chubby，是现阶段比较先进的技术，可以有效地解决那些针对 GFS 的运算问题。GFS 技术系统主要由用户端、主服务器、数据模块服务器三个方面组成。

用户端的作用在于它可以利用各种程序允许用户对数据进行访问，它以库文件为传递方式，相关程序可以利用库运算以及库文件进行连接；主服务器是GFS 的核心部分，它可以有效地存储众多的云数据；数据模块服务器是一个具体化的管理模块，与前两者相比，它的数量比较多，在大多数情况下，它的数量受到系统规模的直接影响。在 GFS 中，64MB 是它的默认容量，它在对文件进行分类时，往往采用模块化的方式，每个模块都是一个单独的数据块，并且在这些数据块中，有着不同的索引号。用户在用户端对 GFS 系统进行访问时，首先需要访问主服务器，然后到数据模块服务器中获取相关的信息，最后再访问各个数据库服务器，从而实现对数据的提取和存入。GFS 系统可以将控制流和数据流进行有效的分离，由于控制流仅仅在服务器和用户端之间存在，它还可以将主服务器的负载有效地降低，这就突破了系统性能固有的局限性，数据块服务器与用户端之间，仅需要对相关数据进行传输就可以了，最终这些文件以分布式的形式进行存储，而这一切就使得用户能够实时地访问多个数据块服务器。与此同时，它还可以使系统进行高效的并行处理，促进整个系统性能的提升，储存和资源处理得到不断的优化和提升。

（二）BigTable 技术

在我国科技水平不断提升、经济不断发展的大背景下，我国相关的数据管理水平也在不断提高。现阶段，由于云计算技术的出现以及广泛应用，使得我们在对数据的管理方面出现了很大改变，极大地提高了人们对数据管理的效率和准确性，促进了数据管理的高速发展，而正是由于其本身独特的优势，使它在互联网中得到普遍的应用。其中，BigTable 技术是基于 GFS 技术和MapReduce 技术的大规模分布式数据库，其实质是一个大规模的表格，容量高达 1PB，将云数据视作对象来进行计算和管理。其实，BigTable 是数据化管理的分布式存储系统，扩展性较好，如目前许多谷歌应用程序都基于 BigTable 技术，企业服务器具有高达 PB 规模的存储容量。

第四节　云计算的应用及发展展望

一、云计算在教育领域中的应用

（一）云计算在智慧校园建设中的应用

1. 智慧校园

从理论层面来看，智慧校园不单是基于教育设施方面的创新，更是基于教育信息管理、教育环境、学习环境、学生生活服务等方面的创新。简而言之，智慧校园应该具备感知性能强、网络联通较为全面、数据广泛性以及校企互动性较高等基本特征。从实践层面来看，智慧校园建设能丰富学生校园生活，提高教育质量和教育水平，对培养专业技术型人才具有重大意义。有相关研究学者认为，智慧校园应该具备以下几种特征：其一，为全体师生提供智慧化网络信息服务平台，并提供个性化网络需求服务；其二，现代化信息技术融入校园建设中的各个层面上，全面实施现代化教育；其三，以现代化互联网信息技术为依托，在校园与社会之间建立有效沟通桥梁，有助于提高高校教育实践性。

2. 云计算在智慧化校园建设中的应用路径

（1）全力优化建设资源

①健全资源管理体系。高校要健全资源管理体系，建立专门资源管理机构，加强对校园智慧化建设资源监管力度，合理规划资源分配，确保校园智慧化建设基本设施设备及相关服务平台建设到位。

②加大建设资金投入。建设资金是校园智慧化建设的根本要素，也是校园智慧化建设的基础前提。高校不仅要重视校园智慧化建设力量的培养，还要重视校园智慧化基本资源建设，要加大建设资金投入，依照科学建设方案，合理分配建设资金，确保其真正投入校园智慧化建设当中。同时，政府要高度重视高校教育信息化建设，加强财政方面支持，积极宣传教育现代化发展理念，让全校师生真正重视校园智慧化建设。

（2）建立智慧校园服务平台

高校在建立智慧化校园之前，应该对云计算技术基本概念和内涵有充分了解，要明确云计算技术应用路径和应用方法，再根据校园当前实际教学情况和学生个性化学习需求，制订科学建设计划，使云计算技术能够运用到高校实际教学当中。与此同时，高校可以建立智慧校园服务平台，该服务平台主要具备教学资源查找与储备，日常教育管理、课程教与学辅助等基本教学服务。教师通过该服务平台可以快速实现教学资源搜索和获取，学生也可利用该平台获取相关学习资料和视频学习资源，还可运用手机客户端随时随地进行学习，不仅有助于培养学生自主学习能力，增加学生个性化学习体验，还能为教师更好地开展现代化教育提供有益帮助。

（3）强化专业建设水平

高校要强化专业建设水平，加强对专业建设人才的培养，构建完善专业建设人才培养体系，不断提升高校校园智慧化建设整体水平。优化和创新培训课程教材，在培训学生专业云计算技术应用基础知识同时，也要注重理论教学与实践教学相结合，不断优化与完善专业培训课程体系，提高课程内容时效性和专业性，提高学生对专业理论知识的应用能力。同时，深化校企合作，建立校外专业云计算技术人才培训实践基地，联合企业共同承办实践基地，既为学生提供丰富实践机会，又能充分提高学生专业技能。此外，高校也要重视专业培训教师的未来职业发展，要构建相对健全的职业教师培训体系，鼓励教师积极参与校内外专业技术教育培训活动，并邀请专业计算机专家参加学术教育信息化研讨会，丰富教师专业技术知识，提升教师教学经验，强化教师专业技术教学水平。

（4）构建完善的云计算系统管理模式

从基础教学信息管理到基础教育设施，全方位建设云计算信息管理系统，真正实现现代化教育。高校管理者要全面重视校园智慧化建设，并且意识到云计算技术的应用对提高教育质量、实现专业人才培养目标的重要性，再结合校园实际教学情况和学生对学习环境的个性化需求，科学、合理地制订校园智慧化建设方案，满足师生教育需要。同时，高校要挖掘云计算技术对校园智慧化建设的具体作用，并将云计算技术真正运用到校园智慧化建设的各个方面，将教育信息整合并统一纳入云计算管理系统当中，便于管理员查询和日常管理。利用云计算技术进一步优化高校教学体系，实现线上学生信息管理和教学，增强教学效率，提高教学质量。

3.当前云计算在高校校园智慧化建设应用中存在的问题

（1）建设资源不足

当前，建设资源不足是云计算在高校校园智慧化建设应用中存在的主要问题之一。一般而言，高校在运用云计算技术过程中，通常需要基础硬件系统、网络环境、虚拟服务器以及数据库等的有效融合，还需要在满足相关法律规定情况下才能正常运用。然而，从目前实际情况来看，高校校园智慧化建设资源不足，资源管理体系不健全，建设资金投入不足，导致校园智慧化建设资源、平台匮乏，影响校园智慧化建设的正常实施进度。其一，资源管理体系不健全。由于缺乏专门管理人员，对基础建设资源和设施设备建设等的监管力度不大，建设资源分配不均匀，使得校园智慧化建设不全面，严重影响着高校教育现代化发展。其二，建设资金投入不足。高校管理者对校园智慧化建设重视程度不够，建设资金投入较少，一般在其他方面教学资源和学习资源投入资金较多。

（2）应用重视程度不够

从当前实际建设情况来看，高校在校园智慧化建设过程中，对云计算技术应用缺乏足够的重视，不了解云计算技术的概念和基本内涵，在运用云计算技术时只是应用一些基础性计算机技术，并没有深入挖掘云计算技术在校园智慧化建设中的应用价值，导致校园智慧化建设覆盖率不广，没有充分发挥其真实效用。另外，高校在运用云计算技术建设智慧化校园过程中，通常只是将其运用于一些校园基本教学设施和教学设备当中，如学生信息档案智慧化管理、图书馆智能搜索图书等功能，没有将云计算技术运用到实际教学当中，且学校缺乏智慧化资源服务平台，教师课程教学资源快速搜索、学生自主查找视频学习资源等功能尚且缺失。

（3）建设力量薄弱

目前，建设力量薄弱是云计算技术在高校校园智慧化建设应用中的主要问题之一。从相关调查来看，高校校园智慧化建设力量薄弱主要体现在缺乏完善的专业建设技术人才培养体系、培训课程实践性不强以及师资力量不足等方面。

①缺乏完善的专业建设技术人才培养体系。高校在建设智慧化校园时，没有充分意识到专业建设技术人才在校园智慧化建设中的重要地位，专业建设技术人才培养体系不够全面，缺乏专业技术指导教师。

②培训课程实践性不强。培训课程实践性不强，侧重理论教学，忽视实践教学，学生虽然掌握了基础技术知识，但是将基础技术知识运用到实际建设方面的能力比较欠缺，学生缺乏实践机会。

③师资力量不足。教师团队专业教学水平不足以满足实际教学需要，学校对教师专业技术教学技能培养重视度不够，没有相应培训体系，当碰到较为复杂的关于云计算技术运用方面的难题时，不能快速、及时地解答出来。

（4）建设模式单一化

建设模式单一化主要体现为校园智慧化建设内容单一化，且缺乏系统性云计算管理模式，云计算技术应用不够深入。高校在建设智慧化校园时，对云计算技术基本概念及内涵认知不足，对应用云计算技术进行智慧化校园建设缺乏明确的建设目标和建设计划，没有将云计算应用方案与校园实际教学情况结合起来，且学校管理者缺乏创新意识，导致部分云计算系统管理设施建设与学校实际教学情况不符。

（二）云计算在教学资源开放共享平台建设中的应用

1. 教学资源开放共享平台建设

（1）整合现有资源，消除资源异构

作为开展教育工作的基础和关键，教学资源建设成为提升教学质量及效率的重要手段。近年来呈现迅速增长态势的教学资源仍然普遍受到资源质量参差不齐、重复建设等问题的影响而降低了资源的组织和管理效果，分散且无序的教学资源直接影响了资源的有效共享及使用率。云计算通过集成网络可用资源实现虚拟资源池的构建以及自动管理过程，可有效解决教学资源分散导致的信息不均衡问题，对于现有的具有形式多样、格式不统一特点的教学资源和方法以及多种异构系统并存、兼容性差的操作系统，采用云计算的数据分散存储管理功能，可支持异构操作系统，实现统一有效的教学资源的协调和共享过程，显著降低资源重复建设的工作量，同时提高了资源的利用率及可靠性。

（2）改善存储空间，实现个性化服务

通过使用云服务强大的计算能力和资源管理能力实现良好的教学资源共享及交互环境构建，以云服务提供的统计分析结果为依据还能够对用户的信息浏览及使用情况进行分析，在此基础上实现个性化服务的准确推送。通过便捷动态地添加和移除云中的节点使因教学资源规模不断增长带来的扩展性问题得以有效解决。采用云计算的分布式存储功能可使教学资源存储和访问压力得以有效缓解，从而有效提高教育系统的整体性能。

2. 教学资源开放共享平台的建设路径

（1）云计算的应用

基于互联网的云计算能够提供动态化、虚拟化的计算资源服务，可实现网络分布式的并行高效计算过程，具备负载均衡、资源虚拟化及网络存储等功能，将众多计算机实体进行集群从而使计算能力得以显著提高。云计算可分割处理大型复杂的计算程序，形成较小的子程序模块，然后通过多服务器网络完成计算分析过程，并向用户反馈最终的分析结果，不需要用户具备专业的计算机和云计算相关知识，即可享受更加优质、便捷、丰富的网络服务。教学资源开放共享平台的终端负责完成信息浏览和显示云中心提供的反馈信息，教学资源由云中心负责存储与处理，云计算中心负责面向不同用户提供不同的服务内容及方式。

（2）教学资源开放共享平台的架构

教学资源开放共享平台的架构示意图，如图 8-1 所示。

①服务层，负责向用户提供共享服务的直接入口，用户可通过电脑和移动设备随时访问共享平台。

②管理层，负责提供平台管理功能，由云服务提供商管理和维护硬件设备及软件的存储和运算等功能，教学资源管理者通过该共享平台即可高效便捷地管理服务、账户、资源、平台门户等，各分校用户在申请获得统一的 ID 号后即可访问资源池获取相关服务。门户管理主要负责完成包括实时更新网站版面与栏目、发布相关信息及资源在内的服务条目管理，以提高用户体验。

③资源层，是实现教学资源整合功能的关键部分，各学校通过统一的接口将本校的教学资源上传至平台云资源池（按照规定的标准）实现虚拟存储。

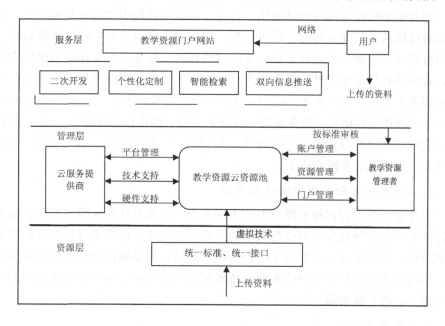

图 8-1 教学资源开放共享平台的架构示意图

3. 教学资源开放共享平台的优点

①资源数据更加安全。在云端实现主要教学资源数据的统一管控，通过云计算提供的专业的安全维护策略实现大量教学资源高效安全的专业存储过程。

②支持并行的多终端应用。整合于"云"端的所有教学资源和服务对终端性能的限制条件较少，终端设备（包括PC、智能手机、平板电脑、PDA等）通过网络即可不受时间和空间的限制对教学资源进行实时高效的访问和使用，学习者可随时随地获取所需课程资源，同学习伙伴、教师、专家进行交流和分享。

③显著降低包括软硬件、运营维护及人工成本等在内的教育投入成本。云计算为教学资源管理提供了丰富的软硬件资源，通过租用所需服务即可完成资源的开发和使用过程。

④应用更丰富。采用集中计算＋分散显示模式的云计算通过云端完成复杂的运算过程，极大地简化了用户端对用户操作的响应及应用结果的显示过程。

二、云计算在金融行业中的应用

（一）金融行业云计算的发展

1. 云计算在金融行业的应用情况

私有云在金融机构中的应用较为广泛，且对金融机构的发展有一定促进作用，部分中小机构也都在尝试使用。行业云在金融机构中的发展并不理想，部分金融机构认为行业云具有一定可行性，但是由于自身实力不够且规模较小，应用行业云会增加机构的成本且运维的难度较大。行业云想要在金融机构中发展，必须具有行业集中性，能实现大规模应用，降低使用成本和运维成本。云业务部署主要用于推动企业云应用，以循序渐进的方式进行，先开发测试环境，再对生产环境进行研究，先在非核心业务上实验，再在核心业务中运用。目前，部分金融机构已经开始准备上云业务，如桌面云、外网邮件、移动营销、Web前端等，这些属于非核心业务。

2. 云计算在金融行业中的技术应用

大部分金融机构在技术路线上的关注点为"开源云计算解决方案"：金融云计算平台在发展过程中不仅有简单的商业产品应用，还需要寻找开源软件并与其融合，实现金融云计算自主可控的技术发展；存储虚拟化技术应用较为广泛，但网络虚拟化似乎还有待发展；技术配套运维方面，各个平台之间的对接不顺畅，还需不断加强。

3. 监管政策动向

目前金融监管机构所发布的规划性文件开始鼓励机构应用云计算，并提出了金融行业云科技服务的发展理念。云计算开始应用在人民银行体系内，实现了人民银行体系 IT 资源整合，推动了金融科技服务的发展。同时，人民银行体系也开始进行系列统筹、规划、建设、管理，让人民银行基础设施能够实现统一发展局面，降低分散运行的成本，合理地防控风险。中国银行保险监督管理委员会也对金融行业使用行业云加以鼓励，并提出了有关云计算的发展路线图，为金融行业云的发展奠定了基础。中国银行保险监督管理委员会开始与互联网金融云服务平台共同筹划推动银行云计算科技服务能力的方案，建设银行云计算。

（二）云计算在金融行业应用中所面临的需求与挑战

1. 应用的迫切需求

"互联网 +"颠覆了传统金融机构的发展，传统金融机构为实现持续发展必须与现代科技相结合，突出自身的特色，建设新的 IT 基础平台，与其实现共同发展。传统金融机构内部技术架构转型较为迫切，其中私有云是金融机构内部数据中心建设的主要应用技术，通过私有云的应用能够彻底转变原有技术架构，让基础设施更加灵活有弹性。互联网应用不断深入金融机构，但部分小型金融机构仍然缺乏自建基础设施的能力，必须依靠外租才能实现云计算。所以，部分金融机构开始探讨金融行业云的应用可行性。金融行业云若是能够建立，不仅可以给中小金融机构提供云计算服务，还能够让中小金融机构运用外部云，提升中小金融机构的云计算服务质量。私有云与行业云若是混合使用，行业云也需要在不同行业云平台内应用，其原因是避免单一绑定所产生的系统风险，也能够增强各机构之间的联系，让服务能力通过云计算和网络实现统一发展。其中较为典型的案例就是亚马逊、谷歌、微软公司的云计算资源被同时租用加以网络整合，实现了互联互通，这也是未来中国金融市场云计算发展的主要方向。

2. 面临的挑战

虽然很多人认为云计算技术可推动金融行业发展，但是其在技术、人力、物力、基础环境等方面也面临极大的挑战。首先，金融行业基础架构较为复杂，想要运用云计算彻底颠覆传统结构必然需要更为先进的技术支持，但是软件定义网络、智能调度等技术尚处于初级发展阶段，无法大规模使用。其次，云计算在中小金融机构内应用所需投入的人力和物力远超出预期成本，且技术人才也较为缺乏，根本无法应对行业云落地实施的核心挑战。行业云最关键的特点是安全、可靠、稳定，但如何实现还需继续研究。最后，机房等基础环境短缺且单一，资源也存在不足现象，若是仅有一个机构进行扩容必然要投入巨大资金成本。所以说，云计算在金融行业中的应用是一种挑战。

（三）基于云间互联的金融云计算专网创新服务模式

云计算的发展与传统电力的发展具有相似性，对比电力行业，从"大发电"到"大电网"，现在已经实现了电厂＋电网的二元服务模式，未来云计算发展模式也应当如此。云计算平台＋云计算网络，即云厂＋云网的二元模式。云厂作为资源生产基地，云网作为资源整合投放基地，能够实现统一的行业入口服务、服务标准、内部技术架构。

1. 总体愿景

云计算通过其计算力可以让金融行业服务数据实现互通，是接入网络实现技术统一发展的关键，在该条件下行业云可实现服务替换、资源迁移，并利用专网服务机构对外提供云服务。我们可将金融云计算服务作为专用开放网络，银行机构云、沃云、天翼云组成的运营商云，京东云、阿里云组成的互联网云，只要符合金融云的服务要求皆可进入开放网络中来，实现资源的科学运用，让金融行业实现绿色发展。

2. 特色服务能力

通过 API 接口，采用弹性调度的方式，为金融行业云提供计算资源，部署适配资源，整合各个云平台的基础计算设施，合理利用互联网云，为金融计算力提供统一的服务；金融行业云需要具备平台数据传输能力，可使用金融云计算专网进行平台数据传输，该网络需要与其他网络进行区分，仅可用于金融机构数据传输交互，确保服务安全性；金融行业云平台需与人民银行系统进行专线互联，并整合现有资源，运用人民银行一点接入服务，与人民银行金融统一进入平台；金融行业云统一服务入口，进行统一账户管理，实现不同机构用户的多平台转入转出；加强对云平台内部与外部的安全检测，定期对 IT 服务进行合规性审查，确保云平台服务安全性；利用技术兼容性对金融行业云平台进行检测，让金融云平台能够具有较高的兼容性，让云平台的计算力资源无须转换便可实现迁移，即跨平台迁移，其目的是保持云服务的独立性，不让其被服务供应商所绑定。

3. 商业模式

金融云网可提供云计算资源服务，服务收费可直接通过电子支付，让支付方式更加便捷；不同金融行业云平台之间需要通过金融云网的数据来实现数据的交互工作，为提升金融行业云平台的经济效益，也是为了让金融机构更好地维护云平台，保证数据传输安全，可以通过计算数据流量的方式收取一定的服务费；POS 机想要运行需要接入金融支付网络，为确保支付安全，在接入金融云网时需要进行技术检测，所以金融机构可以通过提供技术检测认证服务获取相应的经济补偿。

三、云计算在电信领域的应用

（一）电信运营商面临的问题

电信网络发展至今，规模日益庞大、复杂，但网络建设的根本模式并未发生变化，暴露出来的问题日益严重：基础设施使用率低、建设成本高、能耗大；分散式设备管理，维护复杂、效率低，数据安全保护缺乏；业务平台采用竖井式独立建设，复用效率低；对业务支撑能力弱，实现周期长。

结合云计算和电信运营商的特点，云在电信运营商的发展思路有以下六个阶段：构建电信运营商云平台，为发展 IDC 业务打下基础；内部业务逐步实现云化，改善云服务，优化云系统，如业务整合等；以基础设施服务即（IaaS）为切入点，满足市场多样化的需求，积累运营经验，如虚拟主机等；以软件即服务（SaaS）为营利点，不断丰富企业和个人业务，增加用户黏性，如个人移动桌面、云存储、云盘等；以专业服务为增值点，建立咨询服务、云建设和维护等专业体系化云服务，如代建代维、私有云部署等；以持续创新为核心，推动业务创新，信息与通信技术（ICT）创新，发挥差异化优势，如一站式 ICT 等。

（二）电信运营商的云计算应用策略

1. 云计算应用模式分析

电信运营商在应用云计算时，根据业务特点，主要有 3 种应用模式：

（1）云计算

云计算是指对于计算密集型业务，采用带宽换计算。

（2）云网络

云网络是指对于视频等宽带型业务，采用计算存储换带宽。

（3）云聚合

云聚合是指对于事物和流程密集型业务，采用中心带宽换边缘带宽。

2. 电信运营商应用模式具体情况

电信运营商应用云计算模式主要有以下三种情形：

（1）业务云

将业务生产系统进行云化，硬件资源不再单独管理，而是由云平台统一管理；系统部署由过去的安装、配置、调试和运行的过程，变成资源申请和虚拟机载入的过程；业务调度也由原来固定数量的处理器处理业务，变成根据业务量的大小动态申请资源。

（2）桌面云

将办公桌面进行云化，使用云计算技术将桌面系统统一到服务器端，通过客户端远程访问服务器端的桌面系统。虚拟桌面系统实现软硬件的统一规划和统一采购，同时实现对桌面系统的统一管理和统一维护。

（3）IDC数据云

将IDC数据中心云化，通过虚拟化、自动化等云计算关键技术动态调配各种资源（如计算、存储、带宽、硬件和软件等）提供给客户。客户根据实际使用的资源进行付费。如此，电信运营商可以节约成本和降低能耗，提高资源利用率。

3. 电信运营商云化发展建议

电信网络主要分为业务网、核心网、接入网、承载网、网管网。这些网络都有自身的特点，所以不同网络的云化能力也有所不同。

（1）业务网云化

业务产品位于电信网络的边缘，云化并不会导致全网的振荡，业务产品同时具有"一点接入，全网服务"的特性，所以，业务网是最适宜率先云化的网络。

（2）核心网云化

核心网在电信网络中处于核心地位，并且具有设备功能细化、网元种类多、网络扁平化的特征，所以云化要选择业界成熟设备厂家的设备以及组网方案，这样才能保证核心网的安全。

（3）基站等接入网云化

由于基站等接入网设备具有地域分散、容量小等特征，这些都不符合云化的特点，所以接入网的云化应该最后再考虑。

（4）承载网云化

由于承载设备具有地域较分散、容量较大的特征，建议先局部云化，逐步汇聚，最后组成承载网云。

（5）网管网云化

网管网要实现云化，要解决两个方面的问题：一方面需要解决网管网"面向云"，即其他设备运行在云环境下时，网管网如何对其提供管理；另一方面需要解决网管网"基于云"，即网管网系统本身如何在云环境下运行。

四、云计算在医疗信息化建设中的应用

（一）云计算应用在医疗信息化建设中所产生的影响

1. 积极影响

（1）为软硬件建设提供了更为广阔的发展空间

云计算将资源集中在了"云端"，因此即使不再需要过多的硬件设施支持，也能够享受到信息资源服务。"云端"通常指的是互联网虚拟化喻称，此时用户应用信息计算服务不再依赖于硬件设施，而是直接依赖于虚拟化网络，用户

只需要一台计算机即可通过联网获得相应服务。在我国以往医疗信息建设过程中，已经投入了大量人力物力，应用了很多先进的软件与硬件，使当下医院的医疗信息系统整体越来越臃肿，有的规模较大的医院有几台乃至十几台服务器，再加上很多复杂的硬件信息设备，才能够支撑起医院医疗信息服务运行。这同时也进一步加大了医院信息化系统的运维难度。而通过引入云计算技术，能够有效整合医院现有的资源，优化医院现有医疗信息系统结构，去除大量多余的硬件设施，将相应信息化服务集成在同一个远端之上，减少设备投入，有效为医院庞杂的医疗信息系统"减肥"，为医院医疗和软硬件建设提供了更为广阔的发展空间。

（2）有利于统一各种医疗信息标准

想要通过医疗信息建设连接不同区域的医院，首先需要做到信息资源统一互通共享，要求相应的医疗数据在存储、交换、解析等方面有一个统一的标准。而当下各个医院医疗信息系统比较繁杂，不同系统医疗设备之间均比较独立，因此很难实现区域化的医疗信息统一建设。当前我国一些软件科技公司、高等院校等研究开发了很多医学应用软件和配套医疗设备，但不同软件设备之间缺乏统一标准，只能够局部实现标准化，并且医疗软件设备互操作性、兼容性也比较差，难以实现不同系统设备之间医疗信息的顺畅交流。这已经严重阻碍了区域化医疗信息建设的发展。然而通过应用云计算技术作为医疗信息化建设的基础，上述问题就能够得到有效解决。云计算以互联网为基础，用户能够通过网络直接进入可配置资源共享池，如网络、服务器、存储等，只需要通过网络简单的操作即可对数据存储、处理、共享实现高效率管理，有利于倒逼相应医疗信息标准进一步实现规范化与统一化，从而实现更好地发展。

（3）对传统医疗模式变革带来较大的影响

通过应用云计算技术，能够有效推动在医疗信息化建设中各种传感器的应用。将传感器与信息网络连接，借助强大的5G通信技术，能够对传统医疗模式带来较大的变革影响，使未来医院远程诊疗将会逐渐成为现实。通过基于云计算构架的医疗卫生信息系统，在强大的互联网的帮助下，云中心会对患者大数据信息进行统一的收集，能够帮助医生更好地进行辅助诊断。此时医生通过携带终端设备，只要在有网络的地方，就能够实现云连接，实施远程诊断治疗。

2. 消极影响

（1）数据本身安全风险隐患增加

在云计算模式下，虽然打通了以往"烟囱式"信息壁垒，实现了数据资源的统一共享，但这同时也意味着用户的数据隐私空间将会被进一步压缩。用户的相应数据都统一存储在"云端"，因此一旦因各种原因导致用户数据泄露，将会给用户自身带来非常大的损失，并且用户在使用云计算服务时，需要同意云计算服务商提供的"隐私协议"，这也就意味着云计算服务提供商都拥有资源的最高访问权限，用户个人的病患信息安全将很难得到保证。

（2）信息服务面临较大的安全风险

在医疗信息建设中应用云计算，不仅会大量存储用户的各种诊断数据，同时也会存储各种医疗诊断救护使用的应用程序（也就是医护人员用于处理数据和获取服务的软件），云端对上述程序控制有着绝对的权利。因此即使数据安全得到了有效地保障，但若云计算服务本身出现了问题，用户会失去对存储的信息进行处理的能力。例如，亚马逊公司一直标榜云计算服务非常安全，结果出现了一次严重的宕机事件导致亚马逊云服务中断将近4天，用户数据也面临着较大的隐私泄露风险。

（3）系统稳定性风险增加

云计算技术在实际应用方面非常依赖于高速的网络，但由于不同地区网络基础设施建设情况不同，再加上计算机网络本身存在的延迟等问题，都会对云端服务系统的稳定性带来不利的影响。再加上医疗卫生行业本身有着一定的特殊性，一旦云端系统没有及时响应，必然会对诊疗带来严重影响。

（二）以云计算为基础的医疗信息化建设建议

1. 注重做好顶层设计

云计算作为当前最为先进的一种信息技术，虽然技术本身已经日趋成熟，但如何更好地应用于医疗信息化建设中，当前尚未有成熟的经验可借鉴，并且不同地区的医疗卫生系统组成不相同，仍需要在应用云计算技术时考虑当地的实际情况。基于此，需要结合实际明确医疗信息化建设需求做好云计算技术应用的顶层设计，确保云计算在医疗信息化建设中发挥出应有的作用和价值。在这一过程中，需要从云计算医疗卫生应用的理论研究入手，全面深入了解云计算虚拟技术、大数据存储技术等核心技术对医疗信息化建设带来的影响。同时还要从具体的规划、标准、制度等层面着手，自上而下地有序推进云计算技术在医疗信息化建设领域有条不紊地开展应用。

2. 加强借鉴与融合

在医院信息化建设中应用云计算技术，应充分借鉴国内外及其他领域云计算技术应用的研究成果，还要加强与高等院校、科技企业的合作，努力突破云计算技术在医疗信息建设应用中难点问题，设立医疗信息化重大专项并做好相应研究实验室的配置。针对云计算下的医疗信息建设需求加强研究，重点解决云计算系统响应速度、系统稳定性、云服务安全性等关键技术难题，助推云计算技术在医疗信息化建设中发挥出应有的作用。

3. 做好试点立项

从现有区域医疗中心的云计算改造入手，立足于当前医疗卫生信息系统，在"业务模式不变、开发手段不变、维护习惯不变、操作流程不变"的前提下，逐步挖掘云计算技术的作用和价值，实现现有区域医疗信息中心到云计算数据中心的顺利过渡。通过采用试点先行方式，从一些典型医疗应用入手，做好云计算技术。此外，还可以从需求分析、技术论证、系统建设等多个环节入手，完善云计算技术应用的算法和模型，打造医疗云计算平台，最后借助平台进行医疗云计算系统的建设。

五、云计算在电力信息化建设中的应用

（一）电力企业信息化建设现状

不同电力企业自身的运营机制、管理机制、信息化利用程度不同和信息化系统的信息编码、技术标准和规范应用存在差异，从而引致企业内部信息孤岛和系统集约、信息共享等方面问题的产生，致使电力企业的信息化建设受到技术阻碍和制约。电力企业集中化数据信息系统和集约化管理的构建和应用，为云计算的投入提供了应用环境和条件。电力企业各级信息系统所涵盖的数据内容十分丰富，既包含系统运行类数据、生产管理类数据，又包含市场运营等各类数据。在海量信息数据中，电力生产运营类数据占据了主导地位，且具有实时、高并发性等特点。在现代电力企业信息化建设中，各类运行系统数据信息的海量生成使数据处理系统的压力激增。

在新一代绿色数据信息系统建设中，所面临的问题是多样的，主要表现在三个方面。

一是资源管理的日益复杂化、全面化。基于电力需求的日益增加，电力企业按需求量配置软硬件设施，但在资源管理过程中，资源共享和调节分配等方面存在问题，严重降低了电力企业的资源利用率，无法充分发挥电力资源的应用效能，造成了资源的过度消耗。

二是信息管控能力与现实资源运维相脱节。随着各类数据的指数级递增，数据处理中心的管理和运维压力不断加大，其有效管控能力和管理队伍建设明显落后于服务器信息数据的增长速度，超出了有效管控范围，从而面临着人才储备不足和生产不安全等制约性问题。

三是能源消耗和运维成本增加。因信息处理能力的不足，导致各类资源的利用率低，能源的无功消耗增加，致使能源消耗、运营维护和各类信息处理的成本不断增加。

（二）云计算在电力信息化建设中的应用

1. 虚拟化技术

虚拟化是指由位于下层的软件模块（将其封装和抽象），提供一个物理和封装的接口，使上层软件可以直接运行在这个虚拟的环境之中，但和原来的运行环境一样。虚拟化通常指计算机元件在抽象化的空间中运行，而不在真实的物质环境中运行。虚拟化是一个抽象分层，将操作系统与物质设备硬件进行分层，硬件抽象层转化为虚拟硬件抽象层，从而整合异构硬件资源，实现虚拟机迁移、资源调度和荷载平衡，提高资源利用率。虚拟化允许具有不同操作系统的多个虚拟机在同一物理机上独立并行运行，也允许一个平台同时运行多个操作系统，并且应用程序可以在相互独立的空间内运行而互不影响，从而显著提升计算机的运行效率。

2. 资源调度管理技术

云计算资源调度管理技术是一项提高资源利用率的信息运维技术，能够实现对云资源的有效管理、监控和调度，通过规范资源准入接口，运用互联网信息网络，以云资源服务化的形式传递、分享给用户。资源调度管理技术的最终目的在于利用虚拟化技术实现对异构物理机和资源池的管理，以服务的形式实现对基础设施资源的封装、抽象和输出，实现异构资源的统一管理、动态监控和按需分配与调节，从而为各类系统的平稳运行提供稳定协调的环境，为服务器的合并提供基础和保障，为每个用户提供安全可靠的工作环境。

3. 云计算在电力信息化建设中的具体应用

云计算技术在电力信息化建设中的具体应用主要表现为利用虚拟化技术，基于底层异构物理基础设备构建高度共享的资源池，促进资源的优化整合，实现对各类系统资源的统一管理、动态监控和按需调度。其功能的发挥表现在四个方面。

一是虚拟化云计算资源池的搭建。通过虚拟资源池的搭建，优化整合各类信息资源，实现统一管理、动态监督和按需分配，提高基础设施的信息承载力和资源利用率。

二是统一镜像管理服务的提供。通过对镜像管理的统一化，实现对镜像文件的速效存储、快速定位和高效管理，简化管理程序，降低管理难度，简便管理过程。

三是云计算快速部署能力的运用。借助云计算快速部署的能力，提升电力信息系统的灾备能力，为灾备演练和灾备转换等环节提供技术支撑和保障。运行环境的提供，基于应用荷载的变化情况，提供应用集群的动态弹性伸缩，为业务应用提供安全、可靠、可调节、可控制的环境。

　　四是虚拟化监控数据的产生。通过云计算技术和虚拟机监视器的应用，提供虚拟化数据（虚拟化资源、物理资源、虚拟化配置等监控和虚拟架构的发现和拓扑）。

六、云计算在会计信息化方面的应用

（一）云计算在会计信息化方面的应用对企业的促进作用

1. 改变会计信息系统的建设成本

　　大部分企业在未引进云计算之前，所使用的都是会计电算化软件，其在引进环节，花费大量的资金用于购买软件、培训人员和维护软件，后期还可能会出现各种各样的问题，增加了后续投入。而云计算被应用到会计信息化后，不仅不需要一次性购入软件，企业在后续使用过程中也不需要投入人员和成本进行维护，相关成本大大下降。而且随着云服务技术的持续改进和推广，相关的云服务提供商之间的竞争越来越激烈，平台的服务费用大幅下降，使得会计信息系统的建设成本大大下降。

2. 促进财务部门改变

　　基于云计算的新型会计信息系统，能够将会计方面的数据和财务管理实现基础一体化，结合会计业务与工作，业务发生后，能够第一时间在快递方面有所反应，使得业务人员和财务人员工作量大大下降。引进新平台能够提升工作人员的效率及工作准确性，让传统会计信息系统在会计核算方面所存在的问题得以解决。而且新平台能够为总公司和子公司的账务制定统一标准，并使得总公司拥有监控子公司账户的权利，第一时间了解子公司内部账务情况，不仅能解决对账不统一的问题，还能够有效解决财务人员需去外地处理问题的麻烦，线上的对比与矫正准确率更高、更为便捷，避免了子公司私自更改科目的可能，有效强化了总公司对子公司的监督管理工作。

3. 促进业务流程的改变

　　应用基于云计算的快递信息化平台，构建相应的管理系统，能够深度优化企业管理模式，促进企业信息化的升级。在采购方面，因为平台上详细记载了库存产品及订单信息，所以采购人员可以通过平台信息及实际业务情况，制订合理的采购方案，提升工作效率；在仓储方面，企业可以结合订单及出货单等，构建仓库数据库，允许销售人员及采购人员直接查阅相关数据，促进互相之间的业务沟通，同时能够提升库管人员对库存产品的了解详细程度，强化管理工作；在销售方面，由于部分销售人员是异地开展业务的，所以可以为销售人员设置实时查看库存的权限，促进其业务的顺利开展。

4. 改变财务分析与决策支持

基于云计算的会计信息化模式能够有效促进业务与财务的结合，促进会计核算完善，在记录企业日常经营活动相关财务数据的同时，还能够分析财务数据。企业通过对各部门制定的针对性考核表，监督考核员工工作的执行情况，有效促进企业工作开展。此外，此模式还能够整合企业的财务处理信息，应用专业的财务工具分析信息，及时了解企业情况，将可能出现的问题扼杀在摇篮中，促进管理一体化。基于云计算的会计信息化系统，可以满足企业管理层实时了解公司运营状况的需求，在制定决策时，系统能够为其提供合理的引导，有效规避大部分风险，以有效的财务分析促进财务管理工作的开展。

5. 促进企业市场竞争力的改变

云计算在促进企业业务与会计工作转变的同时，其所具备的财务分析功能，能够为企业管理层决策的制定提供相关的数据支持。财务部门把业务数据和会计数据融合汇总到同一数据库中，由系统自主选择相关的财务工具进行数据分析，确定其中的问题并发出提醒，确保能够第一时间处理相关问题，避免企业爆发较大的经营风险。而且云计算平台通过促进财务与业务的结合，可以在一定程度上提升企业的统筹协作能力，提高工作的效率及质量，提升企业的市场竞争力。

（二）云计算在企业会计信息化中的应用对策

1 对于云计算需要给予高度重视

针对当前云计算服务难以得到大部分企业认可的问题，国家相关部门应当加强在此方面的宣传，深化企业对于云计算服务的认识，使得其认识到基于云计算的会计信息化应用能够更好地促进企业发展。要求企业需要深度认识云计算相关知识，注重在此方面的学习，并引导员工共同学习，以更好地迎接发展机遇。国家也需要高度重视云计算的推广应用，通过相关政策的扶持和引导，促进云计算的发展。企业方面要从管理层入手积极学习云计算相关知识与技能，深度了解云计算技术特点及其能够在企业发展方面所起到的促进作用。认识到云计算的应用不需要安装部署相关软件、获得免费培训维护、操作便捷简单、没有空间与时间限制等，从多个角度促进企业发展。

2. 强化安全防护工作

信息安全问题是会计工作过程中需要重点预防的问题之一。企业的财务数据属于企业的核心机密，所以财务数据安全问题必须要予以高度重视，除了需要企业方面的努力之外，还必须要从云服务供应商和政府方面获得支持。

第一，云服务供应商以数据与应用两角度处理安全问题。针对当前企业对于云服务心存质疑的情况，云服务供应商需要积极应用先进技术，加强安全保障，让企业能够拥有一个安全的云环境开展工作。在进行数据传输时，供应商应当尽可能选择加密的处理方式，并且在每一次向新用户交付平台使用时，彻底清除服务器上的信息残留，并且为企业在云平台的登录账号与密码做好必要的保护工作，企业方面则可以通过定期更换密码或提高密码复杂程度的方式确保账户安全。

第二，国家相关部门应当为云计算做好必要的保驾护航工作。可以借鉴国外的成功案例，制定相关的监管标准，实现对云服务供应商的有效监管，严厉打击违反市场规定和破坏协议的行为，有效促进云计算在会计信息化方面的应用。

第三，企业需要主动加强数据保护工作，如严格落实内部控制制度，强化数据监管保护工作，定期对数据进行备份，明确各操作岗位的权限，并且将责任细化到个人，一旦发现问题，能够第一时间将责任确认到个人，并构建企业自身的监督预警机制，及时发现并报告相关风险因素，有效降低损失。

3. 保障网络的传输性能

基于云计算的会计信息化必须依托互联网而存在，所以网络自身的传输性能及稳定性会对企业会计信息系统的使用感受产生直接影响，同时会影响其业务处理的效率与质量。当前云计算逐渐普及到各行各业，随着用户数量不断增加，其对于互联网流量及网络自身的稳定性方面的需求也在不断增加，如果在数据传输过程中，出现网络带宽不足、网络瘫痪的问题，就可能会造成严重后果。所以要求企业必须合理选择传输速度快、稳定性高的网络，以保证日常的会计业务流程处理需求。此外企业还可以采取双网络的方式，主网络负责日常的使用，备用网络则在网络中断、网络不稳定状态时予以辅助支持，保障会计工作的顺利开展。

4. 加强云计算会计人才的培养

云计算在企业会计信息化的融合应用并不是一蹴而就的，而是需要循序渐进地进行，认真完成每一个环节。应当从企业管理层着手，强化对于云计算的认识，并在此基础上，结合企业实际情况构建相关的财务团队。企业需要让管理层充分认识云计算对于企业自身的促进作用，由企业管理层引导下属员工主动学习，为财务人员安排相关的培训活动。针对引进云计算平台时企业内部人员可能存在的冲突情况，如财务人员期待会计工作方式能够得到革新，而IT技术人员认为云计算平台的应用会增加自己的工作量，从而对企业的该项决定产生反对情绪，因此要求企业管理层合理采取措施，统一员工的思想认识，加强云计算优势的宣传，制定科学、合理的激励措施与培训计划，尽可能帮助员工感受云计算的应用为企业所带来的变化，并定期开展员工的再教育培训活动，让企业员工齐心协力，共同为企业的发展进步不懈努力。

5.加强会计操作管理，避免数据失真

会计数据失真是长期以来一直无法得以彻底解决的问题之一。

第一，云计算供应商所提供的产品及服务已经考虑到统一的会计制度，但不同的企业会由于自身经营业务的不同而存在不同的设定，必须要对其及时进行调整，才能够避免对后续会计工作产生影响。企业方面需要及时就此与云服务供应商进行沟通，确保所有的基础设定都能够满足企业的实际会计业务需求，避免后续出现财务数据混乱、财务工作难以有序进行的情况。

第二，互联网技术是支持云计算顺利开展的重要基础之一，所以在处理发票业务时，可以与税务部门进行合作，采取特殊标记的方式，对所上传的发票进行标记，并且在会计信息系统中设置相关的匹配设定，在进行数据传输时，如果平台没有匹配到对应的发票，则认为该数据传输无效，从而有效降低发票被滥用的问题。

第三，企业的财务人员在日常工作过程中，需要定期拍照备份所形成的实物票据，并及时审核业务内容，如此能够有效降低各类损失，避免其对于企业日常的会计工作产生影响。

第四，由于云计算平台自身存在数据资源共享的能力，信息使用者通过登录和浏览云计算平台相关数据，借助其形成的相关数据指标，能够做出更为可靠、科学的决策。所以企业财务人员在上传数据信息的时候，必须要能够保证数据的真实可靠，如此才可以让信息使用者确定最有助于企业发展的管理措施与决策。

七、云计算的发展策略与发展展望

（一）云计算的发展策略

在新一轮经济转型和科技变革趋势下，云计算既是新型基础设施的重要组成部分，也是重要的技术支撑。为壮大我国云计算产业，进一步提升我国云计算发展与应用水平，笔者提出了以下策略建议。

1.坚持需求导向，进一步引导和拓展应用

云计算技术逐渐成熟，应瞄准市场需求，抓住"新基建"和后疫情时代机遇，在工业云、政务云等行业应用良好的基础上，不断拓展云计算技术与其他传统行业的融合和社会化应用。云计算技术应进一步支持细分领域云平台建设，构造平台经济。利用平台优势，以市场需求推动传统制造业升级转型，打通产业链、行业链上下游联系，挖掘市场潜力和新兴业态，服务经济社会发展。

2.优化基础环境，提速突破关键核心技术

我国云计算在技术方面与国外一流水平仍存在一定差距，云计算的大规模发展需要底层基础设施、技术研发、标准体系等方面的完善，需要不同区域、机构、市场主体加强基础设施、环境及服务的统筹布局和规划，需要积极探索技术攻关、成果转化、科技交流与合作的新模式、新机制，推动政产学研合作，形成合力攻坚体制，从而促进云计算软硬件核心技术的突破与升级。

3. 加强安全建设，保障云计算健康有序发展

当前云安全依然是影响企业上云意愿的最大因素。应推动网络信息安全标准体系、技术提升、应用服务等方面的发展与升级，提高云安全全产业链安全意识，加强安全服务模式建立，重塑云安全管理和应对模式，进一步保障云安全。同时，云计算已经成为基础设施，建议成立专门的监管部门，设立相应规章制度，保障上云安全，维护产业健康有序发展。

4. 加强生态建设，促进厂商互联和开放共享

随着产业不断发展，云计算市场竞争已到达白热化阶段，出现了市场产品同质化严重、低价竞标等问题，经营资质违规行为时有发生，同时涉云公司垂直发展，不同云之间存在很多技术壁垒，一个云上的应用很难平滑转到另外一个云上，严重阻碍云计算技术、产业发展。应加强云计算生态建设，统筹规划竞争与错位发展，促进不同云厂商之间互联互通，开放共享，共同推动我国云计算做大做强。

（二）云计算的发展展望

1. 云技术从粗放向精细转型

过去几年，云计算技术快速发展，云的形态也在不断演进。基于传统技术构建的应用包含了太多开发需求，而传统的虚拟化平台只能提供基本运行的资源，云端强大的服务能力红利并没有完全得到释放。在未来，随着云原生技术进一步成熟和落地，用户可将应用快速构建和部署到与硬件解耦的平台上，使资源可调度粒度越来越细、管理越来越方便、效能越来越高。

2. 云需求从 IaaS 向 SaaS 上移

随着企业上云进程不断深入，企业用户对云服务的认可度逐步提升，对通过云服务进一步实现降本增效提出了新诉求。企业用户不再满足于仅仅使用 IaaS 完成资源云化，而是期望通过 SaaS 实现企业管理和业务系统的全面云化。在未来，SaaS 服务必将成为企业上云的重要助手，助力企业提升创新能力。

3. 云布局从中心向边缘延伸

5G、物联网等技术的快速发展和云服务的推动使得边缘计算备受产业关注，但只有将云计算与边缘计算通过紧密协同才能更好地满足各种需求场景的匹配，从而最大化体现云计算与边缘计算的应用价值。在未来，随着新基建的

不断落地，构建端到端的云、网、边一体化架构将是实现全域数据高速互联、应用整合、调度分发以及计算力全覆盖的重要途径。

4. 云安全从外延向原生转变

受传统 IT 系统建设影响，企业上云时往往重业务而轻安全，安全建设较为滞后，导致安全体系与云上 IT 体系相对割裂，而安全体系内各产品模块间也较为松散，作用局限，效率低。在未来，随着原生云安全理念的兴起，安全与云将实现深度融合，推动云服务商提供更安全的云服务。

5. 帮助云计算客户更安全地上云

云应用从互联网向行业生产渗透。随着全球数字经济发展的进程不断深入，数字化发展进入了动能转换的新阶段，数字经济的发展重心由消费互联网向产业互联网转移，数字经济正在进入一个新的时代。在未来，云计算将结合5G、AI、大数据等技术，为传统企业由电子化到信息化再到数字化搭建阶梯，通过其技术上的优势帮助企业完成其在传统业态下的设计、研发、生产、运营、管理、商业等领域的变革与重构，进而推动企业重新定位和改进当前的核心业务模式，完成数字化转型。

6. 云定位从基础资源向基建操作系统扩展

在企业数字化转型的过程中，云计算被视为一种普惠、灵活的基础资源，随着新基建定义的明确，云计算的定位也在不断变化，内涵也更加丰富，云计算正成为管理算力与网络资源，并为其他新技术提供部署环境的操作系统。在未来，云计算将进一步发挥其操作系统属性，深度整合算力、网络与其他新技术，推动新基建赋能产业结构不断升级。

第九章　网络信息安全与防护策略

在计算机网络系统广泛应用的过程中，一些信息安全问题受到了越来越多人的重视。针对这些风险安全隐患，需要采取一定的安全防护措施。通过用户行为优化、加强一些杀毒软件和防火墙应用、提高对系统维护管理等措施，可以在一定程度上有效保证计算机网络的安全使用。本章分为网络信息安全风险评估、网络信息安全分析与管理、网络信息安全及防护策略三部分，主要包括网络信息安全风险评估的定义、当前网络信息安全的隐患、网络信息安全问题的原因分析、网络信息安全风险的管理等方面的内容。

第一节　网络信息安全风险评估

一、网络信息安全风险评估的定义

信息安全风险是指信息系统中存在的脆弱性被威胁成功利用后引发了安全事件，潜在的威胁演变成安全事件会对信息系统造成的负面影响。信息安全涵盖了网络安全、系统安全、应用安全、数据库安全等内容，而网络安全在信息安全中占据很重要的地位。

网络信息安全风险评估定义：识别网络系统中存在的威胁、漏洞、资产，对威胁成功利用漏洞后给网络系统带来的风险大小进行准确、有效的评估，并对风险评估结果实施安全防护策略用以抵御威胁，从而降低潜在威胁和未知安全事件造成的负面影响。

二、网络信息安全风险评估的要素

风险评估涉及 5 个关键要素，包括资产、漏洞、威胁、风险和安全措施。各要素之间的关系、关键要素以及关键要素相互关联的属性如下：

①组织业务战略强调了对拥有的一切资产的依赖程度。

②每个资产都具有相应的价值，组织拥有的全部资产价值越大，其业务战略越依赖于资产。

③威胁可以增加网络系统的风险，如果威胁成功利用漏洞后会演变成网络攻击事件。

④漏洞利用成功后会对资产价值带来负面影响，漏洞暴露了资产价值。

⑤漏洞使安全需求没有得到满足，会影响组织业务战略的正常运营。

⑥风险的评估导出安全需求。

⑦通过分析实施安全措施的防护成本，利用安全措施满足安全需求。

⑧实施恰当的安全措施可以降低风险，并成功抵御潜在威胁。

⑨在有限预算的条件下实施安全措施后控制了一部分风险，还有一部分风险仍存在于网络系统当中。

⑩如果对残余风险不进行及时的控制，将来可能诱发未知的网络攻击事件。

第二节　网络信息安全分析与管理

一、当前网络信息安全的隐患

虽然海量的网络信息给政府治理和企业运营带来了极大的便利，改进了政府治理模式和企业的运营模式，但与此同时，网络信息安全中仍存在不少问题，网络信息泄露导致的网络安全事件和网络犯罪依然层出不穷。

（一）基础设施存在安全漏洞

从理论上来讲，网络基础设施存在漏洞是不可避免的，在实际的应用过程中，Windows 系统、Solaris 系统以及 Linux 系统等系统硬件都存在一定的安全漏洞，这是系统设计、生产时无法避免的。任何一个系统产生之初都会存在不同程度的隐患，随着使用时间的不断增加，硬件系统自身会产生磨损，系统功能也会削减，落后于时代的要求。由于我国缺少信息技术的自主研发权，核心技术受制于人，不少系统在生产之初被植入"后门"。此外，计算机等基础设施的软件操作系统也存在一定的安全漏洞，这就为木马入侵提供了便利条件。木马病毒的隐蔽性强，可以长时间潜伏在一些可执行的操作程序中，一旦被激发，会导致系统出现瘫痪，从而引发一系列网络信息安全事件。

（二）信息收集缺乏明确标准

在现代网络社会，基本每个人的个人信息都被网络设施收集、存储和使用，政府部门和网络服务商也会通过提供服务的方式收集和存储用户的个人信息以便实现某些利益。由于缺乏明确的信息收集标准，因此出现了信息随意收集与共享的问题。

在信息社会，不管使用者是否同意网络运营商收集、存储和使用用户信息，他们都会采取提供服务的方式收集用户的个人信息。例如，某些购物平台在收集用户的姓名、手机号、地址等信息外，也会要求使用者登记收入情况、受教育情况、出生日期以及其他社会关系等。而导航软件通过为用户提供服务的方式，记录使用者的位置，实现某个地区的实时人流量信息，一方面将掌握的数据信息提供给其他企业获得经济利益，另一方面也可以取得一手数据信息。在此过程中每个使用者的个人信息都被记录并存储为数据库中的一部分，在整个过程中使用者并没有得到任何系统的提醒。另外，某些平台还通过要求使用者"绑定"其他社交软件的手段过度收集使用者的信息。支付宝在 2011 年推出"快捷登录"项目，使用者可以将此应用账户作为使用其他操作软件的账户。征得使用者授权之后，这些操作软件之间可以实现使用者的个人信息共享，减少使用者填写账号密码的烦恼。

网络的平等开放性，保障了任一联网终端设备的使用者都可以用匿名方式随时发布、传播、存储信息。针对同一个事物的信息发布，可以呈现多点信息源隐蔽散发、难以控制的特点。一般单点信息源发布、传播某一个公民的个人网络信息，极易被埋没在海量网络信息之中，不会对信息权利人造成严重的后果。但是，如果将单点的网络数据信息通过搜索引擎或者大数据分析技术与其他机构的网络信息进行交叉检测，就会识别出公民的个人身份，侵害公民的隐私权。例如，北京检查部门破获的一起案件中，警察逮捕了一家信息中介公司的负责人，并在他的计算机中查获存储使用者个人信息的数据库，涉及的公民信息记录多达 1000 万条。这些信息依据一定的分类标准进行划分，方便快速查找和搜寻。另外，这个数据库具有一键查询功能，一旦输入使用者的联系方式，就可以查询用户的地址、房产等其他个人信息。网上存在大量违法交易个人信息的"QQ 群"，这些"信息二道贩子"，他们虽然处于产业链底端，数量却越来越多，是违法交易信息的主要人员。

网络技术和大数据技术的发展，为海量网络数据信息的收集和存储提供了技术支撑，企业为了实现精准营销不断通过各种应用软件收集用户的个人信息，用户在使用网络的过程中也留下了大量的浏览痕迹，网络数据信息在数据库中通过大数据技术的交叉分析，精准定位使用者的网络信息，一旦这些信息流入不法分子手中，就会对公民个人和社会发展带来严重损害和影响。

（三）信息存储缺少安全保护

政府和网络服务提供商承担着信息安全保护者的角色，但是在实际的使用过程中，网络服务商出于经济利益的考量，过多地关注信息的使用价值而忽视了对网络信息的安全保护。由于网络信息的存储缺少安全保护，给网络黑客和病毒攻击提供了便利条件，会导致网络信息安全事件的发生。

近年来也发生了几起重大的网络安全故障。2014 年 1 月 21 日，中国互联网出现大面积 DNS 解析故障。2014 年 10 月 2 日，摩根大通银行承认发生信息安全泄露事件，超过 7500 万个家庭、700 万企业组织的网络信息遭受攻击。身在南欧的黑客取得摩根大通银行数十个服务器的登录权限，偷走银行顾客的名字、地址、联系方式和邮箱账号等隐私信息，同时与他们有关的银行系统信息也未能幸免，受影响者人数占美国人口的 1/4。

网络信息泄露，侵犯了信息主体的隐私，甚至构成网络信息犯罪。网络诈骗与客户端软件结合甚至与传统电话诈骗结合，成为新型诈骗的显著特点，我国因钓鱼诈骗遭受的损失以及间接损失，据估算每年可能达到 50 亿至 70 亿元。据统计，仅 2008 年北京、上海、广东、福建这四个省市因电信诈骗犯罪导致的市民损失近 6 亿元；2013 年，中国电信诈骗案件发案 30 万余起，群众损失 100 多亿元；2015 年国家公安系统共侦破电信诈骗案近 60 万件，比去年同期增长 32.5%，导致财产损失 200 多亿。电信诈骗之所以如此猖獗，很大一部分原因是网络技术的发展，为罪犯提供了大量的个人信息，他们通过网络，获取了大量的公民信息，使得精准诈骗成为可能。

二、网络信息安全问题的原因分析

20 世纪下半叶以后，随着经济全球化的深入发展，资本主义社会的结构冲突越发明显，风险已经深入社会生活的诸多领域，高度风险性成为当前社会的重要标志，我们已经进入了风险社会。网络信息安全问题说到底也是一种风险，因此，对网络信息安全问题的原因分析也主要从风险社会着手，从风险意识、风险社会的组织机制、相关规范和运行机制四个方面展开分析，探讨风险社会下的网络信息安全问题的成因。

（一）风险意识的淡薄

社会问题不单单是客观现实的反映，也是社会建构的产物。它被列入议事日程，涉及复杂的博弈过程。对于现代社会产生的风险，需要经过因果性的解释。它们只在有关他们的"知识"中才存在或显形，它们在知识中被改变、被夸大、被缩小甚至被隐匿。风险社会理论中的制度文化主义提出，事实上当前社会的风险根本没有增多，只是人们的风险意识加强了，所以导致风险增加了。这种观点强调风险社会的关键是风险文化，文化的认识作用尤其重要，重视文化共享的理念，利用其规制社会风险，强调利用普及风险文化、增强风险意识的方法实现风险社会的治理。因此，风险意识淡薄、缺少信息安全文化，是引起网络信息安全问题频发的重要因素。

1. 网络信息安全教育缺失

（1）网络信息安全通识教育缺失

根据统计报告显示，网络信息安全事件的受害者集中分布于青少年与老年人，这部分人由于网络防范意识不强，成为网络安全事件的重灾区。部分大学生风险防范意识低下是造成网络安全受害的最大因素。但是与此同时，教育主管部门开展的网络信息安全风险意识教育活动缺乏。针对某大学的一份问卷调查显示，该学校仅在网络安全宣传周和开学初通过展板和讲座的形式开展网络安全教育，日常课程设置以及学院讲座中很少涉及网络安全，同学了解网络安全的相关知识主要是通过新闻报道。

（2）网络信息安全技能培训不足

管理和技术是网络信息安全治理的两个关键因素。网络社会的产生是网络信息技术发展和普及的必然结果。在网络空间中，病毒和黑客的攻击突破了传统的空间限制，因此，及时了解最新的网络安全攻击形式、提高应对网络病毒攻击的技术手段是避免网络信息安全事件的基础。但是由于网络信息安全宣传和教育的缺失，普通群众因为缺乏必要的应对网络病毒攻击的技术而成为网络信息安全中的薄弱环节，即使发现网络病毒的攻击，也只能依赖应用软件进行初级处置，不能快速利用先进技术来应对网络安全问题，从而导致信息安全事件的发生。

2. 网络信息安全宣传工作不到位

（1）网络信息安全宣传缺乏长效机制

政府作为国家治理的主体，担负着文化培养和宣传的责任，社会文化氛围的形成与政府积极作为密切相关。网络安全宣传周是网络安全部门传播网络安全知识，提高公民网络安全意识的活动。虽然网络安全宣传周的活动丰富，形式多样，也确实起到了一定的效果。但是，网络安全宣传是一个长期的工程，不是运动式宣传。如果这种宣传周的活动成为运动式宣传，在活动周结束之后，网络信息安全宣传的活动也随即消失。

（2）媒体网络信息安全宣传不到位

广播、电视、网络等公共传媒在网络信息安全宣传中承担着重要的角色，在社会文化宣传中扮演着举足轻重的作用。曝光网络信息侵权事件，引起公众的风险防范意识，宣传网络信息安全技术和相关知识，能够提高公众的网络安全防范能力。但是一些公共传媒出于利益考虑，在报道的内容选择上忽视对网络安全的相关报道。在具体的侵权事件的报道中，为了吸引公众眼球，夸大其词，丧失了新闻报道的客观公正性，有意引导公众对事件的判断，妨碍人们对网络侵权事件做出公正的评价。

3. 网络信息生态环境恶化

（1）网络服务商等企业的社会责任感缺失

不少互联网企业将经济利益放在首位，秉持利益至上的企业观，缺乏社会责任感，使其成为网络信息安全问题的重灾区。一些企业忙于收集用户的网络信息，忽略了对网络信息的保护。当使用者登录一个平台时经常会有多个HTTP请求并被发送至不同的管理处，这中间的有些请求是享受网络服务所需要的，可剩下的请求就只是想要捕捉使用者的浏览记录，记录使用者的个人信息。这些企业缺乏社会责任感，只注重数据信息的收集，没有建立专门的用户信息保护制度，加上技术漏洞多，导致网络信息安全岌岌可危。

（2）非法收集和交易网络信息活动猖獗

有些企业工作人员的防范意识低，给不法分子带来了可乘之机，甚至一些企业员工主动将用户个人信息出售给不法分子。不少网络黑客用网络攻击技术侵入计算机系统，窃取用户信息，进行非法交易，形成信息交易黑色产业链，恶化了网络信息生态环境。2016年4月由公安部牵头部署的整治侵害网民数据信息的专项活动中，侦破刑事案件1200起，获得网民数据信息近300亿条，抓获的犯罪嫌疑人中数据信息运营企业的员工占比很大。这种恶意贩卖用户个人信息给中间商赚取巨大利润的违法行为，侵犯公民的隐私权，不利于互联网行业的健康、持续发展。

（二）风险治理的组织不健全

组织机制不健全以及相关职能部门权责划分不明确是风险形成的原因之一。德国社会学家贝克指出，风险与责任是一对孪生姐妹，可是当社会风险真正发生的时候，政府的反应远远滞后于风险的蔓延速度，难以及时、准确地采取行动，整个社会就会处于"有组织的不负责任"的状态之中，甚至在风险发生的时刻，会发生"竭尽全力回避责任的情况"，也就是"恰恰是需要应对风险的职能部门临阵脱逃，造成社会风险蔓延。"学者费希尔指出，在风险逼近的时候："每当风险与威胁愈加逼近和凸显的时候，就会从物证、责任和法律制度试图捕捉它们的缝隙中跑走"。健全的风险防范组织是网络信息安全的支撑，但是目前我国在这方面还存在一些问题。

1. 政府内外部风险防范组织不合理

网络信息安全问题作为一种非传统的安全威胁，是伴随着信息化的发展而出现的，与应对传统安全威胁相比，政府应对网络信息安全等非传统安全威胁的防范组织机制并不完善。

（1）内部风险防范组织不健全

①纵向科层管理指挥不力。当前我国领导、监管和治理互联网的机构，中央层面的共有十多个，在这十多个机构部门中，中国共产党中央网络安全和信息化委员会与中华人民共和国国家互联网信息办公室属于整体负责网络治理和网络安全的领导机构。中国共产党中央网络安全与信息化委员会的职责主要是宏观战略性的，对网络信息安全主要起领导和把握方向的作用。中华人民共和国国家互联网信息办公室作为领导协调机构，主要职责是协调各部门履行职能。虽然这两个机构是最高的网络信息安全协调机构，改善了之前缺乏权威性、代表性的统一协调机构的弊端。但是中国共产党中央网络安全和信息化委员会的成立时间不长，在人员构成、决策规则、战略规划方面还存在一定的不足。作为高层协调机构，权力比较集中，但也要做好分权工作，要处理好集中与分权的关系，注重原则性和灵活性的统一。此外，中国共产党中央网络安全和信息化委员会的统筹协调能力有限，网络信息安全方面的问题主要靠领导小组开会决定，由于开会的次数有限，且闭会期间的协调制度有待完善，所以造成领导小组的统筹协调能力无法得到有效发挥。

②横向部门协调无序。除前面提到的两个领导机构，其他职能部门对网络信息安全和网络治理负有不同的职责。由于这些职能部门分别负有不同领域的网络治理和网络安全职责，这种条块分割状态，客观上强化了各职能部门各自为政的治理模式，弱化了对网络的整体治理，不利于防范和减少网络上侵犯公民数据信息的违法、违规行为。它们之间职责不清和职能交叉现象严重，造成多头管理、职能交叉、权责不一、效率低下，严重影响了网络信息安全的治理工作和政府的公信力。

（2）外部风险防范组织不健全

外部风险防范组织包括两个方面的含义：一方面是与政府内部防范组织相对应的，也就是政府与互联网企业、社会组织以及公民个人的网络信息安全防范组织；另一方面是国家与国家之间的网络信息安全防范的合作组织。

从国家内部来看，我国的网络信息安全治理方式正在由政府中心主义向政府主导的多元合作转变。互联网企业、网络服务商、社会组织以及公民正在发挥作用，《网络安全法》中明确规定了网络服务商的职责，全国性的网络信息社会组织和地方网络信息社会组织也在不断地健全和完善。公民的权利意识觉醒，正积极主动地参与到网络信息安全的治理行动中。但是公私部门之间还没有形成良好的伙伴关系，多元合作治理的体系和制度还没有完全建立起来，网络信息共享机制也没有成形，这就限制了互联网企业、网络服务商、社会组织以及公民的参与。

网络信息安全是一个跨越地理界限的全球性问题，大型跨国电信诈骗案件和全球网络病毒的威胁给主权国家带来了严重的损失。如何深度参与国际网络信息安全治理，形成国与国之间的国际合作关系，推动建立多边参与、多方合作的国际网络信息安全组织体系；建立国际社会中国家与国家之间、政府与国际组织及国际组织之间的网络空间对话协商机制，最终倡导健全各国政府全球网络信息治理的组织架构，合理划分合作治理的界限，探讨国际多边合作机制在信息安全、资源安全等领域中的适用性问题，也是我们外部体系建设的一个重点问题。

2. 网络服务商的组织体系不健全

（1）缺少专门的网络信息安全管理部门

由于网络服务组织对网络信息安全不够重视，没有意识到用户信息安全对组织的价值以及需要承担的责任，不少组织在部门和岗位安排中没有设置专门的信息安全管理部门，而是将这一职能附属在生产科技部门或者总经理的工作部门之下。

（2）缺少专业的网络信息安全人才

网络信息安全涉及计算机技术、组织管理、漏洞修复等多学科的知识，需要专业的网络信息安全人才，但是网络服务组织中网络安全人才匮乏，大都是科技部门的人员兼任网络信息安全的工作，由于工作人员的专业性不强，使网络信息安全的防范意识不高，在出现网络信息安全问题时不能及时进行处理。有的服务商虽然引进了先进的业务系统和管理模式，但由于专业人才的缺乏，最终导致先进的信息系统不能发挥作用。

（3）部门间缺少信息共享机制

网络社会不同于传统社会，公民的权利意识觉醒和自媒体的发展，使公民的话语权越来越重。《网络安全法》第三十九条明确规定，促进有关部门、网络服务商、网络运营者、社会组织以及社会公众之间建立信息合作共享平台。但是目前这种网络信息共享机制、事件上报机制和事件通报机制还没有建立起来，各个机构和组织之间缺乏沟通和交流，社会合力下的监督效果不强。

3. 信息安全产业服务体系滞后

风险社会中社会风险多发，加上风险的复杂性特点，加大了社会对于专业的网络安全知识和网络安全产品的需要，而单个行为体认知的有限性以及对确定性结果的期待，使社会对专家系统的依赖性逐渐增强，信息安全产业已经变成网络安全产业中的关键产业。相比于全球信息安全服务产业的发展，我国在信息安全服务体系的发展中还存在着一定的问题。

（1）信息安全服务水平不高

①市场分散。公众在选择网络安全产品时，仍采用单点、分散的购买模式，各个系统之间采用单独的安全防护产品，缺少整体、宏观、全面的安全战略规划和设计，依靠市场上缺乏资质、良莠不齐的安全产品，难以提供优质的服务，难以促进安全服务行业的整体发展。

②安全服务能力有待提升。信息安全服务产业是一个包括安全咨询、安全风险评估、制订整体解决方案等环节的闭环服务体系，整合"风险评价、安全预防、威胁监控、态势认知、应急响应、协同参与、整体指挥"等环节，向用户提供日常运维服务。但是由于网络安全人才的缺乏、核心技术的缺失以及投入资金的不足，我国的安全服务产业缺少重点网络安全技术项目和安全可信的网络安全产品，在风险监测和态势感知方面的能力还有待提升。此外，打造一支专业性强、素质高的安全咨询运营团队也是目前安全服务产业亟须提升的关键。

（2）网络信息安全保险等行业发展滞后

在风险社会背景下，只有建立健全的网络安全保险体系，才能帮助公众减少网络安全事件的损失。一方面可以进行风险管理，另一方面，可以进行损失补偿。我国目前网络安全保险发展现状如下：

①保险产品单一，赔偿额度较低。网络安全保险主要是传统责任险，没有对网络安全产品进行具体的分类，涵盖的承保范围也比较小，无法满足网络信息安全企业的需求。此外，网络安全保险的赔偿限额较低。对于大企业来说，保险额度与损失程度之间形成巨大的落差。

②政策支持力度不大。网络安全保险有广阔的市场发展空间，同时又面临复杂的市场形势，单独依靠保险公司自身是不够的，必须借助于政府的力量。但是当前政府部门还没有认识到网络安全保险行业的作用，出台的政策细则也没有契合网络安全风险的发展形势，保险企业很难享受政府的政策优惠，这必然影响网络信息安全保险制度体系的构建。

（3）网络信息安全科研组织体系不健全

网络安全产品和技术的出现，是基础理论研究和应用实践研究结合的产物。科研机构、高等院校的基础研究以及互联网企业的应用研究是网络信息安全产业发展的基础。但目前我国缺少关于网络信息安全的产学研用联盟，各地的科研机构、企业和政府之间没有搭建起合作的平台，基础研究与应用研究之间出现了断层，没有形成基础研究到应用产品的转化机制，科研成果不能高效地转化为网络安全产品，这也是我国摆脱不了国外产品和技术，无法打造具有国际竞争力的自主品牌的产权技术的原因所在。

（三）风险制度的规范性欠缺

制度是一种强制性地对行为进行约束的规范，"它是影响和决定人与人之间关系的普遍认可的规范条文，它给社会带来许多契约，帮助人们建立交往的制度框架，从而规范和引导人们的行为，减少违法犯罪行为的发生"。虽然制度可以通过规范和秩序规避风险，但不能陷入制度万能主义的窠臼，制度也具有不可预见的风险特性，"制度毁于它本身的成功"。

1. 政府治理存在制度性缺陷

社会发展会打破既有法律法规的约束，从而建立新的、适应时代发展要求的法律规范体系，但是法律规范一般滞后于社会的发展，所以，新时代也会发生因为法律制度的滞后导致的新兴社会风险爆发的现象。

（1）网络信息安全治理出现制度真空

制度真空是指法律规范滞后社会发展，在社会出现新风险、新威胁、新问题时，法律规范出现缺位的情况，这主要是由于知识、网络技术和不确定性等方面的限制。就网络信息安全治理来说，就是专业法律的缺失。

近年来，我国出台的法律法规，大多是在微观层面对原有法律法规加以补充、修订，关于个人信息安全保护的规定也是零星的散落在各种法律法规中，没有形成专门的个人信息保护法。

（2）法律配套机制的缺失

细化标准、制定细则、形成配套制度是法律政策落地实施的基础。例如，《网络安全法》规定国家实行网络安全等级保护制度，但是对于网络安全保护等级的分级、定级、评定以及相应的法律责任、实施主体等都没有做出具体的说明，也没有出台相关的配套措施，导致在具体的执行过程中无据可依，效力低下。

2. 网络信息安全治理出现制度悬空

制度悬空就是说尽管存在许多法律制度，但它们出现了失灵的情况，其原因就在于制度制定者作为一个人，不可能完全做到价值中立，自身的认知有限，不能做到尽善尽美，所以导致制度在制定之初就会有缺憾，而制度在执行过程中受到多方因素的影响，也会背离初衷。

（1）已有的法律层级较低，执行效力不高

根据《中华人民共和国立法法》的规定，我国的法律层次可分为法律、行政法规、部门规章、地方性法规、自治条例和单行条例，其法律效力也是由高到低的，下位法必须服从上位法。我国关于网络信息安全的大多是规定和条例，立法层级较低且条文分散。

（2）处罚力度小，导致违法成本低

从目前我国对相关网络信息安全违法犯罪行为的处罚规定来看，多数法律责任规定的处罚过轻，而且多是罚款处罚。由于网络信息安全的违法犯罪成本较低，收益较大，行为主体就会铤而走险。

3. 网络服务组织存在规章短板

（1）缺乏完善的教育培训制度

从各类网络信息安全事件来看，员工是造成网络信息泄露的一个关键因素。目前在企业的培训中，出现了重能力培训轻意识培训、重岗前培训轻过程培训的现象。

一方面，员工在入职之前接受岗前培训，熟练岗位的工作技能，但是对自己的岗位职责认识不到位，造成责任意识低下，为了个人方便，会把一些涉密信息存储到百度网盘或者电脑桌面，无意间造成数据信息泄露，甚至为了谋取经济利益，触犯规章制度，将用户个人信息打包售卖，造成严重的社会后果。

另一方面，员工不能与时俱进了解最近的网络安全事件和网络攻击形式，在出现病毒攻击时无法及时有效地进行处理。此外，目前企业对掌握企业数据信息的离职人员没有形成完善的责任追查制度，一旦离职就会存在泄漏信息的风险。对于泄漏信息的工作人员大多采用警示教育的方式，不能引起员工足够的重视，这也是网络安全事件层出不穷的重要原因。

（2）缺乏用户信息保护等相关制度

用户信息保护制度是网络运营企业为保障用户个人权益，实行的包括用户权利（知情权、修改权、删除权）和网络运营企业义务的规范总称。《网络安全法》中明确规定，互联网企业在收集公民网络信息时，必须建立完善的用户信息保护制度，防止出现网络信息安全问题，侵害公民的合法权益。但是，目前在大部分网络数据信息运营单位，并没有建立用户信息保护制度，对用户的个人信息保护相对薄弱。企业在收集用户的个人信息后，统一存储在数据库之中，利用大数据分析技术提取数据库中的有用信息进行利用，没有相应的技术措施对这些信息进行保护，容易造成用户信息的泄露。

4. 网络信息安全行业缺少自律性

健全的行业自律组织在促进行业规范运营、保证行业可持续健康方面发挥着越来越重要的作用，西方网络发达国家重视发挥网络信息安全行业组织的作用。我国《网络安全法》中也明确规定网络运营企业等相关网络服务业必须依据规定，加强行业自律，保证行业可持续发展。目前我国的网络信息安全行业仍存在自律组织少、行业自律规范不健全的问题。

（1）行业自律组织缺失

目前我国还没有在网络信息安全方面建立统一的自律组织，各个企业之间依然处在各自为营的状态，不利于行业的科学健康发展。中国互联网协会是在政府相关职能部门的领导和组织下成立的，缺乏独立性，难以发挥行业组织的作用，行业自律公约更是远远滞后于行业组织的发展。

（2）行业自律组织规范不健全

对于网络数据信息的征集和使用规范，网络运营行业并没有形成一个统一的规范。近日，中国互联网协会公布了手机 App 收集和使用用户个人信息情况专家评议会，对多款 App 存在的不规范问题进行了通报。在大数据时代，信息创造着巨大的价值，其在经济活动中扮演着重要的角色，由于网络运营行业对于用户信息的收集限度没有明确的标准，导致许多 App 存在着过度收集和使用网络信息的情况。

（3）专业的网民权利组织的缺失

中国网络使用者数量虽居世界首位，可这些网络使用者之间缺少互动和沟通，一般很难对网络服务商和政府部门形成约束。网络服务商与网络使用者相比，前者拥有明显的优越性。由于网络使用者缺少有效联合，导致在资金和技术上与网络服务商存在较大的差距，因此在自身利益遭受运营商侵害时很难维护其合法权益。专业的网民权利组织可以与运营商协商和谈判，维护网民的合法权益，但是在我国，专业的网民权利组织的缺失加深了运营商与分散的网民之间的不对等状态，不利于网民权利的维护。

（四）风险防范运行机制单一

进入风险社会后，与风险有关的认识一旦出现，隐藏的风险就会马上出现，接着进入公民的认知层面。为了改变出现的风险，网络服务商、政策设计者和技术人员就会设立一些法律制度和标准对出现的风险进行科学论证，并通过相关的制度设计建立一套话语体系，对风险进行细化和分析，从而逃脱和摆脱他们制造风险的责任。有鉴于此，制度主义提倡利用多元合作主义的理念改变单一管控的管理理念，在制度真空的风险社会设立一套完整的标准与规范，从而增强对风险的应急响应及快速处置。

1.缺少信息安全评估机制

网络安全风险评估就是基于风险管理的视角，依据国家信息技术标准，运用信息安全技术和管理的手段，全面、系统地分析网络基础设施存在的安全隐患和脆弱性，评估网络安全事件一旦发生后造成的实际负面影响，及时采取针对性措施，将风险损害降到最低，从而最大限度地保护网络信息的保密性、完整性和可用性。我国在《国家信息化领导小组关于加强信息安全保障工作的意见》中提倡"积极防御，综合防范"的策略，但在信息安全评估的实践中，还存在较多问题。

首先，当前的信息安全评估机制主要依赖信息安全技术，没有建立安全管理和监督机制。信息安全评估工作需要遵守"综合防范"的原则，即从技术、管理和法规标准三个方面入手，目前国内外主要依靠信息安全等级保护技术来实现综合防范。按照"法规标准—评估技术—安全管理"的流程构建网络信息安全评估机制，可以实现网络信息安全的全过程、动态化管理。但是目前我国在《网络安全法》中并没有对等级保护定级规范、基本要求规范和风险评估规范等法规标准做出明确规定。单纯依靠评估技术，缺少法规标准和安全管理，割裂了信息安全评估机制的建立过程，使后期缺少监督机制，无法真正实现综合防范的目标。

其次，当前信息安全评估机制是静态评估，没有实现信息安全的动态评估过程。信息安全评估系统具有完整的生命周期，包括分析阶段、设计阶段、实现阶段、运行阶段和废弃阶段，因此，安全评估工作应该贯穿整个生命周期。我国目前的安全评估主要集中在运行阶段，侧重于事中的评估和事后的补救，缺少前期阶段的安全评估；信息安全评估的过程中缺少权威的评估机构和专业的评估人才；在评估环节上，信息安全评估主要是检查评估，通过信息安全主管机构或业务主管机构牵头，缺少了信息安全的自评估环节。

2. 缺少应急防范的运行能力

我国网络安全工作侧重事后的恢复，事前的监测预警和及时处置能力还有待提升。重大网络信息安全预案不完备，预案的操作性较差，对于关系重大的公共硬件设备缺少系统完整的预案。网络信息安全防护技术落后，无法应对千变万化的网络安全威胁。

目前，我国互联网企业的信息安全防护手段主要是传统的防火墙和病毒查杀软件，对于新型的病毒形式和系统漏洞，企业很难及时监测发现。一旦病毒大规模入侵系统，由于缺乏有效的信息安全防护技术，不能及时有效地进行处置，只能采取事后补救的措施，加大了网络信息安全的损失。此外，由于我国信息安全核心技术的短板，大多使用网络发达国家的安全产品和技术，它们可能存在安全故障和后门，造成数据信息的二次泄露。

3. 缺少信息安全合作共享平台

信息合作共享是政府部门和社会组织之间协调业务的基础前提，部门之间建立信息合作共享平台有利于提高组织效率、降低组织成本、增强组织决策能力以及提高组织形象，而大数据和网络技术的发展为建立信息合作共享平台提供了条件。由于网络信息安全问题具有跨界性，打破了组织和部门之间各自为政的孤立状态，因此，建立一个信息安全合作共享平台是及时应对网络信息安全事件、减少网络信息安全损失的关键。我国在网络信息安全合作共享平台的建设方面还比较滞后。

（1）组织内部各自为政，形成信息孤岛

大数据和网络技术的发展为实现信息共享提供了技术支持，但是由于部门利益的存在，在组织内部推进信息的合作共享仍然面临着很大的困难。我国虽已建立了大量的电子政务系统，但信息依旧分布在各个业务系统之中，导致横向部门之间的协同能力差。网络信息安全事件的发生，具有速度快、危害范围广的特点，容易形成链条反应，侵害系统内的其他网络设施。目前我国缺少信息安全合作共享平台，处理网络信息安全事件还是采取传统的"头痛医头，脚痛医脚"的线性治理方式，降低了网络信息安全事件的处理效率，易造成更大的损失。

（2）组织之间没有建立统一的协调组织机构

网络信息安全事件的发生具有随机性，不会针对特定的信息系统。因此，政府、网络服务商和社会组织的信息系统都存在安全隐患，但是网络信息安全事件的发生又有一定的共性特征。例如，勒索病毒的出现，使上百万台计算机感染病毒，造成了巨大的经济损失，而勒索病毒之所以造成如此大的损失，一个重要原因就在于组织之间缺少信息安全合作平台，病毒攻击时，组织之间各自封闭信息，对于勒索病毒的攻击形式一无所知。建立统一的协调组织机构，成立信息安全合作共享平台，可以在组织之间共享网络信息安全事件的威胁形式，分发预警预案，及时做好防范措施，降低网络信息安全事件的损害程度。

此外，信息安全共享合作也面临安全的挑战。信息共享是指信息传输的过程，它从一个机构传输到另一个机构，跨机构传输增加了信息转移的节点和接触人员，这样信息就会面对更大的人为风险，如数据泄露、恶意破坏以及非法登录等。因此，如何保护信息在信息合作共享过程中的安全性，也是信息安全合作平台需要考虑的一个关键问题。

三、网络信息安全风险的管理

（一）风险识别

1.信息资产识别

资产是指那些具有价值的信息或资源，是信息安全风险评估的对象，同时也是恶意攻击者攻击的目标。因此，资产如何识别是开展信息安全风险评估的基础。

信息资产是具有一定价值且值得被保护的与信息相关的资产。信息系统管理的首要任务是先确定信息资产，主要是确定资产的价值大小、资产的类别以及需要保护的资产的重要程度，从而选择性地进行资产保护。信息资产既有有形资产，又有无形资产。有形资产包括物理上的计算机设备、厂房设施等，还包括一些虚拟的资产，如应用服务、存储的数据，还包括企业的社会形象和信誉度等。

信息系统安全保护的目的是保证信息资产的安全水平，这里的信息资产有虚拟的资产和物理的资产，对应不同资产，考虑的安全性要求也有所不同。在考虑资产的安全性时，要综合各个因素对其进行评估：信息资产因受到破坏所造成的直接损失；信息资产受到破坏后回复所需要的成本，包括软硬件的购买与更新，所需要技术人员的数量；信息资产破坏对相关企业所造成的间接损失，这包括间接的资产的损失和信誉上的影响；还有其他类型的因素，如企业对信息资产的保险额度的提高等。

2. 安全威胁识别

网络环境下存在的各种威胁是信息系统安全风险识别的对象，是造成资产损失的主要原因。资产的威胁识别因此成为信息系统安全风险评估过程中必不可缺的一部分。

信息系统安全威胁是指对信息原本所具有的属性，如完整性、保密性和可用性，构成潜在的破坏能力。安全威胁受到各个方面的影响：从人为角度考虑，黑客的攻击数量、攻击方式都是影响安全威胁的因素；从系统的角度，企业系统自身的安全等级，软硬件设施也是影响安全威胁的因素。确认信息系统所面临的威胁后，还要对可能发生的威胁事件做出评估，评估威胁要考虑到两个因素：一是什么会对信息系统造成威胁，如环境、机会、和技能等；另一个是为什么对信息系统产生威胁，威胁的动机是什么，如利益驱动、炫耀心理等。

3. 脆弱识别

脆弱性指信息资产当中可能遭受威胁的薄弱部分。这种威胁性对信息资产本身基本没有太大影响，但对信息资产的薄弱环节能造成一定程度的资产损坏。在现实中，任何一个信息资产都可能存在着一部分的脆弱性，如应用只有通过不断地更新，才能使应用更加完善，但在完善的过程中依旧会有漏洞需要修补。在信息系统当中面临着很多这种类型的问题，因此只有针对信息系统每一项信息资产，对其进行逐个分类，然后通过针对性的保护，才能更好地保障信息系统的安全。

（二）风险分析

风险分析作为网络安全研究领域的重要组成部分，逐渐形成了较为完善的理论体系和技术方法。安全风险分析不同于其他安全技术，风险分析既是对已知措施的一种分析评判方法，也是对未知安全威胁的衡量。对于风险分析而言，可以从宏观和微观两个方面来进行分析和研究。从宏观层上来看，相关风险模型或标准提供分析的理论指导依据；微观层面来看，实际的风险分析及评估方法提供具体的应用技术和实施手段。在网络安全领域中，相关的风险分析体系是理论指导，具体实现技术则是切实有效的落实手段，只有如此，才能够全面有效地应对网络中的各种威胁和风险，保障系统的资产安全。

在不同时期，由于网络发展水平和安全技术研究水平不同，风险分析模型与评价标准也在随着时间不断变化和演进。到现在已经建立了众多的技术框架体系，共同推动着安全风险分析的发展，最终实现信息安全系统的保护。世界各国都提出了不同的标准，从概念、方法和组织实施方面指导着信息系统安全风险分析及评估。

风险分析主要从如何识别、如何应对、如何做好风险控制等三方面出发，对系统风险进行有效分析。风险分析主要围绕系统资产、威胁、脆弱性和安全风险展开。系统存在安全风险和有价值的资产，威胁攻击者是以获得资产为目标，通过利用系统脆弱性进而达成目标，安全风险是由安全威胁引起的，信息系统所面临的威胁越大、脆弱性越多，则安全风险就越大。安全风险的增加则会导致安全需求上升，进而促进安全设施以及安全管理的更新，以降低安全风险，保障系统资产安全。

安全风险分析的基本流程：首先确定分析的目标、范围、分析方案；其次对系统资产、威胁以及脆弱性进行分析并衡量其严重程度；然后按照一定的安全风险分析方法确定风险并计算风险；最后根据结果判断风险是否可以接受，如果不能接受实施风险管理。

（三）风险实施

风险实施是采取行动计划以改进组织安全状态的过程。风险实施的目标是根据在风险规划阶段定义的时间表和成功标准执行所有的行动计划。实施与风险监督和控制是紧密联系的，在这一过程中，我们要遵循和纠正实施进程。

（四）风险控制

风险控制是指由指定的人员调整行动计划，确定组织条件的变更是否表明出现了新风险的过程。风险控制的目标是做出明智的、及时的和有效的关于行动计划的纠正措施的决策，并决定是否标识出组织的新风险。例如，企业信息安全风险控制是指企业信息系统面临自身系统存在的脆弱性以及外部威胁时，所制定的控制这些风险从而保证自身系统安全性的策略，其最主要是通过安全技术的实施和管理方案的实施来保证的。信息安全风险控制的最主要的决策方式有三种方式：承担风险、转移风险和降低风险等。

承担风险是指在了解到企业自身各个信息资产的价值和信息系统安全性的要求后，根据企业外部风险性和自身信息系统脆弱性来估计发生安全攻击事件的可能性和可能造成的损失，并且评估了企业各种安全资产的投资成本，从而确定哪种信息资产不值得投入资金或者说投入的资金要大于保护该信息资产所获得收益，因此对这类信息资产，企业选择承担不进行安全投资的风险。

转移风险则是将风险的资产转移到其他类型资产或者其他机构，从而降低风险的方法，通常可以通过安全技术外包、商业保险或者和技术供应商签订协议的方式。

降低风险是指通过一定的技术方式或者改变管理方式来降低安全风险，使其达到可以接受的安全水平，通过设置对信息资产的访问权限、使用安全技术对抗威胁、检测安全资产漏洞等方法来实现。一般情况运用信息系统安全方面的技术来保障信息系统的正常运行。

信息安全的风险不是越少越好，减少信息系统安全风险必然要投入一定量的资金，信息系统安全风险越小，对信息系统安全的投资也就越多，因此当信息系统安全投资不断增加时，也就存在着信息系统安全投资带来的安全收益要小于信息系统安全投资所带来的成本。正确的做法是，在信息系统安全风险处于一个合适的范围时，便不再进行信息系统安全投资。这种安全风险范围的评判标准对于不同类型的企业、系统以及信息资产，表现也有所不同。

第三节　网络信息安全防护策略

一、国外网络信息安全治理的经验借鉴

他山之石可以攻玉，通过对英美等西方网络发达国家治理实践进行分析，归纳西方国家的网络信息安全治理经验，可以为我国网络信息安全治理工作提供经验借鉴，提升我国的网络安全治理水平。

（一）制定信息安全战略，整体推进安全工作

网络信息安全问题的复杂性，决定了网络信息安全治理是一个系统性、长期性的工程，必须从国家战略发展的高度加强规划设计，制订网络信息安全发展的中长期规划，整体推进网络信息安全治理工作。尽管世界各国对网络信息安全建设的实践不同，但在网络安全治理方面初步达成共识：从国家发展的战略高度加强规划设计，制定各具特色的网络信息安全战略。一方面体现了国家

和政府对网络信息安全治理问题的重视，可以加强对网络信息安全发展的宏观指导，在不同的阶段关注不同的重点，实现网络信息安全发展的不同目标，集中整合国家的资源，维护国家网络主权和社会稳定。另一方面在网络信息安全战略的指导下，成立相应的网络信息安全机构和行业协会，明确相关部门的职责，及时有效地整合多方力量应对网络信息安全风险事件，有利于形成全方位、多层次的网络信息安全保障格局。

制定信息安全战略，具体来讲，可以从资金、制度和人才方面为网络信息安全提供保障。信息安全战略是对网络信息安全发展的规划，它明确了网络信息安全发展的目标，并且在目标实现方面提出了保障措施。在资金支持方面，确立了实施政府财政计划控制的机构，以美国为例，主要职能机构是行政管理和预算局。在信息安全战略方面，对于网络信息安全管理的使用资金做出了明确的规定，职能机构根据信息安全的中长期规划，针对网络信息安全治理的各项计划，做出资金预算、审核和拨付工作，为网络信息安全战略的实施提供资金保障。在制度保障方面，明确网络信息安全的职能部门，厘清了相关部门的职责，为网络信息安全战略实施提供组织保障，在相关领域出台专门的法律，从法律方面对网络信息安全战略的实施提供保障。例如，美国在网络基础设施保护、数据保密以及网络信息安全教育等方面出台一系列法律制度，为网络信息安全发展撑起了保护伞。在人才支持方面，为网络信息安全的人才培养方式和人才吸引方式指明了方向，明确高校教育和社会培训的目标，建立持续性的、多层次的人才培养模式，为网络信息安全建设提供人才支撑。

（二）建立公私合作关系，协同推进治理工作

风险社会最突出的特征就是风险归因的不可能性，没有任何一个人可以凭借自身的力量解决风险。基于此，学者贝克提出了"生态民主政治"的想法，即在治理过程中，降低政治性官方决策，调动社会组织和公众的参与热情。网络信息安全治理经历了技术治理阶段、国家中心主义阶段以及多元合作治理阶段。国外在多元合作治理阶段的一个重要经验就是建立公私合作关系，协同推进治理工作。

1. 与国内行为体建立合作伙伴关系

英国自律组织运营模式的成功，就在于跟多元参与主体建立稳定的合作关系，尤其是建立政府与网络服务商、社会组织以及公众之间的合作伙伴关系。2008年德国开始了"安全合作伙伴关系"行动，增强了与国内网络服务组织的合作，保障了教研部科研计划的开展。这种合作伙伴关系，可以发挥各利益相

关者的优势，高校和研究院从事基础研究工作，对于网络信息安全的理论研究比较深入；而网络运营企业在资金和实践技术方面具有优势，两者建立合作伙伴关系，可以促进科研成果转化为网络信息技术，这是在网络信息安全技术方面建立伙伴关系。此外，政府部门与行业协会之间还可以建立情报、信息共享等方面的合作伙伴关系。

2. 与国外行为体建立合作关系

风险社会的产生，打破了地理界域的限制，使风险影响具有全球性的特征，因此，对于网络信息安全治理，需要合作的治理思维。2013 年，英国成立了全球网络安全中心，其作为一个网络安全组织，与国外的政府和非政府组织进行合作，研究网络信息安全的最新威胁形式以及治理对策。此外，对于跨国的网络信息犯罪行为，可以建立引渡机制和合作机制，共同打击全球网络信息犯罪行为，营造干净的网络空间环境。

（三）成立信息安全中心，提升安全管理水平

大数据的应用，改变了传统数据的存储模式，使得数据的存储和应用更加高效便捷。在传统的应急管理模式下，信息的传递需要经过科层制的结构，不仅有传递周期长的弊端，而且在信息传递的过程当中容易出现失真和隐瞒的情况。网络信息安全作为一种非传统安全风险，传统的应急管理模式已经不能适应网络时代的发展。因此，打破传统的治理方式，在组织内部和组织之间成立信息安全中心，不仅可以实现常态化的信息共享，也能在发生网络信息安全事件时快速找出风险隐患，提升网络信息安全的管理水平。

1. 要建立组织内部的信息安全中心

组织既包括网络服务组织，也包括政府的职能部门组织。在组织内部建立信息安全中心，就是指设立一个组织内部的信息共享平台，由专业的技术人员进行管理，负责对网络设施的运行情况进行监测，各部门将网络设施的异常情况信息上报安全中心，在组织内部实现信息的共享。英国成立了国家安全委员会，负责信息安全中心的工作，它是一个跨部门协调的机构，负责统一国家内政、军事和外交机构的信息，并为这些部门机构提供安全建议和指导，在部门之间推行信息共享。

2. 建立组织之间的信息安全平台

建立组织之间的信息安全平台是指在政府和网络服务商之间建立信息合作中心，保持稳定的合作关系。组织间的信息合作，既包括信息的共享，也包括

最新网络威胁形式、专业知识和最新防范技术的分享。英国组建的网络安全行动中心，是一个跨部门协调机构，为政府各部门、企业以及社会公众提供网络安全相关服务，负责网络安全情报信息分发，确保平台内的所有参与者能及时采取行动，尽量减少网络攻击带来的损失。

二、网络信息安全监管体系的构建

（一）网络信息安全监管体系构建思路

我国网络信息安全监管的基本目标就是保证各种信息及其服务的可靠性、完备性、扩展性及经济实用性。因此，这个网络信息安全监管体系要想有效发挥作用，就必须要按照某些适当的、既定的程序来构建，可以采取的思路如图9-1所示。

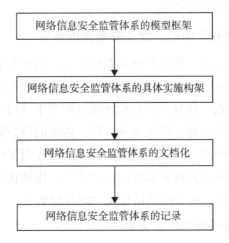

图 9-1　我国网络信息安全监管体系构建思路

1.网络信息安全监管体系的模型框架

网络信息安全监管体系构建的第一步，应该在适应我国具体国情及自身发展需要的现实情况之上，分析搭建一个针对我国实际网络信息安全需求的网络信息安全监管模型框架。同时，在模型框架的基础上还要附上与网络信息安全监管体系相关的一系列文件、文档，旨在指导后续网络信息安全体系架构实施活动的顺利开展。这些文件、文档在网络信息安全监管体系整个的生命周期中都要妥善地记录、管理、存档，包括实施过程中出现的各种情况、意外或问题，以及相应的解决措施、反馈等。

2. 网络信息安全监管体系的实施构架

构建好网络信息安全监管体系的模型框架之后，第二步就要重点考虑网络信息安全监管体系在具体实施的过程中会涉及的方方面面的因素，包括实施成本（如实施所需的培训费、报告费等）、改变人们已有的工作学习生活习惯、各实施机构或部门之间协调沟通的时间成本等问题。

同时，在模型的具体实施过程中也要随时对实施情况进行追踪，一旦偏离实施目标就要采取措施对其进行有效的安全控制，即要确保网络信息安全监管体系按照既定的实施策略及步骤逐步开展，确保网络信息安全监管体系的实施效果。这里的实施效果有以下两层含义：一是要确保网络信息安全监管体系在模型框架既定的范围之内活动，二是要确保网络信息安全监管体系的实施效果达到预期目标。

3. 网络信息安全监管体系的文档化

为便于网络信息安全监管体系后期的维护升级工作，在其构建及具体的实施过程中，需要构建起各种相应的文件、文档等记录，对网络信息安全监管体系实施所涉及的方方面面的内容、要素等进行规范或界定，如网络信息安全监管体系的对象及对象所处领域、网络信息安全监管体系实施规章制度、网络信息安全监管体系实施操作流程、网络信息安全监管体系实施内容变更、网络信息安全监管体系的实施效果评价等。这些文件、文档等记录一般都以电子或纸质文档的形式留存，内容表述上应注意易于被第三方访问或理解，存档时对应不同的文档对象也需将其划分成不同的类型及等级，如非常重要、重要、一般重要等。

各种文件、文档等构建完成之后，不能认为简单地存档之后就不用再管理了，还需要对它们进行周期的回顾，根据不同网络信息安全监管体系面向对象的业务及规模的变化进行修正。当一些网络信息安全监管体系相关模型框架、文件、文档已明显不能适应监管对象的实际网络信息安全需要时，要及时将其废止并启用新的文件或文档。

4. 网络信息安全监管体系的记录

不仅与网络信息安全监管体系相关的所有文件、文档、模型框架、实施程序、规章制度等正式文件需要记录存档，在网络信息安全监管体系实施过程中所涉及的重要事项也需要及时全面地进行记录。这些事项的记录可使网络信息安全监管体系监管对象范围的界定、监管方式的选择等有据可循，可有效帮助网络信息安全监管体系的顺利实施。因此，网络信息安全监管体系相关的文件、文档及记录必须清晰易懂，要对其进行有规律的、周期性的维护及修正，一旦发现文件、文档或记录存在破坏或信息丢失时要及时进行补救。

（二）网络信息安全监管体系模型构建

1. 整体框架

在网络信息安全监管体系构建思路的基础之上，我国构建了网络信息安全三维动态监管模型。与以往经典的信息保障技术框架（IATF）等风险管理过程模型不同，我国网络信息安全三维动态监管模型强调以动态循环的安全管理过程为基础，着重从网络信息安全风险可能存在的规律分析入手，包括时序性规律和空间性规律，即网络信息安全风险传播规律，并同时首次提出了网络信息安全监管效果评价。我国网络信息安全三维动态监管模型共划分为三个维度和五个层次：三个维度分别为机制维、技术维和组织维；五个层次分别为信息源采集层、网络信息安全评估层、网络信息安全预警层、网络信息安全控制层及网络信息安全监管效果评价层。

2. 三个维度

我国网络信息安全三维动态监管模型的三个维度分别为机制维、技术维和组织维，它们共同决定着我国信息的安全维度。组织维、机制维和技术维三个维度在国家整体宏观战略的指导下，相辅相成又相互制约，各自发挥着同样重要的作用，成为网络信息安全监管的三个主要作用面，共同形成一个完整有效的网络信息安全监管体系，旨在为我国网络信息安全监管体系的建设构建良好的实施环境，促使网络信息安全监管体系顺利有效地开展工作。

（1）机制维

机制维主要对网络信息安全监管体系涉及的方方面面进行网络信息安全监管，如对网络信息安全监管体系相关的管理、组织、人员及最为重要的信息资源分门别类进行管理，为网络信息安全监管体系的良好运转创建必要的硬件及软件环境，制定严格的规章制度确保网络信息安全体系的正常连续运行，使网络信息安全监管体系运行遵照符合的标准等。除此之外，还需构建系统的法律法规体系来作为网络信息安全监管体系坚实的保障，培养一大批网络信息安全人才及专家为网络信息安全监管保驾护航。

（2）技术维

技术维主要为网络信息安全监管体系的有效实施提供强有力的网络信息安全技术支撑，如研究开发我国自己的自主网络信息安全技术，包括对木马、病毒等的对抗技术，对潜在网络信息安全风险的积极主动防御技术，我国自己的操作系统的研发，公钥基础设施的建设等。此外，还包括系统安全、网络安全、运营安全等方面。

（3）组织维

组织维主要为网络信息安全监管体系的顺利开展提供有力的后勤保障和基础条件支撑，如网络信息安全基础设施配置、网络信息安全产业支撑发展、网络信息安全组织机构设置等。此外，还包括为网络信息安全监管体系的正常运转提供必需的服务，配置相应的产业基地或产业链，建设网络信息安全公共基础设施等。

3. 五个层次

我国网络信息安全三维动态监管体系模型的五个层次，如图9-2所示。五个层次环环相扣，构成一个闭环反馈结构。

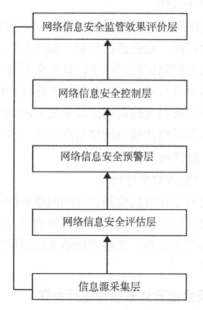

图 9-2　我国网络信息安全三维动态监管体系模型的五个层次

（1）信息源采集层

信息源采集层处于我国网络信息安全三维动态监管体系模型的最底层，其主要工作是负责抓取各个信息网络中的基础信息，如日志信息、报警信息等，然后应用既定的方式对这些信息进行处理，再将其输入网络信息安全三维动态监管体系模型的下一层，即网络信息安全评估层。

（2）网络信息安全评估层

收到信息源采集层所采集到的各项信息之后，网络信息安全评估层即对这些信息进行初步分析，旨在从中识别出潜在的网络信息安全风险，并将其风险等级量化，然后执行预定的网络信息安全风险评估算法，评估网络信息安全此时所处的态势，并将评估结果传输到网络信息安全三维动态监管体系模型的下一层，即网络信息安全预警层。

（3）网络信息安全预警层

网络信息安全预警层收到网络信息安全评估层对此时网络信息安全风险隐患的评估结果后，需要对这个结果进行进一步分析，对潜在的网络信息安全风险隐患进行预警，这里对潜在的网络信息安全风险隐患进行预警也要针对不同的风险等级进行不同程度的划分，以便网络信息安全监管者选择相应适合的应对措施。随后网络信息安全预警层要将预警结果传输到网络信息安全三维动态监管体系模型的下一层，即网络信息安全控制层。

（4）网络信息安全控制层

网络信息安全监管的最终目的是帮助网络信息安全监管工作人员对潜在的或已有的网络信息安全风险、隐患进行控制，而这也是网络信息安全控制层的主要工作。网络信息安全控制层收到网络信息安全预警层对潜在的风险隐患预警结果后，要对预警结果进行进一步的分析，并选择相应的应对措施，修正网络信息安全策略，对预警等级比较高或比较重要的问题要重点对待。随后网络信息安全控制层要将控制策略传输到网络信息安全三维动态监管体系模型的下一层，即网络信息安全监管效果评价层。

（5）网络信息安全监管效果评价层

网络信息安全监管效果评价层收到相应的调整后的网络信息安全控制策略结果后，执行既定的网络信息安全监管效果评价算法，评价网络信息安全监管策略调整后的网络信息安全态势，并将评价结果反馈给信息源采集层。五个层次周而复始，动态循环。

（三）网络信息安全监管体系模型运行步骤

1.信息源采集

我国网络信息安全三维动态监管体系模型的信息源采集受机制、技术、组织及环境等四方面因素的影响。

（1）机制因素

①意识形态的斗争导致激烈的网络对抗。各国社会政治、经济等的斗争最终都反映在意识形态的斗争上。近年来，随着全球信息化进程、移动互联网等的快速发展，各国在意识形态方面的斗争也与之前大不相同。鉴于当前移动互联的各种特点及优势，人们开始借助各类移动互联平台进行意识形态，甚至价

值观的传输，如微博、微信等，传统的电视、广播、报纸、杂志已慢慢被弃用。当然，互联网是把双刃剑，给人们带来便利的同时，也给很多不好的意识形态传播提供了可乘之机。

②国家利益之间的争夺引发网络上的暗战。一般情况下，国家利益主要包括国家主权、国家稳定及发展、国家安全、国家领土完整及国家尊严等方面，是一国在各国关系间占据生存与发展有利地位的重要前提条件。简单来说，国家利益本质上就是一国生存与发展的安全。如果一国的生存与发展都得不到安全保障，那么这个国家在国际关系中根本得不到任何利益保障。因此，各国都不惜一切代价来确保一国的正当利益，保障一国生存与发展的安全，包括政治安全、经济安全、文化安全及军事安全等。与以往不同，各国开始认识到网络力量的强大，更多地开始在网络上开战，斗争形势更加多样化。

（2）技术因素

①网络协议。出现网络信息安全问题的主要原因之一就是网络通信协议的设计存在缺陷。虽然目前全球广泛使用的网络互联协议仍然是大家熟知的传输控制协议/互联协议（TCP/IP）协议族，但实际上TCP/IP协议族并不完善，尚存在许多潜在的安全风险隐患，因为最早它的设计初衷是要在完全可靠的环境下运行，而没有考虑到现实中存在的各种各样复杂的应用场景，即对TCP/IP协议族的安全性考虑不周，导致其在实际运用中出现了各种意外问题。例如，黑客可以利用TCP/IP协议族不完全的"三次握手"进行拒绝服务攻击，甚至还可以进行分布式拒绝服务攻击，造成更大的危害。除此之外，黑客经常攻击的对象还包括网络硬件底层部分，互联网技术使得其中各种问题更加隐蔽、不易察觉，造成不同的网络之间可以任意通信，从而留下了安全漏洞。

②软硬件。从安全性的角度来说，很多的软硬件产品都有一些固有的缺陷或问题，如计算机的操作系统、配套硬件设备、安装的各种软件包，尤其是从不知名的第三方所购买下载的安全性更差。这些安全问题一方面来自客观原因，因为不可能有产品是十全十美、绝对安全的；另外一方面就是来自主观原因，即人为主观故意造成的安全漏洞。设计人员可能会故意在产品设计、生产过程中预留一些"后门"，以便在后台随意控制程序或窃取隐私信息。尤其是近年来随着黑客技术水平的迅猛提高，他们开始越来越多地利用这些软硬件漏洞来达到攻击网络甚至使其瘫痪的目的，或通过控制其他计算机来窃取数据、非法获利。尽管经过这么多年的发展，操作系统依然存在诸多漏洞。当然，相关厂商也一直在积极修补，每隔一段时间就会提示用户修补漏洞，但仍不可避免地会给有心之人留下可乘之机。除此之外，信息在传输过程中，尤其是通过无线通信方式，由于各种客观条件的限制，也会存在各种各样的安全问题，如信息

丢失、损坏或被窃听等，因此有必要对需要传输的重要信息进行加密，以减少不必要的损失。

③网络攻击。计算机网络最初是为了信息资源的共享而设计的，即实现网络的互联、互通特性，不能因为某个节点的失败而使整个网络都陷入瘫痪，无法完成信息的传输。在开放的网络环境下，由于网络的互联互通特性，网络中节点的位置都是相对平等的，任何两个节点都可以任意到达。处于任意一个节点上的用户可以自由访问网络中的其他节点，反之，网络中的其他节点也都可以自由访问该节点，即节点间可自由通信，不受其他节点影响。这种互联互通特性在方便了用户使用的同时，也给网络攻击者留下了可乘之机，即网络攻击者也可借助网络的互联互通特性随意对网络中的任意节点进行攻击，而不受地理距离的影响，只需通过计算机主机、键盘、鼠标就可控制其他终端或主机，而且这种行为更为隐蔽。

（3）组织因素

①主观因素。各种人为主观因素是造成各种网络信息安全问题的主要来源，一般包括积极的因素和消极的因素两个方面。

一方面即积极的技术研究创新活动。这些活动的开展虽然主观上没有要破坏信息资源，但是却给信息资源增加了很多潜在的不安全因素。以黑客为例，黑客一般都是非常精通计算机技术的人员，他们爱好于探索计算机相关软硬件设施中存在的漏洞并对其进行修补，这些活动不仅可以表明他们高超的计算机天赋，而且对他们的计算机水平也是一个很大的提升过程。从这个角度来说，黑客是一个积极的群体。但是换个角度来看，虽然黑客们并没有主动对各种信息资源进行攻击行为，但他们的存在却也给网络信息安全留下了隐患。

另一方面即消极的以窃取或破坏信息为目的各种不端行为。这些活动类似于骇客的行为。与黑客不一样，骇客对于计算机技术的研究及创新是以窃取利用信息为目的的，而不是为了展示技术水平或完善计算机技术。他们会利用自己的计算机特长，编写各种病毒、木马等程序对计算机网络、服务器等终端进行攻击，达到通过控制计算机以窃取、破坏信息的目的，甚至使服务器瘫痪，不能正常运行。据国家计算机网络应急技术处理协调中心统计，我国每年由于骇客的非法攻击行为造成的经济损失高达百亿元。

②客观因素。与主观因素类似，客观因素是影响网络信息安全的另一主要方面，主要包括信息使用过程中管理者的责任心、用户的安全意识、计算机水平等诸多因素。目前，计算机用户越来越多，而用户的学历素质等参差不齐，包括老人和小孩在内都可以对计算机进行操作，这种情况下就有很大一部分计算机用户缺少必要的网络信息安全知识，意识不到潜在的网络信息安全风险，

只会一些简单的计算机应用，而不会进行防护，往往可能会由于一些误操作导致问题，或者无意中下载安装木马病毒造成计算机瘫痪。不仅是计算机用户，部分信息管理者也都缺乏一定的安全意识，在管理过程中忽视了网络信息安全制度的制定，操作过程随意，从而导致了一系列网络信息安全问题的发生。虽然这些问题都不是由于信息管理者或用户主观故意导致的，但客观上却会造成很严重的后果，如计算机网络瘫痪、主机被控制、信息被窃听、资料被窃取等。

（4）环境因素

除了以上管理、技术及组织等因素对网络信息安全有重要影响之外，相关的环境因素的影响也不可小觑。这里所说的环境因素，大的方面一般包括自然环境和人文环境。自然环境即潜在的电力中断、火灾、洪水、地震等由于不可抗力发生的物理危害，人文环境即人为故意损坏、窃听、盗窃等危害。由于自然环境多不可控，人文环境更为复杂，使得这些潜在的网络信息安全环境因素具有复杂性、突发性、多样性等特征。以2008年的汶川地震为例，地震的一瞬间就使受灾区域及邻近区域各类通信方式全部中断、相关的管理信息系统也全部陷入瘫痪的状态，给灾区救灾工作及灾后的生活学习带来了非常严重的影响。

2. 网络信息安全评估

信息源采集层将采集到的信息传输给网络信息安全评估层，网络信息安全评估层则负责对这些信息的安全性进行评估。网络信息安全评估主要包括脆弱性评估、威胁性评估、安全措施有效性评估等三个方面。

（1）脆弱性评估

脆弱性评估，即查找计算机系统或网络中潜在的问题、弱点或漏洞，并对其影响后果严重性进行评估，所以又可叫作漏洞识别。一般来说，脆弱性评估又可分为技术脆弱性评估及管理脆弱性评估。技术脆弱性即计算机软硬件或网络系统的各个部分由于硬件的物理局限性或软件的设计缺陷等原因而导致的潜在的网络信息安全漏洞，一般可以利用渗透性测试法或工具检测法对其进行识别并评估。管理性脆弱评估则指的是由于管理方面的原因而导致的潜在的网络信息安全漏洞，如缺少网络信息安全规章制度、管理者网络信息安全意识不足等，具体又包括技术管理上的脆弱性和组织结构管理上的脆弱性，一般可利用人工的方法对其进行识别并评估。之所以要对这些漏洞进行评估，主要是因为它们的存在可能会吸引有心的攻击者，从而使信息资源被窃取或破坏，或造成网络瘫痪等严重后果。因此，各个组织机构都应组织力量对单位的计算机网络脆弱性进行检查评估，确保没有严重的漏洞或弱点存在。

（2）威胁性评估

威胁性评估即对可能造成网络信息安全风险的因素进行识别并对其影响后果进行评估，包括客观因素及人为主观因素两个方面。常见的网络信息安全威胁包括内外环境威胁、设备安全威胁等。在进行威胁性评估工作时，主要的核心工作是找出威胁潜在的信息源，通过确定信息源进而确定可能的网络信息安全风险。因此，威胁性评估的工作程序一般是发现潜在的威胁信息源，制作成清单形式，对每个威胁信息源进行详细的记录描述，包括信息源存在位置、发生频率等。

（3）安全措施有效性评估

脆弱性及威胁性识别后，还要及时对其采取有效措施进行预防及控制，但措施是否有效还需进一步确认。安全措施有效性评估就是指对所采取的应对措施手段的效果进行的评价。通过效果评价，可以识别出无效的措施手段，以便及时进行整改或更换其他的防护措施，而对于有效的安全措施手段，则可以加强完善，使其发挥更大的防护作用。

3. 网络信息安全预警

网络信息安全预警是继网络信息安全评估之后我国网络信息安全三维动态监管体系的另一个建设重点，也是对网络信息安全风险进行预防及控制的重要基础及前提。其主要工作首先是要根据网络信息安全风险的影响程度制定网络信息安全风险等级标准，其次是将潜在的网络信息安全风险与标准进行比对，并归类到相应的等级中，最后是针对不同的网络信息安全风险等级采取相对应的安全措施手段。不同的网络信息安全风险标准下的网络信息安全预警等级量化方法也不同，因此，这里主要介绍几种常见的网络信息安全风险等级预警量化方法，如期望值法、等级法等，各组织机构可根据具体情况进行选择。

（1）期望值法

期望值法，即将评估指标体系进行多次量化后将期望值作为网络信息安全风险预警评估值。由于该方法采用多次量化平均值，因此评估结果具有较高的客观性，也可与其他评估方法结合使用。

（2）等级法

等级法是网络信息安全风险预警中最为常见的一种方法，尤其是当评估指标无法或不好量化时，其更适用于对定性指标进行评估。等级法应用到网络信息安全风险预警中，可将评估指标体系具体划分为非常安全、安全、不安全、非常不安全等几个等级，每个等级都对应不同的网络信息安全特征，可采用表格的形式更清晰地进行描述。当然，等级划分没有统一的标准，完全可以划分为五个、六个甚至更为细致的多个等级。具体实施过程中，可邀请专家根据评估对象实际情况进行等级划分，再进行量化评估。这种等级评估法的实施过程简单，但需要相关专家参与，评估结果的主观性也不可避免。因此，可通过与其他评估方法结合使用来减少评估的主观性，如期望值法，取多名专家对评估指标体系量化值的期望值作为最终的评估结果，尽最大可能提高评估结果的客观性及有效性。

4. 网络信息安全控制

在网络信息安全预警层将网络信息安全风险问题划分为不同的等级之后，就需要采取相应的网络信息安全监管方法对其进行控制。所谓网络信息安全监管方法，是指在网络信息安全监管活动过程中为实现网络信息安全监管目标、保证网络信息安全监管活动顺利进行所采取的工作方式，是实现网络信息安全监管目标的途径和手段。由于网络信息安全的建设是一个复杂的系统工程，涉及的因素方方面面，不仅包含内部诸多因素，而且还包括外部时刻变化的环境因素，都需要在网络信息安全监管体系建设时进行统筹考虑、规划。任何因素的遗漏都可能对网络信息安全建设的成功造成致命的威胁。有关部门的统计数据显示，70%以上的网络信息安全问题都不是由于技术原因引起的，而是由于管理原因造成的，也就是管理信息系统中常见的"三分技术，七分管理"的说法。由此，网络信息安全监管体系的建设，不能单纯强调技术方面，要两手抓两手都要硬，甚至更加强调管理方面。我国网络信息安全监管方法一般可以采用技术管理方法、行政管理方法。

（1）技术管理方法

技术管理方法是指通过技术手段达到网络信息安全监管目标的方法，主要包括网络的安全管理、保密设备及密钥的安全管理。其中，网络的安全管理是指对信息系统与信息资源进行全面管理，包含自动的安全管理功能系统，对信息资源安全利用具有重要意义。保密设备包括生成密钥的密钥生成器、密钥枪等密钥注入设备、通信保密机等；为了保证保密设备的使用与被保护对象的密级相一致，可以采用双层密钥的方式，构建多层次密钥结构，通过增加密钥的复杂度来加大信息窃取的难度，在使用过程中密钥也要定时更新。

（2）行政管理方法

行政管理方法是指通过管理的行政命令的方式来进行网络信息安全监管的方法，一般包括网络信息安全监管组织机构的构建、网络信息安全监管人事的管理、网络信息安全监管依据的标准制度的制定等。

5. 网络信息安全监管效果评价

对潜在的网络信息安全风险问题进行控制并不能作为网络信息安全监管的终点。当前，网络信息安全监管一般主要覆盖了网络信息安全监测、预警、应对等环节,忽略了效果评价这一关键环节。而只有依赖于可靠、有效的评价工作,才能吸取经验和教训,不断提升网络信息安全监管水平。进行网络信息安全监管效果评价,首先要充分了解网络信息安全监管的既定目标,将既定目标分为几个可以量化、便于调查的分量,然后要调查网络信息安全监管措施对受众的影响,经由相关性分析,可对网络信息安全监管效果做出评价。如果网络信息安全监管不能达到预定的效果,应及时分析原因并做出调整,以保证网络信息安全监管的有效性。

鉴于网络信息安全本身具有的一些特殊的特征,如模糊性、动态性、不确定性、不好量化等,使得对于网络信息安全监管效果的评价也具有一定模糊性和不确定性,不好量化处理,很难得出客观的、准确的网络信息安全监管效果评价值。

三、网络信息安全治理体系的构建

运用风险社会理论,从多元合作治理的视角出发,风险社会的唯一出路就是风险治理,它与线性、技术性、客观性的风险管理不同,它包括:治理主体的多元性;治理过程的公开性;治理责任的确定性;治理目标的合法性;治理方式的复合性。我国网络信息安全治理开始于 20 世纪 80 年代,虽然比西方发达国家晚,但网络信息安全管理保障机制的建设速度很快。要提高网络信息安全综合治理能力,就要从提升风险意识,完善风险防范组织机制,健全风险防范制度法规以及优化风险防范运行机制方面入手,形成多元合作的综合治网局面。

(一)提高信息风险意识

风险意识就是个体对于风险的认识程度。学习科学的风险文化,提升社会对风险的认识水平,是维持社会健康持续发展的重要基石。在思想层面上,要用科学的知识了解风险。认识到风险现象的普遍性,我们会在网络安全事件面前沉着冷静,有条不紊。

1.加强信息安全通识教育

(1)教育部门要加强网络安全教育活动

教育部门是网络信息安全教育的主要阵地,社会各界尤其是学校更要将风险意识教育活动作为一种常态化工作推进。将网络安全教育纳入学校课程体系,增强学生的网络信息安全意识和网络安全操作技能。要经常组织相关专家和学者开展网络信息安全知识讲座,使学生了解最新的网络信息泄露形式和网络信息安全侵权事件,提高学生抵御网络信息安全风险的能力。组织网络信息安全技能大赛，通过比赛的形式，激发学生的积极性，引导他们主动参与到网络信息安全中来，增强其风险安全意识和技能。

（2）增强网络信息安全的应对能力

网络使用者自身是网络信息的第一个防火墙，网络信息技术的持续稳定发展离不开网络使用者网络信息安全应对能力的增强。因此，唯有切实增强使用者维护信息安全的专业知识和应对能力，构筑坚实的"防火墙"，才会有条不紊地处理好信息安全事件。公众要广泛了解信息安全事件的攻击形式，学会重要的信息安全应对措施，如经常清理 Cookies、软件设密功能，禁止不明 IP 链接访问等，利用先进的互联网技术保护网络信息的安全，从而减少信息泄露造成的损失。要定期对移动设备进行杀毒，对安全防护软件进行升级，减少网络病毒和黑客的攻击概率。要了解新型的网络病毒攻击形式，掌握必要的操作技能，在自身移动设备出现漏洞和被攻击时，能进行应急性的修复处理。

2. 建立信息安全宣传机制

（1）形成长效的网络安全宣传机制

网络信息安全宣传是一个长期的系统工程，需要贯彻到日常的宣传工作中。宣传部等相关部门需要制订关于网络信息安全的长期宣传方案，加强对网络信息安全知识的宣传。要创新网络安全周的宣传活动，丰富活动形式，吸引更多的社会公众参与到网络信息安全的宣传活动中来，真正达到活动的效果，提高公众的网络信息安全风险意识。在加大宣传的同时，相关部门也要加大对网络信息安全的打击力度，对于散步网络不实言论、歪曲网络信息安全事件的公众和媒体进行有效治理，净化网络生态，形成清朗健康的网络生态环境。

（2）大众传媒要承担社会责任，加强宣传

随着社会的发展，现代风险社会逐渐呈现出明显的知识化、网络化、媒介化等结构性特点，这使得在风险社会中公众媒体的作用不断提高。媒体是一把双刃剑，既可以起到监测风险、告知风险和化解风险的作用，也可能放大风险、转嫁风险甚至制造风险。

因此，媒体必须摆脱"媒体失语"和"媒体迷失"的困境，及时报道网络信息安全事件，秉持公正客观的媒体责任，客观真实地报道相关事件，同时也要树立社会责任意识，对网络信息安全的预防技术和知识进行报道，真正担负起明辨是非的责任。

3. 净化信息安全生态环境

（1）树立正确的企业观，培养企业社会责任意识

权利和义务是相辅相成的，任何经济体和行为体都不例外。企业作为一个以营利为目的的行为体，有追求利润的权利，但同时也要按照法律规定，履行

相应的社会义务。《网络安全法》中明确规定了网络服务商进行运行和服务工作，需要依据法律、行政法规的要求，遵守社会公德和职业道德，诚实守信，履行保护网络基础设施安全的职责，畅通政府和公众监督的渠道，自觉履行社会责任。所以网络运营企业应当按照法律、行政法规的要求和相关标准的规定，利用技术手段和其他有效手段，确保网络基础设施可靠、平稳运行，快速处理网络安全事件，防止出现信息犯罪现象，保护数据信息的整体性、安全性和可用性。网络运营企业在收集和使用公民的网络信息时，应当按照公开透明、合理合法的原则，遵守法律法规的规定，树立正确的企业观，落实企业的社会责任。

（2）要打击网络信息犯罪行为，营造清朗的网络空间环境

随着大数据技术的发展，网络信息的存储和使用愈加便捷，信息的价值也愈加凸显。不少网络服务商，通过对网络信息的收集，利用大数据技术对信息进行交叉分析，形成"个人画像"，给企业带来了巨大的经济利益。这不仅损害了信息主体的隐私权，也会损害社会风气，不利于营造诚实守信的营商环境和社会氛围。

因此，必须加强对于网络服务商的监管，明确企业收集信息的标准，企业要遵守《网络安全法》《电信和互联网用户个人信息保护规定》及其他相关法律规范和规章的规定，自觉维护网络基础设施的安全，健全用户信息安全保护制度，合法、正当、必要地征集和使用用户的网络信息，不断积极优化 App 功能，提高使用者维护网络信息安全的能力，积极配合政府开展网络信息安全治理工作。对于非法以及过度收集网络信息的网络服务商，要加大处罚力度，提高其违法成本，从而营造清朗的网络空间环境。

（二）健全组织机制

网络技术的发展，使得机构"碎片化"的副作用越发明显。机构分散化、部门协调困难、公共服务效率低等一系列问题，要求政府必须从部分走向整体，从破碎走向整合。因此，健全组织机制是实现网络信息安全治理的组织基础。

1. 完善信息安全部门的组织体系

（1）健全内部组织体系

①构建纵向的指挥有力的组织体系。要充分发挥中央网络安全与信息化委员会的作用：在人员构成、决策规则、战略共识等原则方面进一步加强，成员不宜过多，在以党和国家领导人、国务院总理以及政治局常委组成的领导层之外，相应职能部门的官员也应按需列席会议，组成管理层和操作层；处理好集中与分权的关系、信息沟通与情报保密的关系，原则性与灵活性的关系，中央

网络安全和信息化委员会是代表性和权威性的统一协调机构，权力集中，所以要合理分工，做好顶层设计和战略规划，协调好跨部门、跨地区以及中央和地方的关系，具体的执行工作由操作层进行。建立自上而下的纵向科层组织机制，包括从中央到省、市、县的党委系统、政府办公厅系统、工业和信息化系统、公安系统、安全系统、保密系统在内的以中央网络安全和信息化委员会为核心的纵向科层管理与协调组织体系。

②构建横向沟通的部门协调机制。横向的部门之间，包括国家互联网信息办公室、公安系统、工信部门以及其他掌握关键数据和资源的职能部门需要明确各自的职责权限，明确不同层级部门的具体权限。建立部门间的沟通联动机制，打破政府部门"信息孤岛"的存在，建立政府内部各部门之间的信息共享平台，将不同职能部门掌握的信息上传到内部平台，提高治理效率。建立各级、各地区以及各部门之间的行动协同机制，解决跨地区和层级限制的网络信息安全问题。

（2）完善外部组织体系

①完善国家内部组织体系建设。在风险社会治理中，政府中心主义面临失效的困境，必须探索建立多元合作治理的新型治理模式。因此，必须打破政府中心主义的束缚，建立"党委领导、政府管理、企业履责、社会监督、网民自律"等多元主体参与的由政府主导的网络安全组织体系，形成公部门与私部门之间的公私伙伴关系，着重建立网络安全信息共享机制。共享机制的建立，政府与企业、社会组织可以在共享平台及时进行信息沟通和交流，消除公部门与私部门之间信息不对称的现象，促进多元合作治理新格局的形成。

②完善与其他国家和组织的组织体系建设。网络技术的发展，打破了主权国家的地理界限，网络风险在全球范围扩散，成为全球性的治理问题。因此，必须打破单一国家治理的思维，形成国家与国家之间的国际合作关系，推动建立多边参与、多方合作的国际网络安全组织体系，建立国际社会中国家与国家之间、政府与国际组织及国际组织之间的网络安全对话协商机制，最终形成以主权国家为主导、多元合作参与的全球网络安全治理新格局，明确多元合作治理的界限。

2. 建立网络服务商的组织体系

网络信息安全风险说到底是技术风险，而技防的关键是要建立合理有效的组织机制。网络运营组织存储、使用着大量的用户数据信息，是网络信息数据的集散地和风险多发地，组织内部的任一节点都可能成为网络信息安全问题的爆发点。所以，形成应对网络信息安全的组织机制至关重要。

（1）设置安全管理部门，落实网络信息安全保护责任

信息安全风险管理事关全局，是一个专业化的工作，必须有专门的安全管理团队和专业的安全管理人才进行专业化管理。

①建立专职的信息安全风险管理部门，或者在科技信息部门下设立信息安全风险管理小组，配备专业的掌握信息安全管理技术的人才负责具体的业务工作。信息安全风险管理部门与其他部门一样，要加强部门的管理工作，形成自己的部门规章，相关负责人员必须明确自己的工作职责，定期引进先进的业务系统和管理模式。要为这些职能部门配备必要的财力、人力和物力资源，物尽其用、人尽其才，通过各个相关部门的积极配合，将信息安全风险管理工作落到实处。

②设置专人专岗。在安全管理部门的招聘岗位中，要明确规定岗位工作人员所需的专业和技术能力。网络信息安全是一个专业性很强的工作岗位，必须实现专人专岗，配备专业的掌握信息安全管理技术的人才负责具体的业务工作，不能由其他科技人员兼职网络安全岗位。

（2）建立部门沟通协调机制

风险社会的复合性特征突破了单一节点的限制，使网络节点中的每一个环节都具有风险，都可能成为网络信息安全的薄弱节点。因此，网络运营组织要打破单一部门治理的思维，形成以网络安全管理部门为主导的多部门配合的联动应对机制。尤其是业务部门掌握大量的网络数据信息，是网络信息安全的关键节点，而财务部门是组织的核心部门，也是网络安全链条的薄弱点。

因此，网络运营组织要突破安全万能部门的思维，实现组织内部门的联动机制，建立组织内网络数据信息的应急响应和预警平台，以安全管理部门为主导，其他部门积极配合，加强平时的技术监测工作，出现漏洞要及时修复，发现安全隐患时立即启动应急管理方案，以保护各个部门的网络数据信息安全，同时将故障分析上传至平台，由安全管理部门进行解决，减少组织损失。

3. 优化信息安全产业的组织体系

（1）提升网络信息安全服务能力

①建立适应时代发展的安全模式，形成安全服务行业体系。网络安全运行模式利用建立统一合作系统，建设专业化、常态化的人才服务队伍，引进先进安全技术手段等方式，按照健全的网络安全服务法规规范，将"风险定级、安全保障、漏洞监测、风险认知、应急响应、快速反应、统一指挥"进行整合，为网络服务商、网络使用者带来专业化的网络安全常态化维护、突发网络安全事件的预警处理等安全服务，保证互联网经济的稳定发展。

②提升安全服务能力。依托企业、研究院、高等院校和网络使用者等多元

参与主体，在产业链的服务供应和服务使用之间进行深入合作，聚合网络安全技术能力，深入开展智能学习、网络技术等领域的工作，提升核心竞争力。聚集安全服务行业的龙头企业，在产业规范数据接口、共享情报信息等方面进行合作，开放数据信息入口，提供系统化服务。以当前的技术和管理模式为前提，探索建立全新的网络安全产业运行方式和安全产品支付平台，扩大网络安全产业的市场规模，进而促进网络安全行业的持续稳定发展。

（2）发展网络信息安全保险产业

保险是作为一种救济制度而出现的，它可以提前预防网络安全事件、化解风险，尽可能地减少经济损失，也可以在网络安全事件造成的财产损失方面获得一定的经济补偿。因此，对个人和企业来说，网络信息安全保险可以及时止损，维护权益。

①积极探索保险产品，创新保险险种。一方面，参考国外保险公司的经验、依据我国的客观事实基础，在网络财产保护、网络安全与隐私保护、网络犯罪与诈骗防范等与民生利益关联紧密的领域设计适应市场发展需要的网络安全保险产品。另一方面，扩大网络安全保险的种类，对网络安全保险种类进一步细化，涵盖包括数据泄露、运营中断、网络攻击、声誉责任等多个领域的保险险种。

②政府提供政策支持。负责保险监管的部门要与网络安全主管机构进行合作，制定促进保险制度融入网络安全风险治理的发展规划，利用财政、税收等方式，鼓励保险公司和网络安全产业一起促进网络安全保险事业的规范化运行。由政府招募网络安全领域的专业人员对信息资产开展安全等级评定工作，建立合理的信息资产安全等级机制，从法律制度层面进行制度化设计，从而为网络安全保险行业的健康发展提供制度保障。

（3）积极组建网络信息产学研用联盟

信息和网络安全问题是国家层面上考虑的问题，但同时也是一个极其广泛的社会问题，牵涉到人民生活和社会领域的方方面面。政府需要提倡和支持研究院、高校以及其他网络安全方面的专家，加入网络安全的研究过程中来，建立政府、专业学术团队、公众三个维度相互融合的合作机制，大力开展对信息和网络安全基本理论、主要方式及其对策的研究。要加强大专院校与企业的合作，依托重点企业和相关课题，探索网络安全人才教育机制；以需求为导向，建立产学研相结合的人才教育方式；通过互联网企业中的科研项目平台，让学生可以进入网络安全科研课题中；给高校学生提供实践场所，为建设高素质的网络安全人才队伍创造便利条件；通过开设网络安全实践课程，提高网络安全人员的技术水平，满足社会对人才能力的需求。

（三）完善相关法规

健全法律制度，一方面可以推动法治社会建设，另一方面也为社会治理提供制度化保障。在风险文化时代，必须依靠固定的法规或制度进行治理，要从责任主体的角度去划定风险归因，找出"谁应该为风险负责""应该谴责谁"。虽然网络空间是现实社会的延伸，但它也要受到法律规范的约束。所以，完善网络安全领域的法律法规，形成规范化的网络治理环境，已成为目前社会工作的重中之重。

1. 推动信息安全法规的落地实施

（1）出台专门的网络信息安全保护法律

①出台个人信息保护法。大数据技术的发展，使个人信息的获取、存储和使用更加便捷，个人信息为网络运营企业创造了经济利益，带动了网络经济的发展，但对个人网络数据信息的保护却远远滞后。所以，立法机构必须制定专门的个人信息保护法，明确规定网络运营企业对用户个人信息的使用范围、存储要求和保护措施以及企业在违反规定后所应承担的法律后果；明确相关职能部门的监管责任；明确公民对个人信息享有的法定权利以及权利受损后的救济渠道，将散落于其他法规中的规定进行整合，使网络信息安全治理有法可依。

②出台关于电子商务安全、网络信息通信、互联网安全服务、网络安全等级评定、关键信息基础设施保护、电子政务安全等方面的法律法规，为网络安全治理工作提供法律依据。

（2）提升立法层级，提高法律执行力

①重视国家层面立法，提高立法层级。目前我国关于网络信息安全的法律多是部门规章，执行力较低。所以，立法部门应当加紧出台法律位阶较高的网络信息安全法律，中央网络安全和信息化委员会以及工信部等主管部门也要加快出台相关的法规和规章，形成上位法和下位法结合的多层次的网络信息安全治理法律体系，为网络安全治理提供保障。

②完善相关法律法规中的处罚规定。经济处罚和刑事处罚都是法律对行为主体实施的处罚方式，但是由于经济处罚的威慑力较低，仅仅依靠经济处罚并不能解决网络信息安全频发的问题。因此，要完善相关法律法规中的处罚规定，按照网络信息事件造成的社会危害程度，加大经济处罚额度，同时引入刑事处罚，发挥法律的作用，减少网络安全事件的发生。

（3）细化法律规定，完善信息安全法律体系

①完善法律配套措施。相关部门必须以基本法为指导依据，针对条款中的指导性原则制定相关的配套措施，完善基本法的法律保障体系。各地方人民政

府应结合自身情况进一步制定本行政区域内的规划和实施细则，提供相关的配套保护措施。

②明确部门职责，高效执行法律。法律责任中对有关主管部门的规定，必须明确相关管理部门到底是什么，相关管理部门的具体职责范围和权力范围是什么，只有明确部门职责，才能高效执行法律规定，提高法律的效力和政府的公信力。

此外，立法部门也要与时俱进，及时修订相关法律规定，重视立法内容的完善；发现新问题，要主动立法，重视立法的前瞻性。要不断完善法律体系，依法治理网络信息安全问题。

2.补齐网络服务组织的规章短板

组织的正常运行离不开一定的组织规范，网络运营组织发展也需要遵循一定的规章制度。网络信息安全作为一种新的风险，需要网络运营组织在运行过程中制定相应的配套组织规章，使网络数据的收集、使用处在适度、合理的范围。

（1）建立网络用户信息保护制度

《网络安全法》明确规定，网络服务者需要建立健全用户信息保护制度，加大对网络使用者网络信息和企业机密的保护力度。对其收集的公民网络信息必须进行安全存储，严禁泄露、改变、破坏，禁止出售或者违法交易公民信息。网络运营企业可以采用授权访问的形式，减少人为泄露信息的可能。授权访问是指依据数据库中信息的重要程度进行分级、分层管理，对企业的所有成员依据"知识所需"的要求设置访问权限，从而规范信息收集、存储和利用的程序标准，避免随意访问造成的网络信息泄露风险，做到访问程序的标准化、需求化。此外，还可以建立投诉、举报制度，对违反岗位规定故意泄露个人信息的工作人员进行匿名举报，强化工作人员的责任意识和安全意识，防止用户信息的故意泄露。

（2）加强内部培训，提高工作人员的防范意识

①建立在职人员的定期培训制度。一是开展岗前新人培训。明确分配软件设计开发人员、系统运行和维护人员，风险控制管理人员等不同角色、不同权限，以及他们在操作流程中承担的不同职责，开展专业技能培训。二是开展定期岗位培训。针对新问题新方法开展定期培训，使部门工作人员了解最新的网络安全知识，掌握最新的网络安全技术，及时总结各类网络安全事件的应对经验。定期对人员的工作进行考评，将考评结果纳入年终测评结果。只有将教育培训贯穿到网络安全工作的始终，才能真正形成长效的网络安全教育培训机制，有效解决网络安全问题。

②建立离职责任制。对于离职人员，在规定的离职期限内，也要保护所在

岗位的用户个人信息和企业信息，防止在离职后泄露信息。

3.加强信息安全行业的自律规范

行业规范是保证行业长远发展的自律机制，是除制度监管和权力监管之外的第三种监管形式。行业自律组织相比于强制性的行政措施具有灵活性的特点，是网络信息安全治理的法外补充。

（1）成立独立的行业自律组织

我国的行业自律组织——中国互联网协会带有严重的官方色彩，受到行政主管部门的领导，这种"条件型的自律组织"，容易产生上命下从的现象。所以我国应该成立独立于政府的、由法律授权的"纯粹型的行业自律组织"，在网络数据信息采集标准、网络安全预警平台建设、防范网络攻击知识共享等方面成立专业化的行业自律组织，促进互联网行业的健康有序发展，同时行业自律组织也要与政府部门合作，真正发挥自律组织的作用。

（2）制定行业自律规范

我国的互联网行业和网络运营商应该在遵守法律的基础上明确本行业的网络安全技术规范和产业运行规章，确定行业的准入门槛和退出规则，提高企业自身的违法成本。通过建立科学合理的自我管理、自我规范、自我监管、协同进步的行业自律制度来约束和管理整个行业经营商的活动，协助政府管理网络安全服务活动，从而建立起包括政府监督和行业自律的新型网络安全生态治理机制。

（3）建立专业的网民权利组织

网民权利组织可以汇集网络使用者的智慧，可以鼓励网络使用者参加到网络安全政策的制定中，也可以对网络运营商的经营活动进行监督。现在一些国际性的网民权利组织逐渐在网络发达国家兴起，如美国的"电子前线基金会"、德国的"混沌计算机俱乐部"等。面对我国网民权利组织发展的现实情况，政府需要鼓励和支持独立的网民权利组织的发展，通过法律对网民权利组织进行赋权，保证网民权利组织的正常运行；支持网民通过权利组织维护自己的权益，缓和网民与政府以及网络运营企业的冲突，以此建立政府和网络使用者之间的诚信合作关系，促进网民权利组织参与网络安全治理活动，帮助政府解决网络安全问题。

（四）优化运行机制

风险社会的社会风险具有复合性和突发性的特征。在科技飞速发展的信息化时代，风险存在着无限放大的可能，通过迅速传播的平台，辐射到社会生活的各个领域，形成风险的综合冲击效应。非传统威胁的复合性和突发性特点，要求网络信息安全治理突破单一的治理模式，建立复合的风险防范运行模式。网络信息运行机制，是常态化处理网络信息安全问题的机制，只有建立完善的风险防范运行机制，才能高效处理网络信息安全事件。

1. 建立信息安全评估机制

现代风险产生的一个重要方面就是技术的"资本主义"利用，但我们也应该明白，"技术化是一条我们不得不沿着它前进的道路，抨击技术没有任何的益处，我们需要的是超越它"。我们应关注技术对于人的生存状况的本质影响，给予单一线性技术"人文关怀"和"伦理意识"，在发明技术的同时，以谨慎负责的态度去评估技术带来的隐藏风险，注重技术应用的长远社会效应。

（1）完善信息安全评估的法规标准和管理体系

综合防范主要从技术、管理和法规标准三个方面展开，因此，必须补齐法规标准和管理的短板。完善网络等级保护的法规标准，对信息安全评估的等级进行合理划分，对于不同等级的保护规定也要做出详细的说明。只有完善和细化等级保护法规标准，才能在技术和管理上有章可循。此外，也要加强信息安全评估的管理和监督机制，将管理和监督贯穿到评估的全过程，对评估工作和效果进行及时反馈，不断改进安全评估机制，提升安全评估水平。

（2）建立动态的信息安全评估机制，实现动态防御

在分析阶段，按照等级保护规定，根据网络信息的安全程度以及遭受破坏后的损害程度对网络信息安全进行定级，明确每一等级下的安全管理要求和安全技术要求；在设计阶段，按照物理安全、网络安全、主机安全、应用安全和数据安全及备份恢复等几个方面的要求开展安全设计工作，从制度、机构、人员、系统的建立和维护等方面进行设计，制定系统的网络安全评估计划；在实现阶段，主要是对设计阶段的技术和管理进行测试和验证，只有通过实现阶段的测试，网络安全评估平台才能真正开展工作；在运行阶段，通过自评估和检查评估相结合的方式，对信息安全系统的新漏洞进行改进和完善；在废弃阶段，主要实现对原有信息安全评估系统中信息的迁移，对原有系统中的硬件和软件进行处置，避免造成二次损害。只有将信息安全评估工作贯穿到每个阶段，才能真正实现信息安全的全过程评估。

2. 完善信息安全应急响应体系

（1）完善网络信息安全应急组织建设

从政府方面来说，要成立网络信息安全应急指挥中心，形成多部门协同合

作的应急响应机制，整合各部门的网络安全应急响应职责，建立从中央到地方的统一的网络安全应急响应机构，建设一支素质过硬、能力过强的网络安全应急队伍。从网络服务商方面来说，要完善应急管理机制，提高应对网络安全事件的水平。网络运营企业应完善应急管理机制，成立"应急响应中心"，一旦发生入侵、事故和故障时，就启动应对措施，阻断可疑用户对网络的访问；启用"防御状态"安全防范措施；应用新的、针对现行攻击技术的安全软件"补丁"；隔离网络的各组成部分；停止网络分段运作，启用应急连续系统的运作。同时，将网络安全事件上报给相关的政府职能部门。

此外，每个网络运营企业也要建立网络信息安全事件的应急预案，根据新情况和新特点，及时对预案进行修订，定期对预案进行操作演练，增强预案的执行性。只有建立完善的应急管理机制，才能迅速应对网络安全事故的发生，减少损失。

（2）提升应急防范运行能力

将关口前移，做好监测预警工作；推进应急体系资源共享，增强应急指挥调度协同能力；建立风险评估机制，提高网络安全事件的处置能力；完善信息通报机制、会商研判机制和技术支持体系；完善事前预防、事中应急、事后恢复的应急处理机制。

（3）建立网络信息安全预案

对于关系到国家安全、政治和经济等关键领域的公共设施的网络平台，要完善应急预案；与关键网络基础设施安全保护相关的政府职能部门要制订该行业领域的应急预案。

3.成立信息安全合作共享平台

利用网络技术攻击网络系统是当前网络安全事件的主要发生机制。创新发展网络信息安全的基础研究理论和先进保护技术，增强网络安全事件的处理能力，增强网络安全防御能力对于保证用户数据内容安全以及网络服务活动的正常开展具有重要的作用。通过设立信息交流平台和信息流转机制，可快速了解和掌握网络信息安全事件的攻击和预防措施，有效防范和减少网络信息安全事件。

（1）设立信息安全合作共享平台，加强组织内部的信息沟通

在我国的组织体系中，纵向的垂直部门之间的沟通较多，但横向的组织部门之间大多各自为政，交流很少。网络信息安全事件的发生具有跨界性的特点，需要组织的横向部门之间打破孤立隔绝的状态，以实现网络信息攻击形式和预

防措施的信息共享，如在网络信息安全事件发生之初，便将有关情况信息分享到平台中，并启动组织内部的应急预案，使各部门及时采取应对措施，防止网络信息安全事件的扩散和蔓延。同时，通过共享平台的数据技术分析，快速锁定攻击病毒，及时采取措施降低损害。

（2）在组织之间建立统一协调的机构，负责信息的交流和流转

可以借鉴英国的"网络安全信息共享合作机制"，倡导政府部门与多方利益相关者建立长期稳定的合作伙伴关系，定期交流专业知识、共享情报信息。它的工作方式类似于社交网络，网络安全分析师们将会有选择性地向该平台内的参与者分享网络安全信息。政府、公安机关和网络服务商都会组织专业人员参与平台建设，保障平台内的全部成员可以在发生网络攻击的时候获得共享信息，帮助他们及时采取行动，降低损失。这种统一的信息共享平台，不仅可以提高网络信息安全事件的处理效率，也会降低网络安全事件的损害程度。

（3）做好信息合作共享平台的安全保护工作

①要加快对网络安全核心技术的研发。我国目前大多采用国外的信息安全技术产品，这些产品存在"植入后门"的隐患，因此，必须加快对网络安全核心技术的研发，形成自己的安全产品。

②要了解最新的网络攻击形式和网络防护技术。网络技术的发展日新月异，病毒的攻击方式也千变万化，依靠传统的防火墙技术已经不能完全阻绝黑客的入侵，所以必须掌握最新的网络攻击形式和防护技术。

③要定期更新防护系统，为数据运营系统提供安全的运营环境。

参考文献

[1] 霍成义，卢宏才.网络与信息安全技术 [M].哈尔滨：哈尔滨工程大学出版社，2009.

[2] 于莉莉，闫文刚，刘义.网络信息安全 [M].哈尔滨：哈尔滨工程大学出版社，2011.

[3] 刘冬梅，迟学芝.网络信息安全 [M].东营：中国石油大学出版社，2013.

[4] 张玉慧.网络信息检索与利用 [M].北京：北京理工大学出版社，2014.

[5] 耿新宇.计算机网络信息安全研究 [M].天津：天津科学技术出版社，2015.

[6] 罗森林，王越，潘丽敏，等.网络信息安全与对抗 [M].2 版.北京：国防工业出版社，2016.

[7] 张砚春，赵立军，苑树波.网络信息安全 [M].北京：北京出版社，2016.

[8] 邹瑛.网络信息安全及管理研究 [M].北京：北京理工大学出版社，2017.

[9] 刘永铎，时小虎.计算机网络信息安全研究 [M].成都：电子科技大学出版社，2017.

[10] 陈清文.网络信息保存保护体系建设研究 [M].杭州：浙江工商大学出版社，2017.

[11] 初景利.网络用户与网络信息服务 [M].北京：海洋出版社，2018.

[12] 陈有富.网络信息资源的评价与检索 [M].郑州：河南人民出版社，2018.

[13] 杨小溪.网络信息生态链价值管理研究 [M].武汉：华中师范大学出版社，2018.

[14] 涂云杰.云背景下数据库安全性与数据库完整性研究 [M].北京：中国水利水电出版社，2014.

[15] 陈明红.网络信息生态系统信息资源优化配置研究 [M].北京：科学

技术文献出版社，2019.

[16] 王晓霞，刘艳云.计算机网络信息安全及管理技术研究 [M].北京：中国原子能出版社，2019.

[17] 刘彦庚.计算机网络信息安全及其防护策略探讨 [J].信息与电脑：理论版，2020，32（18）：208-210.

[18] 陶冶，李汝峰.大数据背景下的计算机网络信息安全及防护措施 [J].信息与电脑：理论版，2020，32（18）：202-204.

[19] 刘烨垠.关于计算机网络信息安全及防护策略探究 [J].数字技术与应用，2020，38（9）：179-180.

[20] 王志刚.云计算网络环境下的信息安全问题研究 [J].科技风，2020（5）：115.

[21] 黄国亮.大数据时代下计算机网络信息安全问题研究 [J].无线互联科技，2020，17（3）：16-17.

[22] 曹鑫.云计算环境下网络信息安全技术发展研究 [J].信息系统工程，2020（1）：55-56.

[23] 冯庆亮.大数据时代计算机网络信息安全与防护策略研究 [J].企业科技与发展，2020（1）：94-95.

[24] 孙华山，张茂兴.大数据背景下关于网络信息系统安全形势的研究 [J].信息系统工程，2019（12）：60-61.

[25] 翟大昆.大数据时代的网络信息安全防护策略探讨 [J].信息与电脑（理论版），2019，31（22）：193-194.

[26] 昝家玮.试论新时期计算机网络信息安全及防火墙技术应用研究 [J].通信与信息技术，2019（6）：41-43.

[27] 高单.新时期计算机网络云计算技术研究 [J].数字通信世界，2019（10）：92.

[28] 马超，于娟娟，冯杰.大数据背景下的网络空间安全的现状与对策 [J].电子技术与软件工程，2019（18）：206-207.

[29] 余文科，程媛.我国云计算发展现状及建议研究 [J].互联网天地，2020（7）：10-13.

[30] 戚斌.浅谈计算机数据备份和数据恢复技术分析 [J].电子技术与软件工程，2017（1）：221.

[31] 龚娇.计算机网络安全与应用技术研究 [J].电脑编程技巧与维护，2020（12）：173-175.

[32] 何力 . 大数据、云计算和人工智能等新技术应用带来的网络安全风险 [J]. 中国新通信，2020，22（16）：155-156.

　　[33] 王刚 . 基于免疫原理的网络信息安全监察技术 [J]. 警察技术，2008（4）：3-7.

　　[34] 吴灿博 . 大数据时代计算机网络安全技术研究 [J]. 通讯世界，2019，26（7）：38-39.